AF625451

Korallenwels
Plotosoidae

Jungtiere leben in dichten Schulen („Welsbälle"), ältere einzeln und versteckt. Der erste Strahl von Rückenflosse und Brustflosse ist ein Giftstachel. Verletzungen verursachen stechende Schmerzen, teils einen Schock. Nicht in einen Welsball hineingreifen. Betroffen sind meist Fischer und Angler.

Kugelfische
Tetraodontidae

Kugelfische sind wohl die berühmtesten Giftfische. Sie haben keinen Giftapparat, doch sie enthalten ein extrem starkes Gift. Nur wer diese Fische isst, kann sich vergiften. Als Fugu serviert in japanischen Restaurants, ist eine leichte Vergiftung durch richtige Dosierung erwünscht.

—Riff-Führer Indischer Ozean und Westpazifik

MATTHIAS BERGBAUER
MANUELA KIRSCHNER

KOSMOS

Quickfinder der Tiergruppen von A-Z

Inhalt

Einleitung

PULSIERENDER LEBENSRAUM

Tropische Korallenriffe zählen zu den artenreichsten und produktivsten Lebensräumen der Erde. Vor allem die indopazischen Riffe sind berühmt für ihre überwältigende Artenvielfalt, die noch weit größer ist als die des Atlantiks und der Karibik. Im Indopazifik nimmt die Artenvielfalt vom ohnehin schon artenreichen Indischen Ozean in Richtung Osten sogar noch zu. Das Meeresgebiet zwischen Indonesien und Malaysia im Westen, den Philippinen im Norden sowie Neuguinea und Salomonen im Osten ist bekannt als »Coral Triangle«, das Korallendreieck. Die Riffe dieses Gebiets sind noch mehr als andere ein lebens-

sprühender Raum. In ihnen kommen 75 Prozent aller bekannten Korallenarten vor. Zudem sind sie Heimat, Nahrungsgründe und Kinderstube für über 40 Prozent aller weltweit bekannten Korallenriff-Fische. Die außerordentliche Artenvielfalt von Korallenriffen beruht auf deren großer Strukturvielfalt. Zahlreiche Lebensräume und ökologische Nischen liegen hier auf engem Raum dicht beieinander. Dies bietet unzähligen Tieren eine Existenzgrundlage und resultiert in einer komplexen Riffgemeinschaft mit zahlreichen, oftmals erstaunlichen Beziehungen. Vergleichen lässt sich das mit einer dicht bevölkerten Großstadt. Auch diese schafft ein großes Angebot und Nachfrage nach vielfältigen Berufen und Dienstleistung und damit zahlreiche Interaktionen. Einige spannende Beziehungen aus dem Korallenriff sind auf den folgenden Seiten vorgestellt.

MIMIKRY – DER GROSSE BLUFF

Mimikry ist die Kunst des Gesehen-aber-nicht-Erkanntwerdens,also das Vorgeben zu sein, was man gar nicht ist. Das funktioniert zum Beispiel so: Eine Fischart ist giftig und dadurch vor verschiedenen Räubern geschützt. Eine zweite Fischart ahmt nun den giftigen Fisch nach.Ein Räuber, der gelernt hat, das giftige Vorbild zu meiden, wird auch den harmlosen Nachahmer in Ruhe lassen. Diese Form der Nachahmung ist bekannt als Bates'sche Mimikry. Dabei handelt es sich um einen »Schaf-im-Wolfspelz-Trick«. Der Spitzkopf-Kugelfisch (*Canthigaster valentini*) enthält, wie alle Kugelfische, in seinem Körpergewebe das hochwirksame Tetrodotoxin, weshalb er von Räubern gemieden wird. Der ungiftige Schwarzsattel-Feilenfisch (*Paraluteres prionurus*) ahmt den Kugelfisch bis ins Detail nach und wird daher ebenfalls von Räubern gemieden. Man muss bei dieser Bates'schen Mimikry schon genau auf die etwas längere Rücken- und Afterflosse des Feilenfisches achten, um ihn als solchen zu erkennen.

Spitzkopf-Kugelfisch

Schwarzsattel-Feilenfisch

Falscher Putzerfisch

Es gibt aber auch den »Wolf-im-Schafspelz-Trick«, die aggressive Mimikry: Der Putzer-Lippfisch (*Labroides dimidiatus*) befreit seine Fischkundschaft von lästigen Hautparasiten. Dafür lassen ihn seine Kunden vertrauensvoll an sich heran. Der Falsche Putzerfisch (*Aspidontus taeniatus*) imitiert den Putzerfisch und nutzt das Vertrauen von potenziellen Putzkunden aus, um sich ihnen zu nähern. Doch statt sie von Parasiten zu befreien, beißt der Betrüger seinen Opfern Haut, Schuppen oder Flossenteile ab, von denen er sich ernährt. Die beiden Arten lassen sich bei sehr genauem Hinsehen an ihrer Schnauzenform unterscheiden: Der Putzer-Lippfisch hat ein endständiges Maul. Der Falsche Putzerfisch dagegen ein unterständiges. Auch eine Verhaltensweise ermöglicht eine sichere Unterscheidung: Der Falsche Putzerfisch verzieht sich tagsüber gelegentlich in eine Felsröhre, was der Putzer-Lippfisch nicht tut.

Falscher Putzerfisch (Farbvariante)

Putzer-Lippfisch

WOHNGEMEINSCHAFT

Eine der interessantesten Partnerschaften ist die Wohngemeinschaft von Grundeln mit Pistolenkrebsen. Hier handelt es sich um eine Symbiose mit handfesten Vorteilen für beide Partner. Die Pistolenkrebse graben Tunnel im Sandboden. Ein Bauwerk, das andauernde Arbeit zur Instandhaltung erfordert, da der Sand häufig nachrutscht. Daher schaufeln die Krebse tagsüber unermüdlich Sand aus dem Stollen. Die Baggerei bedeutet für die Krebse gleichzeitig Suche nach Fressbarem, denn im Sandlückensystem leben zahlreiche Kleinsttiere. Kommt der Krebs mit seiner Sandfracht an den Eingangsbereich der Höhle, hält er über seine Antennen ständig Kontakt mit der Grundel. Diese liegt vor dem Eingang der Wohnröhre, hält Wache und schnappt gelegentlich im schnellen Vorstoß nach kleinen Beutetieren. Bei Störung oder Annäherung eines Fressfeindes flüchtet die Grundel blitzschnell in die Wohnröhre. Das ist gleichzeitig das Signal für den Krebs, ebenfalls in die Höhle zu fliehen. Der Vorteil dieser Symbiose für beide Partner: Die Krebse haben mit den Grundeln scharfäugige Wächter, die nahende Räuber rechtzeitig entdecken. Und auf dem deckungslosen Sandgrund bietet eine Wohnröhre den Grundeln sichere Zuflucht.

Vorteil durch Kooperation: Die Symbiose von *Alpheus*-Pistolenkrebsen und Partnergrundeln.

Diese Eischnecke (*Diminovula culmen*) lebt farblich hervorragend angepasst auf Weichkorallen.

Zwei Imperator-Garnelen auf einer Nacktschnecke.

Diese Spinnenkrabbe lebt auf Drahtkorallen.

KOMMENSALEN

Ist eine Symbiose, also eine enge Lebensgemeinschaft zweier Arten zu beiderseitigem Nutzen, so wie die zwischen Grundeln und Pistolenkrebsen (s. linke Seite), wird dies als Mutualismus bezeichnet. Zieht dagegen aus der Lebensgemeinschaft nur ein Partner Nutzen, ohne dem anderen zu schaden, spricht man von Kommensalismus. Dieser ist im Korallenriff außerordentlich verbreitet – besonders unter kleinen Wirbellosen. Vor allem Kleinkrebse sind ausgesprochen findig, wenn es um eine vorteilhafte Behausung geht. Manche verkriechen sich zwischen die Äste von Steinkorallen, andere hocken rittlings auf Peitschenkorallen oder »reiten« auf Nacktschnecken. Man findet sie inmitten der Tentakeln von Seeanomen, unter Seegurken, auf Seesternen, Seefedern und zahlreichen weiteren Tieren.

REINIGUNGSGEWERBE

Putzer-Lippfische zeigen als Werbesignal für ihre Kunden ein tanzähnliches Wippschwimmen. Viele Fischkunden zeigen ihrerseits den Wunsch nach Körperpflege durch eine Aufforderungsstellung, zum Beispiel indem sie fast aufrecht im Wasser stehen, sich schräg auf die Seite legen oder das Maul aufsperren und die Kiemendeckel abspreizen. Vom Morgengrauen bis Sonnenuntergang suchen Kunden die Putzstationen auf und müssen nicht selten Schlange stehen, bis sie bedient werden. Die Putztätigkeit trägt entscheidend bei zur Dezimierung der Fischparasiten, von denen Asseln der Gruppe *Gnathia* die häufigsten sind. Diese Blutsauger sind im Meer, was die Zecken an Land sind. Nur sind Fischasseln viel häufiger und die Fische praktisch ständig von ihnen befallen.

Das macht das Putzgewerbe auch ökologisch äußerst bedeutend für die gesamte Riffgemeinschaft und *Labroides*-Putzer-Lippfische zu den wohl geschäftigsten Fischen im Riff. Pausen kennen sie kaum und am Ende eines Tages sind ihre Mägen vollgestopft mit den blutsaugenden Plagegeistern, die über 95 Prozent ihrer Nahrung ausmachen. Ein einziger Putzer-Lippfisch kann über den Tag rund

Mundpflege: Weißband-Putzergarnele und Tomaten-Zackenbarsch.

1200 parasitische Asseln von seinen Kunden abpicken. Der Vorteil ist also gegenseitig: Die Behandlung befreit den Putzkunden von Hautparasiten, die wiederum dem Putzer-Lippfisch als Nahrung dienen.

Im gleichen Gewerbe tätig sind die Putzergarnelen, und wie die Putzerfische haben sie einen großen Kundenstamm, darunter harmlose Algen- und Planktonfresser, aber auch Räuber wie Schnapper und Zackenbarsche. Die Putzer bedienen sie alle, die Friedfertigen wie die Gefährlichen. Als Verständigungssignal schwenken Weißband-Putzergarnelen ihre Antennen, wäh rend die kleinen *Urocaridella*-Garnelen einen charakteristischen Werbetanz aufführen, und zwar umso eifriger, je hungriger sie sind. Die auffällige Werbestrategie zahlt sich aus. Wie viele andere Kunden wissen auch Zackenbarsche die Zeichen zu deuten. Haben sie die Wahl, bevorzugen sie hoch motiviert tanzende Garnelen gegenüber den »Standardtänzern«, verstehen also, was sie bei den leidenschaftlichen Tänzern erwartet: Bis zu elfmal länger und entsprechend gründlicher ist die Körperpflege durch hungrige Garnelen, verglichen mit den üblichen Reinigungssitzungen durch mehr oder weniger satte Garnelen.

Weißband-Putzergarnele und Muräne

Kiemenpflege: Putzer-Lippfisch und Weißbauch-Demoiselle

Senkrechte Körperstellung als Aufforderung geputzt zu werden: Füsilier (Bild links), Gelbbrust-Junker (Bild rechts).

—Fische

HAIE — SELACHII

Haie sind Knorpelfische und fast alle leben räuberisch. Der Walhai als größte Art und der Riesenhai dagegen sind Planktonfiltrierer. Es gibt etwa 500 Haiarten, von denen an Korallenriffen eine relativ kleine, überschaubare Artenzahl von Tauchern beobachtet werden kann. Häufig sind dies Schwarzspitzen- und Weißspitzen-Riffhai und Grauer Riffhai. Sie gehören zur Familie der Menschen- oder Grundhaie. Zu diesen gewandten und schnellen Schwimmern gehören vor allem auch größere Hochseebewohner, die gelegentlich von Riffen zu sehen sind, wie Silberspitzen- und Weißspitzen-Hochseehai. Neben Letzteren sind der Bullenhai und vor allem der Tigerhai gefährlich und für fatale Angriffe bekannt. Gebietsweise regelmäßig zu sehen sind auch einige stark bodenorientierte Arten wie Ammen- und Leopardenhai. Bei Hammerhaien stehen die Augen und die Nasenöffnungen durch ihren typischen hammerförmigen Kopf weit auseinander, wodurch wohl ihr räumliches Sehvermögen und die Fähigkeit, Geruchsquellen zu orten, erhöht werden.

Weißspitzen-Hochseehai — *Carcharhinus longimanus*

Auffallend große, abgerundete Rücken- und Brustflossen mit weißen Spitzen.

GRÖSSE 350 cm

BIOLOGIE Lebt pelagisch im Oberflächenwasser tiefer Meere, selten in Küstennähe, 0–150 m. Häufig begleitet von Pilotfischen, Frisst Knochenfische, Rochen, Kalmare, Seevögel, Schildkröten, Meeressäuger, Aas und Abfälle. Potenziell gefährlich, fatale Angriffe sind bekannt. Furchtlos und nicht scheu, kann Taucher ausdauernd und neugierig umkreisen.

VORKOMMEN Zirkumtropisch, in über 18 Grad warmes Wasser.

Walhai
—Rhincodon typus

Oberseite mit Fleckenmuster. Sehr breites Maul ohne Zähne.
GRÖSSE 12–14 m
BIOLOGIE Vorwiegend pelagisch, kommt gelegentlich auch an Riffe. Generell Einzelgänger, doch sind riffnahe Versammlungsplätze bekannt. Harmloser Planktonfiltrierer, kann mit einem »Schluck« mehrere Tonnen Wasser einsaugen.
VORKOMMEN Zirkumtropisch

Leopardenhai
—Stegosoma varium

Juvenile schwarz-weiß gebändert (engl.: zebra shark). Adulte mit leopardenartigen Flecken.
GRÖSSE 280 cm
BIOLOGIE Bewohnt Sand-, Geröll- und Korallengrund von Riffen, 5–70 m. Bodenbewohner, tagsüber meist auf dem Grund ruhend. Frisst vorwiegend nachts Weichtiere, Krebse und kleine Fische. Harmlos, kann bei Belästigung jedoch beißen.
VORKOMMEN Rotes Meer, Ostafrika bis Südjapan und Neukaledonien.

Gewöhnlicher Ammenhai
—Nebrius ferrugineus

Kleines Maul mit Nasenbarteln. Zwei fast gleich hohe Rückenflossen.
GRÖSSE 320 cm
BIOLOGIE Lagunen und Außenriffe, 1–70 m. Liegt tagsüber meist unter Überhängen oder in Höhlungen. Frisst nachts Kraken, Krebse, Bodenfische, Seeschlangen und Seeigel. Beute wird im Ganzen eingesaugt und im Maul zerkleinert. Generell harmlos, kann sich bei Provokation jedoch festbeißen.
VORKOMMEN Rotes Meer und Ostafrika bis Südjapan, Mikronesien und Frz.-Polynesien.

Fransen-Wobbegong
—Eucrossorhinus dasypogon

Maul und Kopfseiten mit langen, fransigen Hautlappen.
GRÖSSE 130 cm
BIOLOGIE In flachen, geschützten Riffen, 1–40 m. Einzelgänger, stets direkt auf dem Boden oder dicht darüber schwimmend. Tagsüber meist auf dem Grund ruhend. Frisst nachts Fische wie (z. B. Beilbauch- und Soldatenfische) und wohl auch Wirbellose. Nicht scheu.
VORKOMMEN Nordaustralien, Ostindonesien bis PNG.

Braunbänder-Epaulettenhai
—Chiloscyllium puncatum

Juvenile mit schwarzen und weißen Bändern. Ältere Tiere braun bis braungrau, teils noch eine Bänderung erkennbar (s. Foto).
GRÖSSE 105 cm
BIOLOGIE In Küstenriffen, 1–80 m. Nachtaktiver Einzelgänger. Tagsüber versteckt in Riffspalten. Nachts auch auf Freiflächen, direkt auf dem Boden oder sehr dicht darüber schwimmend. Frisst wirbellose Bodentiere.
VORKOMMEN Indien, Thailand, Indonesien bis Philippinen und Südjapan.

Raja-Bambushai
—Hemiscyllium freycineti

Cremefarben bis hellbraun, viele braune Flecken. Hinter dem Brustflossenansatz ein dunkler Fleck mit unvollständiger weißer Umrandung.
GRÖSSE 70 cm
BIOLOGIE Bewohnt geschützte Riffen oft in geringen Tiefen. Einzelgänger, tagsüber meist im Verborgenen. Geht nachts auf Nahrungssuche.
VORKOMMEN Raja Ampat und Irian Jaya.

Silberspitzenhai
— Carcharhinus albimarginatus

Schwanz-, Rücken- und Brustflossen mit weißen Spitzen und Hinterrändern.
GRÖSSE 300 cm
BIOLOGIE Lebt an tiefen Steilhängen und küstenfernen Riffen, manchmal in tiefen Lagunen, 2 bis über 400 m. Einzeln oder in Gruppen. Frisst Knochenfische, Adlerrochen und Kraken. Generell vorsichtig, kann jedoch aufdringlich werden.
VORKOMMEN Rotes Meer bis Südafrika, Südjapan, Galapagos und Frz.-Polynesien.

Grauer Riffhai
— Carcharhinus amblyrhynchos

Dunkler Schwanzflossen-Hinterrand.
GRÖSSE 180 cm
BIOLOGIE Tiefe Atoll-Lagunen, Kanäle, steile Außenriffhänge, 1–274 m. Tagsüber teils in lockeren Gruppen. Territorial, großes Heimrevier. Frisst Fische, Kopffüßer und Krebse. Im Pazifik gebietsweise bekannt für Drohverhalten. In der Hierarchie über Weißspitzen- und Schwarzspitzen-Riffhai.
VORKOMMEN Rotes Meer und Ostafrika bis Taiwan, Hawaii und Osterinseln.

Bullenhai
— Carcharhinus leucas

Stämmiger Körper, kurze Schnauze, kleine Augen.
GRÖSSE 340 cm
BIOLOGIE Bevorzugt Küstenriffe und Brackwassergebiete, dringt auch in Süßwasser von Flüssen und Seen vor, 1–152 m. Gewöhnlich nah über dem Boden. Sehr breites Beutespektrum Knochenfische, Haie, Rochen, Schildkröten, Wirbellose, Säugetiere, Seevögel, Wale, auch Abfälle. Potenziell sehr gefährlich.
VORKOMMEN Weltweit in tropischen und subtropischen Meeren.

Schwarzspitzen-Riffhai — *Carcharhinus melanopterus*

Beide Rücken-, Anal-, Brustflossen und unterer Schwanzlappen mit schwarzen Spitzen.

GRÖSSE 180 cm

BIOLOGIE In Lagunen und Außenriffen, 0–75 m. Jungtiere oft im Seichtwasser auf Riffdächern. Einzeln oder in Gruppen. Frist Riff- und Tintenfische. Scheu.

VORKOMMEN Rotes Meer und Ostafrika bis Südjapan, Hawaii und Pitcairn. Über Sueskanal ins Mittelmeer vorgedrungen (Tunesien, Israel).

Weißspitzen-Riffhai — *Triaenodon obesus*

Sehr schlanker Körper. Weiße Spitzen auf Rücken- und Schwanzflosse. Nasallappen.

GRÖSSE 175 cm

BIOLOGIE In Lagunen und Außenriffen, 1–330 m. Ruht tagsüber häufig auf dem Boden liegend, in Höhlen, unter Überhängen, auch auf freien Sand- und Geröllflächen. Einzeln oder in Gruppen. Geht vorwiegend nachts auf die Jagd nach Riff- und Tintenfischen.

VORKOMMEN Rotes Meer und Ostafrika bis Südjapan, Hawaii, Panama.

Zitronenhai — *Negaprion acutidens*

Rückenflossen fast gleich hoch, gelbbraun bis grau.

GRÖSSE 310 cm

BIOLOGIE Bodennah in Buchten, Lagunen und Ästuaren, auch an exponierten Außenriffen. Ruht öfter auf dem Grund. Erbeutet bodenbewohnende Fische und Rochen. Nicht provozieren diese Art ist gewöhnlich scheu, jedoch leicht erregbar und dann potentiell gefährlich.

VORKOMMEN Rotes Meer und Ostafrika bis Taiwan, Mikronesien und Frz.-Polynesien.

Tigerhai
—*Galeocerdo cuvier*

Breiter, stumpfer Kopf. Körperoberseite mit dunklen Querbändern.
GRÖSSE 550 cm
BIOLOGIE Tiefe Lagunen, Buchten, Außen- und Offshore-Riffe, 1–300 m. Tagsüber oft im tieferen Wasser, nachts im küstennah im flacheren. Hat große, lockere Reviere, macht teils aber auch Wanderungen bis über 3000 km. Sehr gefährlich, doch selten aggressiv.
VORKOMMEN Alle tropischen Meere, saisonal auch in subtropischen.

Bogenstirn-Hammerhai
—*Sphyrna lewini*

Stirnrand leicht gebogen mit Einkerbung in der Mitte.
GRÖSSE 400 cm
BIOLOGIE An Kontinentalhängen, Unterwasserrücken und steilen Riffhängen von Offshore-Inseln, 1–275 m. Frisst vorwiegend Fische, besonders auch Stachelrochen. Gewöhnlich nicht aggressiv. Kann Drohverhalten zeigen, Angriffe auf Menschen sind nicht belegt.
VORKOMMEN Zirkumtropisch.

Pelagischer Fuchshai
—*Alopias pelagicus*

Familientypischer, extrem langer oberer Schwanzlappen. Sehr ähnlicher *A. vulpinus* mit weiß oben auf der Brustflossenbasis.
GRÖSSE etwa 350 cm
BIOLOGIE Bewohner der Hochsee, 1–150 m. Gelegentlich in Küstennähe, besonders an Offshore-Riffen und Unterwasserhügeln. Frisst Knochenfische und Kalmare.
VORKOMMEN Rotes Meer und Ostafrika bis Galapagos und Tahiti.

ROCHEN — BATOIDEI

Rochen sind Knorpelfische mit abgeflachtem, scheibenförmigem Körper. Die meisten sind Bodenbewohner, schwimmen mit wellenförmigen Bewegungen des Körpersaums und schon ab dem Seichtwasser zu sehen. Viele graben sich häufig bis auf die Augen und Atemlöcher ein. Teufels- und Adlerrochen dagegen sind Freiwasserbewohner und schwimmen weite Strecke mit flügelschlagartigen Bewegungen ihrer breiten, dreieckigen Brustflossen. Stechrochen haben zur Verteidigung auf dem Schwanz einen oder mehr lange Giftstacheln.

Torpedorochen
—Torpedinidae

Indonesischer Zitterrochen
—*Narcinops ornartus*

Rotbraune Flecken.
GRÖSSE Körperscheibe ca. 30 cm
BIOLOGIE Auf Sand- und Weichböden. Wohl noch unbeschriebene Art oder eine Variante von *N. ornata*.
VORKOMMEN Aus dem Gebiet von Java bis Komodo bekannt.

Panther-Torpedorochen
—*Torpedo panthera*

Gerade Frontpartie. Diffuse weiße Flecken.
GRÖSSE 100 cm
BIOLOGIE Auf riffnahen Sand- und Weichböden, 0,5–55 m. Nicht scheu, schwimmt bei Störung ein Stück davon. Betäubt seine Beute mit Stromschlägen bis zu 200 Volt.
VORKOMMEN Rotes Meer und Arabischer Golf.

Geigenrochen
—Rhinobatidae

Halavs Geigenrochen
—*Glaucostegus halavi*

Rückenflossen fast gleich hoch.
GRÖSSE 170 cm
BIOLOGIE Auf Sand und Seegras, in Buchten und Küstenriffen, 1–45 m. Frisst vorwiegend große Krebstiere.
VORKOMMEN Rotes Meer und Golf v. Oman. Ins Mittelmeer eingewandert.

Stechrochen
—Dasyatidae

Grauer Stechrochen
—Dasyatis kuhlii

Blaue Flecken. Schwanz sehr lang, hinten oft mit weißen Bändern.
GRÖSSE Körperscheibe 50 cm
BIOLOGIE Auf Sandflächen von Lagunen und Außenriffen, 1–90 m. Häufig. Bedeckt sich oft mit Sand. Frisst im Sand lebende Wirbellose.
VORKOMMEN Ostafrika bis Südjapan, Mikronesien, Samoa und Neukaledonien.

Fais Stechrochen
—Himantura fai

Rhomboider Körper, einheitlich hellgrau bis bräunlich. Schwanz bis zu dreimal so lang wie Körperdurchmesser.
GRÖSSE Körperscheibe 150 cm
BIOLOGIE Auf Sandflächen in Lagunen und Außenriffen, vom Seichtwasser bis 200 m. Einzeln, teils auch in größeren Ansammlungen.
VORKOMMEN Südafrika, Malediven, Indien, Thailand bis Marianen, NW-Australien und Tuamotus in Frz.-Polynesien.

Leopard-Stechrochen
—Himantura uarnak

Zahlreiche, dicht stehende schwarze Flecken auf hellem Grund.
GRÖSSE Körperscheibe 150 cm
BIOLOGIE Bewohnt riffnahe Sand- und Schlammböden von Lagunen, Außenriffen und Ästuaren. Häufig eingegraben. Frisst Fische, Krebstiere, Mollusken und auch Quallen.
VORKOMMEN Rotes Meer und Ostafrika bis SW-Japan, Philippinen und Frz.-Polynesien. Über den Sueskanal ins östliche Mittelmeer eingewandert.

Federschwanz-Stechrochen
—Pastinachus sephen

Einheitlich dunkelbraun, Schwanzunterseite hinten mit breitem Hautsaum.
GRÖSSE Körperscheibe 180 cm
BIOLOGIE Bewohnt Sand- und Schlammböden bei Korallenriffen, Küsten und von Ästuaren, 1–60 m. Dringt gelegentlich auch in Süßwasser vor. Ernährt sich von Krebsen, Fischen, Weichtieren und Würmern.
VORKOMMEN Rotes Meer, Ostafrika und Arabischer Golf bis SW-Japan, Palau, Neukaledonien und SO-Australien.

Blaupunkt-Stechrochen
—Taeniura lymma

Oliv mit großen, leuchtend blauen Punkten.
GRÖSSE Körperscheibe 90 cm
BIOLOGIE Auf Sand- und Geröllflächen von Korallenriffen, 2–30 m. Ruht gern unter Überhängen oder Tischkorallen sowie in kleinen Höhlen. Tag- und nachtaktiv. Wenig scheu. Frisst Weichtiere, Würmer und Garnelen. Sucht öfter Putzerstationen auf.
VORKOMMEN Rotes Meer, Oman, Ostafrika bis Philippinen, Fidschi und Ostaustralien.

Schwarzpunkt-Stechrochen
—Taeniura meynri

Viele unterschiedliche große, unregelmäßige schwarze Flecken auf grauem Grund.
GRÖSSE Körperscheibe 164 cm
BIOLOGIE Auf Sand- und Geröllböden von Korallen und Felsriffen, 3–500 m. Frisst bodenbewohnende Fische und Wirbellose wie Muscheln und Krabben. Bläst dazu oft Mulden in den Sandboden, um Beutetiere freizulegen.
VORKOMMEN Rotes Meer und Ostafrika bis Südjapan, Galapagos und Australien.

Igel-Stechrochen
—Urogymnus asperrimus

Hellgrau mit kegelförmigen scharfen Dornen. Schwanz ohne Giftstachel.
GRÖSSE Körperscheibe 100 cm
BIOLOGIE Bewohnt geschützte Riffbereiche, auf Sand, Geröllböden und Seegras. Ernährt sich von Krebsen, Würmern und Fischen. Eher selten. Nicht scheu.
VORKOMMEN Rotes Meer, Oman und Ostafrika bis Marshall I., GBR und Fidschi.

Adler- und Mantarochen
—Myliobatidae

Gefleckter Adlerrochen
—Aetobatis narinari

Oberseite mit weißen Punkten. Kopf mit Schnauze vorragend.
GRÖSSE Spannweite 230 cm
BIOLOGIE Im freien Wasser vor Riffen und in Lagunen, 1–80 m. Einzeln, in Gruppen oder großen Schulen. Frisst Weichtiere und Krebse, die er aus Sand- und Weichböden ausgräbt. Meist scheu.
VORKOMMEN Zirkumtropisch.

Kurzflossen-Teufelsrochen
—Mobula kuhlii

Kopflappen schmal und steif.Maul im Gegensatz zu Mantas nicht nicht frontal am Kopf, sondern unterseitig zwischen den Augen. Rückenseite mit schmaler weißer Kante entlang der Brustflossen. Die entsprechenden Unterseiten dagegen mit schmaler schwarzer Kante.Meist mit weißem Fleck auf der kleinen Rückenflosse
GRÖSSE Spannweite bis 120 cm
BIOLOGIE Pelagisch, gelegentlich auch in Riffnähe. Ernährt sich von Plankton.

Riffmanta
—Mobula alfredi

GRÖSSE bis 450 cm Spannweite. Bis 700 kg. Breite, bewegliche Kopflappen. Gewöhnlich weißes Maul. Dunkle Ober- und meist helle Unterseite, jedoch Anteile von Schwarz und Weiß sehr variabel. Der Übergang zwischen schwarzen und weißlichhellen Markierungen vorne auf dem Rücken verschwimmt diffus entlang der Farbgrenze und bildet von hinten gesehen ein schwarzes „V". Meist küstennah und regelmäßig an Riffen anzutreffen, 1–40 m. Einzeln oder in Gruppen. Besucht Putzerstationen. Ernährt sich von Plankton, das er mit geöffnetem Maul schwimmend aus dem Wasser filtriert.
VERBREITUNG Rotes Meer und weit verbreitet in tropischen und subtropischen Regionen des Indopazifik

Die Unterseite zeigt ein ganz individuelles Fleckenmuster, an dem einzelne Individuen identifiziert werden können.

Riesen-Manta
—Mobula birostris

GRÖSSE bis 700 cm Spannweite. Bis 2000 kg. Gewöhnlich schwarzes Maul. Oft mit weißen „Schulter"-Markierungen, sodass auf dem Rücken ein schwarzes „T" gebildet wird. Schwimmt die meiste Zeit in offener See. Meist 1–40 m, macht aber auch hunderte Meter tiefe Abstiege, um nach Zooplankton-Ansammlungen zu suchen. Einzeln oder in Gruppen. Ernährung wie der Riffmanta. Sucht auch Putzerstationen auf, aber seltener als der Riffmanta und eher weiter draußen im Meer.
VERBREITUNG Weltweit in tropischen und subtropischen Regionen

Allgemein sehr wenige schwarze Flecken. Besonders markant: wenige große Flecken an Kiemenschlitzkanten. Von beiden Manta-Arten kommen Farbvarianten vor, deren Unterseite zu großen Teilen oder fast ganz schwarz ist.

Riesenmuräne
— Gymnothorax javanicus

Braun mit kleinen schwarzen Flecken.
GRÖSSE 239 cm
BIOLOGIE In Lagunen und Außenriffen, 1–46 m. Bewohnt Höhlungen und Spalten im Riffgestein. Bezogen auf ihr Gewicht (bis über 35 kg) die größte Muränenart. Frisst vorwiegend Fische, darunter auch junge Weißspitzen-Riffhaie, daneben auch Krebse und Kraken. Normalerweise friedlich, sogar gelegentlich von Tauchern angefüttert, doch sind dabei, und auch unprovoziert, ernsthafte Bissverletzungen nachgewiesen.
VORKOMMEN Rotes Meer und Ostafrika bis SW-Japan, Hawaii (selten), Panama und Pitcairn.

MURÄNEN — MURAENIDAE

Muränen sind vorwiegend dämmerungs- und nachtaktive Räuber. Löcher und Spalten des Riffs dienen ihnen tagsüber als Unterschlupf. Meist erst nachts durchstreifen sie die Rifflandschaft nach Beutetieren. Dabei orientieren sie sich vor allem mit ihrem feinen Geruchssinn, mit dem sie Fische, Krebse oder Kraken aufspüren. Einige Arten besitzen kurze, stumpfe Zähne, mit denen auch Krebspanzer geknackt werden können. Viele Arten haben spitze, nadelförmige Fangzähne, die ausgezeichnet zum Festhalten auch glitschiger Beute geeignet sind. Das regelmäßige Öffnen und Schließen ihres Mauls wird leicht als Drohgebärde missverstanden, dient jedoch der Atmung. Als wirkliche Drohgebärde ist dagegen ein weit aufgesperrt gehaltenes Maul zu verstehen.

Ihr lang gestreckter Körper ist im Gegensatz zu Schlangen seitlich durchgehend abgeflacht und ihre Haut schuppenlos. Manche Arten sind Zwitter, also gleichzeitig Männchen und Weibchen. Viele andere sind Folgezwitter, werden zunächst als Männchen geschlechtsreif und wandeln sich später in ihrem Leben um in Weibchen.

Bartmuräne
—Gymnothorax breedeni

Großer dunkler Fleck unterm Auge.
GRÖSSE 120 cm
BIOLOGIE An klaren, strömungsreichen Außenriffen, 425 m. Oft in engen Spalten von Korallengestein, nur mit dem Kopf hervorschauend. Kann aggressiv sein und bei zu starker Annäherung blitzschnell zubeißen.
VORKOMMEN Ostafrika, Malediven, Seychellen, Christmas I. bis Salomonen, Line I. und Frz.-Polynesien.

Gelbmaulmuräne
—Gymnothorax nudivomer

Maulinnenseite gelb. Kiemenöffnung gelblich mit dunkler, diffuser Umrandung.
GRÖSSE 120 cm
BIOLOGIE Bevorzugt Außenriffe, 1–165 m. Tagsüber einzeln oder paarweise in Felslöchern. Geht nachts auf Fischjagd. Zeigt bei Annäherung oft mit aufgesperrtem Maul als Warnung das gelbe Maulinnere. Der Hautschleim ist giftig.
VORKOMMEN Rotes Meer und Ostafrika bis SW-Japan, Hawaii und Frz.-Polynesien.

Lippenfleck-Muräne
—Gymnothorax chilospilus

Unterlippe häufig mit weißem Fleck nahe am Mundwinkel. Körper mit unregelmäßigen, leicht verästelten braunen Flecken.
GRÖSSE 50 cm
BIOLOGIE Bevorzugt obere Hangbereiche von Lagunen und Außenriffen, auch in Felsriffen, 0,5–45 m. Oft in wenigen Metern Tiefe anzutreffen.
VORKOMMEN Oman bis Südjapan und Frz.-Polynesien.

Sattelflecken-Muräne
— Gymnothorax chlamydatus

Cremeweiß mit dunklen Sprenkeln und breiten schwarzen Querbändern.
GRÖSSE 70 cm
BIOLOGIE Bewohnt Küsten mit sandigen bis schlammigen Böden, 8–30 m. Bohrt sich selbst ein Loch im Weichboden, indem sie sich mit dem Schwanz voran eingräbt.
VORKOMMEN Indonesien bis Philippinen, SW-Japan und Taiwan.

Große Netzmuräne
— Gymnothorax favagineus

Weiß mit dicht stehenden schwarzen Flecken; die weißen Zwischenräume können so schmal sein, dass sie als Netzmuster erscheinen.
GRÖSSE 220 cm
BIOLOGIE Bewohnt Lagunen und Außenriffe, 1–50 m. Nicht scheu, lässt Taucher ganz nah heran. Tag- und nachtaktiv. Auch tagsüber öfter ganz im Freien liegend oder schwimmend zu beobachten
VORKOMMEN Ostafrika, südl. Rotes Meer und Oman bis Taiwan, GBR und Samoa.

Gelbkopfmuräne
— Gymnothorax fimbriatus

Kopf grünlich gelb, Körper fahl olivfarben; gesprenkelt mit unregelmäßigen schwarzen Flecken.
GRÖSSE 80 cm
BIOLOGIE Bewohnt Lagunen und Außenriffe, 1–50 m. Eine eher selten zu beobachtende, wohl nachtaktive Art. Jagt Fische und Krebstiere.
VORKOMMEN Mauritius und Seychellen bis SW-Japan, GBR und Gesellschaftsinseln.

Rußkopfmuräne
—Gymnothorax flavimarginatus

Gelblich-braun gesprenkelt, Schnauze rußbraun, orangefarbenes Auge.
GRÖSSE 120 cm
BIOLOGIE In Lagunen, Korallen und Felsriffen, 0,3–150 m. Schaut häufig aus ihrer Wohnhöhle heraus. Erbeutet kleine Fische und Krebstiere. Macht einen Geschlechtswechsel vom Weibchen zum Männchen.
VORKOMMEN Rotes Meer und Ostafrika bis SW-Japan, Hawaii, Panama und Neukaledonien.

Graue Muräne
—Gymnothorax griseus

Weißlich mit feinem Punktmuster am Kopf.
GRÖSSE 65 cm
BIOLOGIE In Korallenriffen und an felsigen Küsten, 1–30 m. Streift oft auch tagsüber im Freien zwischen Seegras und Geröll umher. Erbeutet kleine Fische und Krebse. Besonders Jungtiere teilen sich oft gruppenweise ihre Unterstände.
VORKOMMEN Rotes Meer, Ostafrika und Oman bis Westindien, Seychellen, Madagaskar und Mauritius.

Weißmaulmuräne
—Gymnothorax meleagris

Braun mit zahlreichen weißen Punkten. Maulinnenseite weiß.
GRÖSSE 120 cm
BIOLOGIE Bewohnt korallenreiche, klare Lagunen und Außenriffe, 0.3–36 m. Diese tag- und nachtaktive Art jagt vorwiegend Fische und Krabben. Diese Art ist oft ciguatoxisch. Soll vom Mirakelbarsch nachgeahmt werden, ist aber nicht nachgewiesen.
VORKOMMEN Ostafrika und südl. Rotes Meer bis SW-Japan, Hawaii, Galapagos und SO-Australien.

Weißaugen-Muräne
—Gymnothorax thyrsoideus

Auffällige weiße Augen. Stumpfe Schnauze.
GRÖSSE 66 cm
BIOLOGIE Bewohnt sedimentierte Lagunen und flache Küstenriffe, von der Tidenzone bis 25 m. Häufig anzutreffen in Tidenbecken sowie auf sandigen bis schlammigen Hängen. Paarweise oder in kleinen Gruppen in Wohnlöchern, auch vergesellschaftet mit anderen Muränenarten.
VORKOMMEN Sumatra und Christmas I. bis SW-Japan und Frz.-Polynesien.

Sternfleckenmuräne
—Echidna nebulosa

Cremefarben-weißlich mit größeren braunen und kleinerer gelben Flecken.
GRÖSSE 75 cm
BIOLOGIE In flachen Lagunen und Außenriffen, auch auf Fels- und Weichböden, vom Tidenbereich bis 30 m. Diese überwiegend nachtaktive Art kann kurzfristig das Wasser verlassen, um auf felsigen Strandbereichen Krabben zu erbeuten. Jungtiere sind öfter in Ebbetümpeln auf dem Riffdach zu sehen.
VORKOMMEN Rotes Meer und Ostafrika bis SW-Japan, Hawaii, Panama und Frz.-Polynesien.

MITTE OBEN Nachts geht diese Art häufig auf freien Flächen auf die Jagd. Sie frisst Krabben und auch Fangschreckenkrebse, zudem gelegentlich kleine Fische und Tintenfische.

Ringelmuräne
—Echidna polyzona

Dunkle Querbänder, gehen im Alter zurück. Juvenile mit braunschwarzen Bändern auf weißem Grund.
GRÖSSE 60 cm
BIOLOGIE In Küstenriffen und Lagunen, 1–15 m. Tagsüber versteckt in Spalten. Jagt nachts Krabben und Garnelen, dann oft auch auf Sandböden leicht zu beobachten. Prüft Beutetiere vor dem Zubeißen.
VORKOMMEN Rotes Meer und Ostafrika bis SW-Japan, Hawaii, GBR und Frz.-Polynesien.

Brummers Bandmuräne
—Pseudechidna brummeri

Cremefarben bis hellgrau mit schmalem weißem Flossensaum. Kopf mit dunklen Sprenkeln.
GRÖSSE 103 cm
BIOLOGIE In geschützten Küstenriffen, wohl nur im Flachbereich bis 10 m. Sehr versteckte Lebensweise, meist nur nachts zu sehen.
VORKOMMEN Ostafrika bis SW-Japan, Marianen, Palau, Cook I. und Fidschi.

Geister-Muräne
—*Rhinomuraena quaesita*

Sehr lang gestreckt und seitlich zusammengedrückt, Extrem große, nach vorne stark erweiterte, trichterförmige Nasenstulpen.

GRÖSSE 120 cm

BIOLOGIE Bewohnt Sand- und Geröllflecken in Lagunen und Außenriffen, 1–57 m. Diese ganz außergewöhnliche farbenprächtige Muräne durchläuft während des Wachstums zwei Farbwechsel und einen Geschlechtswechsel. Jungtiere sind schwarz mit gelber Rückenflosse. Männchen (bis etwa 65 cm) sind leuchtend blau mit gelber Rückenflosse und gelber Schnauze. Weibchen (Umfärbung ab etwa 85 cm) werden zunächst gelblich und schließlich sattgelb. Standorttreu, hat ein Wohnloch meist im Sand oder Geröllboden in unmittelbarer Nähe zu Fels oder Korallen. Schaut oft mit dem Kopf oder Vorderkörper hervor. Bildet beim Schlängeln über dem Grund sehr enge Körperschlaufen. Frisst kleine Fische.

VORKOMMEN Ostafrika bis SW-Japan, Marshall I., Australien und Tuamotu in Frz.-Polynesien.

SCHLANGENAALE — OPHICHTHIDAE

Schlangenaale leben auf Sand- und Schlammböden, meistens eingegraben, und nur der Kopf oder die Augen ragen heraus. Am häufigsten sind sie bei Nachttauchgängen zu sehen. Oft werden sie mit Seeschlangen verwechselt, doch diese haben eine sichtbar schuppige, Schlangenaale eine glatte Haut. Zudem haben sie Flossensäume und Brustflossen, die den Seeschlangen fehlen. Die meisten Schlangenaale haben eine harte, schmal zulaufende Schwanzspitze und können sich damit schnell rückwärts in den Weichgrund eingraben.

Krokodil-Schlangenaal *— Brachysomophis crocodilinus*

Augen weit vorn. Meist cremefarben-hellbräunlich mit kleinen dunkleren Flecken.
GRÖSSE 80 cm
BIOLOGIE Lauert in Sandgrund eingegraben, oft nur etwas mit dem Kopf herausschauend, auf vorbeikommende Beute.
VORKOMMEN Madagaskar, bis SW-Japan, Australien und Frz.-Polynesien.

Reptil-Schlangenaal *— Brachysomophis henshawi*

Oft rot gefärbt, aber auch cremefarbene bis weißliche Exemplare kommen vor.
GRÖSSE 106 cm
BIOLOGIE Bewohnt Sand- und Schlammböden, 1–25 m Lauert bis auf den Kopf eingegraben auf Beute.
VORKOMMEN Arabischer See bis Südjapan, Hawaii und Marquesas.

Sattel-Schlangenaal *— Leiuranus semicinctus*

Breite bis sehr breite braunschwarze Sattelbänder.
GRÖSSE 65 cm
BIOLOGIE Auf Sand- und Seegrasflächen in Lagunen und Außenriffen, 1–12 m. Frisst Fische und Krebstiere.
VORKOMMEN Ostafrika bis Südjapan, Mikronesien, Hawaii, SO-Australien und Frz.-Polynesien.

Marmor-Schlangenaal
— Callechelys marmorata

Weiß bis cremefarben, gesprenkelt mit vielen dunklen Punkten.
GRÖSSE 87 cm
BIOLOGIE Auf Sandzonen von klaren Außenriffen, 3–25 m. Gewöhnlich m Sand eingegraben, nur der konisch zugespitzte Kopf schaut heraus. Erbeutet kleine Fische und Krebstiere.
VORKOMMEN Rotes Meer und Ostafrika (bis Mosambik) bis Marshall I. und Frz.-Polynesien.

Ringel-Schlangenaal
— Myrichthys colubrinus

Schwarze Bänder, gelegentlich mit Punkten in den Zwischenräumen. Wird oft mit der Gelblippen-Seekobra verwechselt (S. 342).
GRÖSSE 90 cm
BIOLOGIE In Sand- und Seegraszonen von Buchten, Lagunen und Außenriffen, 0,3–25 m. Überwiegend nachtaktiv, geht auch im Freien auf die Jagd. Frisst Fische und Krebse.
VORKOMMEN Rotes Meer und Ostafrika bis SW-Japan, GBR und Frz.-Polynesien.

Gefleckter Schlangenaal
— Myrichthys maculosus

Cremefarben bis gelblich mit großen schwarzen Flecken.
GRÖSSE 100 cm
BIOLOGIE In Buchten, Lagunen und Außenriffen, meist 0,3–30 (ein Nachweis aus 262 m). Öfter in der Nacht, aber auch tagsüber im Freien zu sehen, auf Sandflächen und in Seegraswiesen. Frisst Fische und Krebstiere.
VORKOMMEN Rotes Meer und Ostafrika bis SW-Japan, SO-Australien und Frz.-Polynesien.

Bonaparte-Schlangenaal
—Ophichthus bonaparti

Cremfarben-weißlich mit dunkler Bänderung am Körper. Kopf mit variablem Muster aus hell bronzefarbenen bis dunkelbraunen Flecken.
GRÖSSE 75 cm
BIOLOGIE Bewohnt fein- und grobsandige Areale an Küsten und Außenriffen, 1–20 m. Gewöhnlich bis auf den Kopf eingegraben. Lauer kleinen Fischen und Tintenfischen auf. Kann zur Selbstverteidigung zubeißen.
VORKOMMEN Ostafrika bis Südjapan und Gesellschaftsinseln.

MITTE OBEN Selbst nachts geht diese Art meist nicht frei umherschlängelnd auf die Jagd, sondern schaut als Lauerräuber nur mit dem ganz anders als der restliche Körper gefärbten Kopf aus dem Sand hervor.

Schwarzflossen-Schlangenaal
—Ophichthus altipennis

Kopf hell- bis dunkelbraun mit einigen schwarzen Pünktchen, Nasenstulpen blaugrau. Blasser Bereich auf der Schnauze vor dem Auge ist ein Erkennungsmerkmal. Schwarze Brustflossen.
GRÖSSE 80 cm
BIOLOGIE Auf Weichböden entlang von Küsten und in Buchten, meist 3–10 m. Im Boden eingegraben, so dass nur der Kopf herausschaut.
VORKOMMEN Malaysia bis Südjapan, Marshall I. und Frz.-Polynesien.

Gelbflecken-Schlangenaal
—Ophichthys polyphthalmus

Rötlich braun bis lachsfarben (besonders am Kopf), mit zahlreichen gelben, dunkelrandigen Augenflecken.
GRÖSSE 35 cm
BIOLOGIE Auf Sand- und Geröllflächen von Lagunen und Außenriffen, 1–20 m.
VORKOMMEN Mauritius und Réunion bis Mikronesien, Hawaii und Frz.-Polynesien.

Conger und Röhrenaale
—Congridae

Großaugen-Conger
—Ariosoma anagoides

Große Pupille, silbrig umrandet.
GRÖSSE 50 cm
BIOLOGIE Bewohnt Küsten und Buchten mit Sand- oder Schlammböden, bis etwa 20 m. Selten zu sehen. Gräbt sich im Weichboden ein, geht nachts auch ins Freie.
VORKOMMEN Indonesien, Philippinen, Australien.

Gefleckter Sandconger
—Ariosoma fasciatum

Weißlich bis hellbraun mit großen braunen, unregelmäßigen Flecken.
GRÖSSE 60 cm
BIOLOGIE Auf Sand- und Geröllflächen von Lagunen und Außenriffen, 2–32 m. Bohrt sich rückwärts mithilfe seiner festen Schwanzflosse in Weichböden ein.
VORKOMMEN Madagaskar bis Indonesien, Marshall I., Hawaii und Frz.-Polynesien.

Perlen-Röhrenaal
—Gorgasia maculata

Hellgrünlich grau. Entlang der Seitenlinie eine Reihe weißer Punkte, am Kopf wenige, etwas größere weiße Flecken.
GRÖSSE 55 cm
BIOLOGIE Bewohnt riffnahe Sandböden, 10–45 m. Gewöhnlich in Kolonien.
VORKOMMEN Komoren, Seychellen, Malediven, Andamanensee bis Philippinen, Salomonen und Fidschi.

Ohrfleck-Röhrenaal
—Heteroconger hassi

Weißlich mit zahlreichen schwarzen Flecken (in einer Variante mit kleinen Punkten), einem großen schwarzen Fleck an der Kiemenöffnung und einem weiteren am Rücken.
GRÖSSE 40–70 cm
BIOLOGIE Bewohnt Sandflächen in Lagunen und Außenriffen, 5 bis über 40 m. Meist in großen Kolonien.
VORKOMMEN Ostafrika, Seychellen, Malediven bis SW-Japan, Line I. und Tonga.

Korallenwelse
—Plotosidae

Gestreifter Korallenwels
—*Plotosus lineatus*

Aalförmiger Körper. Das Maul ist von vier Paar Barteln umstanden. Zwei weiße Längsstreifen entlang der Seite.

GRÖSSE 33 cm

BIOLOGIE In Lagunen und Küstenriffe, über riffnahen Seegras- und Sandflächen, 1–60 m, meist oberhalb von 30 m. Juvenile bilden dichte, kugelförmige Schulen. Dabei bewegen sich die Tiere als kompakte Masse vorwärts, wobei sich die Position der Einzeltiere in solchen »rollenden Welsbällen« kontinuierlich ändert. Ernährt sich von kleinen bodenbewohnenden Krebs- und Weichtieren. Jeweils der erste Strahl von Rücken- und Brustflosse als Giftstachel ausgebildet. Das, zusammen mit der Bildung ballförmiger Schulen, scheint Räuber wirkungsvoll abzuschrecken. Adulte tagsüber in Gruppen oder einzeln unter Überhängen.

VORKOMMEN Rotes Meer und Ostafrika bis Südkorea, Kosrae in Mikronesien, SO-Australien und Samoa.

Aalgrundeln
—Pholidichthyidae

Aalgrundel
—*Pholidichthys leucotaenia*

Jungtier mir weißem Längsstreifen.

GRÖSSE 34 cm

BIOLOGIE Vor Riffspalten und Überhängen, 3–25 m. Gewöhnlich sieht man nur Gruppen von Jungtieren bis etwa 5 cm Länge. Diese ahmen den Gestreiften Korallenwels nach. Adulte sehr versteckt und anders gefärbt.

VORKOMMEN Ostindonesien bis Philippinen, Salomonen und Neukaledonien.

EIDECHSENFISCHE — SYNODONTIDAE

Die kleinen Lauerräuber mit zylindrischem Körper, großem Maul und vielen spitzen Zähnen sind in den meisten Gebieten häufig. Einzeln oder nicht selten auch paarweise liegen sie regungslos auf Sand- und Geröllgrund, Fels oder Korallen und warten auf vorbeischwimmende, kleine Fische. Diese erbeuten sie im blitzschnellen Vorstoß und verschlingen sie im Ganzen. Mit ebensolchen, jedoch steilen Aufstiegen überrumpeln sie sogar meterhoch über dem Boden schwimmende Fische. Taucher lassen sie bei vorsichtiger Annäherung recht nah heran, flüchten jedoch meist im letzten Moment, um sich wenige Meter weiter wieder niederzulassen.

Riff-Eidechsenfisch
—*Synodus variegatus*

Seitlicher Streifen aus abwechselnden hellen und dunklen rechteckigen Flecken.

GRÖSSE 26 cm

BIOLOGIE In Lagunen und Außenriffen, 5–70 m. Liegt meist auf Korallen oder Felsgrund, häufig paarweise. Wechselt üblicherweise alle paar Minuten seine Position.

VORKOMMEN Rotes Meer und Ostafrika bis SW-Japan, Hawaii und Frz.-Polynesien.

Zweifleck-Eidechsenfisch
— Synodus binotatus

Ein Paar dunkler Punkte auf der Schnauze.
GRÖSSE 16 cm
BIOLOGIE Bewohnt Außenriffe mit Geröll- und Korallengrund, 1–30 m. Gewöhnlich in geringen Tiefen einzeln oder paarweise auf Hartgrund liegend.
VORKOMMEN Golf von Aden und Ostafrika bis Taiwan, Hawaii, GBR und Tonga.

Sand-Eidechsenfisch
— Synodus dermatogenys

8–9 dunkle Seitenflecken, oft mit hellem Zentrum.
GRÖSSE 22 cm
BIOLOGIE In Lagunen und Außenriffen, 1–70 m. Einzeln, paarweise oder in kleinen Gruppen auf Sand- und Geröllgrund. Oft auch eingegraben bis auf die Augen und Nasenlöcher.
VORKOMMEN Rotes Meer und Ostafrika bis SW-Japan, Hawaii, SO-Australien und Frz.-Polynesien.

Graziler Eidechsenfisch
— Saurida gracilis

Hinterkörper mit 2–3 dunklen Flecken.
GRÖSSE 32 cm
BIOLOGIE Bevorzugt in trüben, flachen Lagunen und geschützten Außenriffen, ab 1 m Tiefe. Bewohnt Sand- und Geröllböden, frei auf dem Boden liegend oder teilweise eingegraben.
VORKOMMEN Rotes Meer und Ostafrika bis SW-Japan, Hawaii und Frz.-Polynesien.

Schlangenfisch
— Trachinocephalus myops

Sehr kurze Schnauze, Augen sehr weit vorn.
GRÖSSE 25 cm
BIOLOGIE Auf Sand- und anderen Weichböden, 3 bis etwa 400 m. Meist eingegraben, nur mit dem Vorderkopf herausschauend. Erbeutet kleine Fische und Krebstiere.
VORKOMMEN Weltweit in tropischen und warmen Gewässern, nicht im Ostpazifik.

ANGLERFISCHE — ANTENNARIIDAE

Anglerfische können sich farblich perfekt an ihre jeweilige Umgebung anpassen oder auch stark mit ihr kontrastieren. Solche Anpassungen eines einzelnen Tieres an seine Umgebung geschieht meist innerhalb weniger Tage. Wegen ihrer vielen möglichen Farbkleider werden einzelne Exemplare derselben Art sehr leicht für unterschiedliche Arten gehalten. Der erste Strahl der Rückenflosse, frei über der Oberlippe ansetzend, ist zu einer Angel umgebildet. Die Angelrute ist dünn und am Ansatz beweglich, das Ende als fleischige Köderattrappe ausgebildet. Fische, die sich der vermeintlichen Beute nähern, werden blitzschnell durch Aufreißen seines Mauls eingesaugt. Das geschieht innerhalb von sechs Millisekunden: Kein anderes Wirbeltier kann so schnell seine Beute schnappen. Mit ihren armartigen Brustflossen und den Bauchflossen können sie langsam über den Grund schreiten. Kurze Strecken schwimmen sie nach dem Rückstoßprinzip. Sie saugen Wasser ins Maul und stoßen es durch die düsenähnlichen Kiemenöffnungen aus.

Riesen-Anglerfisch
—Antennarius commerson

Größte Art. Sehr farbvariabel, oft der Umgebung angepasst (s. Foto links mit 2 Tieren in einem Schwamm). Wenige knotenförmige Erhebungen. Kann krustenartige Flecken zeigen (z. B. rotbraune Flecken, Foto rechts).
GRÖSSE 36 cm
BIOLOGIE In Lagunen und Außenriffen, 1–70 m. Häufig in Schwämmen. Meist einzeln, gelegentlich auch zu zweit.
VORKOMMEN Rotes Meer und Ostafrika bis SW-Japan, Hawaii, Mittelamerika.

Sommersprossen-Anglerfisch
—Antennatus coccineus

Rücken- und Afterflosse reichen bis zur Basis der Schwanzflosse.
GRÖSSE 12 cm
BIOLOGIE In geschützten Lagunen, Küsten und Außenriffen, vom Flachwasser bis 70 m, wird jedoch meist in sehr geringen Tiefen beobachtet. Meist auf Korallengestein und Geröll, versteckt lebend.
VORKOMMEN Rotes Meer und Ostafrika bis SW-Japan, Mittelamerika und Australien.

Augenfleck-Anglerfisch
—Nudiantennarius subteres

Dunkelbraun bis grauschwarz. Großer, orangefarbener Ring unterhalb des hinteren Teils der Rückenflosse.
GRÖSSE 5 cm
BIOLOGIE Bewohnt Geröllflächen und sandige Areale, bis etwa 30 m.
VORKOMMEN Bekannt von Ostindonesien (Bali, Sulawesi, Alor) und Philippinen.

Hispid-Anglerfisch
—Antennarius hispidus

Körper oft mit dunklen länglichen Steifen, je nach Farbvariante ähnlich wie *A. striatus*. Angelrute etwa so lang wie der 2. Flossenstrahl. Großer kugeliger Köder mit feinen Filamenten.
GRÖSSE 18 cm
BIOLOGIE Bewohnt Fels- und Korallenriffe, auch riffnahe Sandflächen, 3–70 m. Oft bei ins Wasser gefallenen Blättern, deren Färbung er nachahmt (Foto). In solcher Umgebung sehr unauffällig, obwohl auf freier Fläche sitzend.
VORKOMMEN Ostafrika bis Taiwan, Fidschi und Australien.

Warzen-Anglerfisch
—Antennarius maculatus

Haut mit vielen warzen- bis knotenförmigen Erhebungen. Dunkle, sehr unregelmäßige Flecken. Angel etwas länger als 2. Strahl. Besonders große Farbvariabilität.

GRÖSSE 8–11 cm

BIOLOGIE In geschützten Riffen, 1–15 m. Auf unterschiedlichem Untergrund, relativ häufig und auch oft zu sehen. Auf Korallenschotter, Korallengestein und Sand, gern auch bei Schwämmen.

VORKOMMEN Ostafrika (evtl. auch Rotes Meer) bis Mauritius, bis SW-Japan, Marianen-I., Salomonen und GBR.

MITTE Juvenile typischerweise weiß mit plakativen orangeroten Markierungen.

UNTEN Bei manchen Exemplaren ist der Körper mit sehr zahlreichen, dicht stehenden Warzen bedeckt.

Gestreifter Anglerfisch
—Antennarius striatus

Angel meist gut erkennbar und doppelt so lang wie 2. Stachelstrahl, auffälliger Köder mit wurmähnlichen Anhängen (s. oben, der große gelbe Büschel ganz links im Bild). Schwarzbraune Streifen und rundliche Flecken. Nahe verwandt mit *A. hispidus* (puscheliger Köder).

GRÖSSE 22 cm

BIOLOGIE Oft auf riffnahen Sand- oder Schlammböden, 3 bis über 200 m. Zusätzlich zur sehr variablen Färbung tritt er sowohl in einer glatten als auch einer durch zahlreiche lange Filamente »haarigen« Variante auf.

VORKOMMEN Rotes Meer und Ostafrika, bis SW-Japan und Salomonen.

MITTE UND UNTEN Auch die weiße (mit vorgestreckter Angel) und orangefarbene Variante dieser Art ist meist gut an den Flecken auf den Füßen zu erkennen und vom Hispid-Anglerfisch zu unterscheiden.

Rundflecken-Anglerfisch
—Antennarius pictus

Angelrute doppelt so lang wie zweiter Stachelstrahl. Farblich sehr variable Art, kann sich innerhalb von Tagen an eine neue Umgebung anpassen.

GRÖSSE 16 cm

BIOLOGIE In geschützten Küstenriffen und Lagunen, 3–70 m. Auch auf riffnahen Sand- oder Geröllflächen, dann meist bei Schwämmen oder anderen schützenden Objekten.

VORKOMMEN Rotes Meer und Ostafrika bis SW-Japan, Hawaii, Australien.

MITTE Kleine Jungtiere zeigen häufig eine sehr markante schwarze Färbung mit orangefarbenen Punkten und blauen Flossenrändern.

UNTEN Es sind auch feuerrote, schwarze, gelbe, orangefarbene und olivbraune Exemplare bekannt. Meist sind die typischen runden Flecken zu erkennen.

Großdorn-Husar
—Sargocentron spiniferum

Kiemendeckel mit sehr langem Dorn.
GRÖSSE 45 cm
BIOLOGIE Bewohnt Lagunen und Außenriffe, 1–120 m. Schwebt tagsüber inaktiv häufig unter Überhängen, vor Höhlungen, auch unter Tischkorallen. Geht nachts auf Jagd nach Krabben, Garnelen und kleinen Fischen. Größte Art der Familie. Nicht scheu.
VORKOMMEN Rotes Meer, Ostafrika bis Südjapan, Mikronesien, Hawaii und Frz.-Polynesien.

HUSAREN- UND SOLDATENFISCHE — HOLOCENTRIDAE

Die Farbe Rot dominiert bei den meisten Arten dieser Familie, die in zwei Unterfamilien aufgeteilt werden: Soldatenfische und Husarenfische. Alle sind nachtaktiv, haben große, lichtempfindliche Augen und deutlich sichtbare Schuppen. Auffälligste Unterschiede: spitz zulaufender Kopf und ein kräftiger Kiemendeckelstachel bei Husarenfischen, stumpf abgerundeter Kopf und kein oder nur sehr kleiner Stachel bei Soldatenfischen. Trotz ihrer nächtlichen Aktivität lassen sie sich tagsüber leicht aus der Nähe beobachten. Denn dann stehen sie mit ruhigen Bewegungen im Schutz von Höhlen, Überhängen oder unter Tischkorallen. Manche Arten trifft man einzeln an, andere in kleinen Gruppen, und einige bilden dichte Schwärme. Zur Nacht verlassen sie ihre Unterstände. Soldatenfische jagen dann im Freiwasser nach Zooplankton. Husarenfische ernähren sich von bodenlebenden Tieren wie Krebsen, Würmern, aber auch von kleinen Fischen.

Silberfleck-Husar
—*Sargocentron caudimaculatum*

Rot mit weißen Schuppenrändern und weißer Schwanzwurzel (diese wird nachts rot).
GRÖSSE 25 cm
BIOLOGIE In tiefen Lagunen und Außenriffen mit reichem Korallenbewuchs, 2–50 m. Einzeln oder in losen Gruppen. Gewöhnlich an geschützten Standorten wie Überhängen und Höhlen. Jagt nachts kleine Fische und Krabben.
VORKOMMEN Rotes Meer, Südoman und Ostafrika bis Südjapan, Mikronesien, GBR und Frz.-Polynesien.

Diademhusar
—*Sargocentron diadema*

Rot mit weißen Streifen. Erste Rückenflosse schwarz-rot.
GRÖSSE 17 cm
BIOLOGIE In Lagunen und Außenriffen, 2–60 m. Tagsüber einzeln oder in Kleingruppen oft unter Überhängen oder vor Höhlungen. Erbeutet nachts über Sandflächen Schnecken, Würmer und Kleinkrebse.
VORKOMMEN Rotes Meer, Oman, Ostafrika bis SW-Japan, Hawaii, SO-Australien und Frz.-Polynesien. Ins östliche Mittelmeer eingewandert.

Schwarzbinden-Soldatenfisch
—*Myripristis adusta*

Grundfärbung hell bis blasslachsfarben mit dunklen Schuppenrändern. Hintere Rücken-, After- und Schwanzflosse mit schwarzem Rand und Spitzen.
GRÖSSE 32 cm
BIOLOGIE Bevorzugt in korallenreichen Außenriffen, 3–25 m. Tagsüber einzeln oder in losen Gruppen inaktiv unter Überhängen oder in Höhlen.
VORKOMMEN Ostafrika bis SW-Japan, Mikronesien, Line I., Neukaledonien und Frz.-Polynesien.

Weißsaum-Soldatenfisch
—Myripristis murdjan

Alle Flossen außer Brustflossen mit schmalem weißem Randsaum.
GRÖSSE 25 cm
BIOLOGIE Bewohnt Lagunen und Außenriffe, 2–50 m. Tagsüber inaktiv, gewöhnlich unter Überhängen oder in Höhlen, einzeln oder in Gruppen. Verteilt sich nachts zur Nahrungssuche, erbeutet im freien Wasser Würmer, Garnelenlarven und Kleinkrebse.
VORKOMMEN Rotes Meer und Ostafrika bis SW-Japan, Mikronesien, GBR und Samoa.

Violetter Soldatenfisch
—Myripristis violacea

Silbrig mit dunklen Schuppenrändern. Unpaare Flossen mit roten Spitzen. Roter Streifen entlang des Kiemendeckelrandes.
GRÖSSE 20 cm
BIOLOGIE Bewohnt korallenreiche Lagunen und Außenriffe, 3–25 m. Schwebt wie andere Soldatenfische tagsüber inaktiv an geschützten Stellen und geht nachts auf Beutesuche.
VORKOMMEN Ostafrika bis SW-Japan, Mikronesien, Line I, Neukaledonien und Frz.-Polynesien.

Weißspitzen-Soldatenfisch
—Myripristis vittata

Orangerot. Erste Rückenflosse mit weißen Spitzen.
GRÖSSE 20 cm
BIOLOGIE Bevorzugt Außenriffhänge, 3–80 m. Schwebt tagsüber inaktiv in Gruppen, teils auch größeren Ansammlungen, in Höhlen oder unter Überhängen, meist unterhalb 10 m Tiefe.
VORKOMMEN Seychellen, Madagaskar, Maskarenen bis SW-Japan, Hawaii, Mikronesien, Neukaledonien und Frz.-Polynesien.

Blutfleck-Husar
—Neoniphon sammara

Silbrig mit schmalen rostroten Streifen. Vorn in der ersten Rückenflosse ein rot-schwarzer Fleck.
GRÖSSE 32 cm
BIOLOGIE In verschiedenen Riffhabitaten, von steilen Außenriffhängen bis hin zu kleinen Korallenformationen in Seegraswiesen, 3–45 m. Häufig einzeln, aber auch in kleinen lockeren Gruppen. Oft bei Astkorallen.
VORKOMMEN Rotes Meer, Südoman und Ostafrika bis SW-Japan, Mikronesien, Hawaii, GBR und Frz.-Polynesien.

Trompetenfische und Flötenfische
— Aulostomidae und Fistulariidae

Trompetenfisch
—*Aulostomus chinensis*

Lang gestreckter Körper. Oft bräunlich mit einigen weißlichen Längsstreifen. Kann Farbmuster schnell verändern und dunkle Querbinden zeigen. Eine gelbe Farbvariante tritt gebietsweise regelmäßig auf.
GRÖSSE 70 cm
BIOLOGIE In Fels- und Korallenriffen, 2–122 m. Meist einzeln, manchmal auch in lockeren Paaren. Steht gelegentlich zur Tarnung senkrecht zwischen Hornkorallen oder schwimmt »huckepack« über größeren Fischen, um unbemerkt an Beutefische zu heranzukommen.
VORKOMMEN Ostafrika bis Südjapan, nördl. Neuseeland und Ostpazifik.

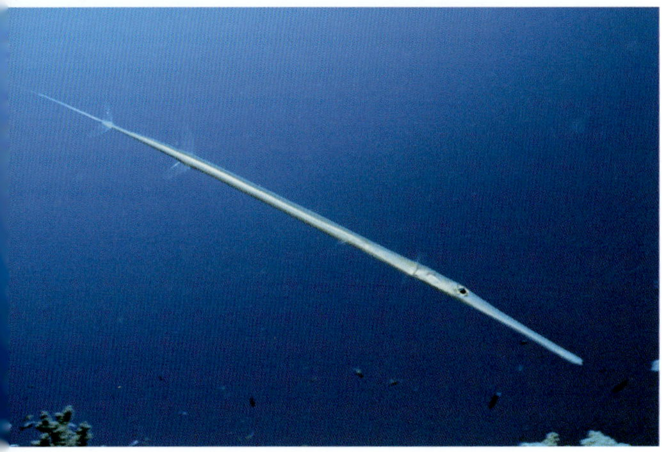

Flötenfisch
—*Fistularia commersonii*

Extrem lang gestreckt, nadeldünnem Schwanz. Kann Färbung sekundenschnell zu sehr blass oder dunkelgraubraun ändern.
GRÖSSE 150 cm
BIOLOGIE In fast allen Riffhabitaten, 1–128 m. Streift einzeln oder in lockeren Gruppen langsam übers Riff oder schwebt lauernd auf einer Stelle. Erbeutet kleine Fische und Krebstiere.
VORKOMMEN Rotes Meer, Ostafrika bis SW-Japan, Hawaii, Panama, Neuseeland und Frz.-Polynesien.

Hornhechte
—Belonidae

Krokodil-Hornhecht
—*Tylosurus crocodilus*

Lange spitze Schnauze mit nadelähnlichen Zähnen. Silbrig mit bläulichem Schimmer.
GRÖSSE 150 cm
BIOLOGIE In Küstengewässern, gewöhnlich nahe der Oberfläche. Oft auf dem Riffdach oder an der Riffkante, besucht dort auch Putzerstationen. Ernährt sich räuberisch von Fischen.
VORKOMMEN Zirkumtropisch.

Flügelrossfische
—Pegasidae

Flügelrossfisch
—*Eurypegasus draconis*

Harter Körperpanzer, gebildet von Knochenplatten. Lange Schnauze. Grundfärbung dem jeweiligen Untergrund angepasst.
GRÖSSE 8 cm
BIOLOGIE Bewohnt geschützte Bereiche in Lagunen und ruhigen Buchten, 1–90 m. Einzeln oder paarweise auf Sand-, Schlamm- und Geröllböden. Frisst winzige Wirbellose. Flügelrossfische kriechen mit ihren fingerartigen Bauchflossen über den Grund. Ihren Namen haben sie von den flügelartigen Brustflossen (abgespreizt, oberes Bild). Wegen ihrer Körperpanzerung können sie nur den Schwanz bewegen aber nicht den Körper biegen.
VORKOMMEN Rotes Meer und Ostafrika bis SW-Japan, Mikronesien, Marquesas und Gesellschaftsinseln.

GEISTERPFEIFENFISCHE — SOLENOSTOMIDAE

Kleine Familie mit nur wenigen Arten. Einige sind sehr farb- und teils auch formvariabel. So sind einige Arten noch nicht sicher beschrieben. Die Weibchen werden wohl grundsätzlich größer als die Männchen, und anders als bei den verwandten Seenadeln und Seepferdchen, tragen sie die Brut aus. Dazu haben sie eine aus den Bauchflossen gebildete Bruttasche, die einige hundert Eier enthalten kann. Nach zehn bis 20 Tagen schlüpfen die dann noch durchsichtigen Larven. Als Nahung dienen den Geisterpfeifenfischen vor allem winzige Garnelen und Flohkrebse, die sie mit ihrem Röhrenmaul einsaugen.

Harlekin-Geisterpfeifenfisch — *Solenostomus paradoxus*

»Stachelige« Hautanhängsel. Färbung je nach Umgebung z. B. weiß, rot, rosa, schwarz, jeweils mit weißen, roten oder gelben Markierungen.

GRÖSSE 11 cm

BIOLOGIE In Fels- und Korallenriffen, 3–30 m. Oft im Schutz von Haarsternen, auch von Hornkorallen, Weichkorallen und Schwarzen Korallen. Meist paarweise, seltener in Kleingruppen.

VORKOMMEN Rotes Meer (selten) und Ostafrika bis Südjapan, Marshall I., SO-Australien und Fidschi.

Seegras-Geisterpfeifenfisch
—Solenostomus cyanopterus

Färbung variabel, oft braun oder grün, auch blass-creme-farben, selten rot. Die Größe besonders von Schwanz- und Brustflossen ebenfalls variabel.

GRÖSSE 16 cm

BIOLOGIE In Lagunen und geschützten Küstenriffen, 1–20 m. Gewöhnlich über Sandgrund und zwischen Algen und Seegras. Oft paarweise, ziehen langsam schwimmend umher. Können hin und her schaukeln wie abgerissene Seegrasblätter im Wellengang.

VORKOMMEN Rotes Meer und Ostafrika (bis Mauritius) bis Südjapan, Australien und Fidschi.

BILD MITTE OBEN Das braune Pärchen schwamm in einer Umgebung mit abgestorbenen, braunen Seegrasblättern. Die Fische ahmten mit ihren unregelmäßigen hellen Sprenkeln hervorragend sogar den typischen krustigen Aufwuchs der Blätter nach.

Halimeda-Geisterpfeifenfisch
—Solenostomus halimeda

Kopf etwa gleich lang wie Körper. Farbvariabel, grün bis weißlich grau, rötlich braun.

GRÖSSE 6,5 cm

BIOLOGIE In Lagunen und geschützten Küstenriffen, 3–20 m, 2002 beschrieben. Bei Halimeda-Grünalgen, korallinen Algen oder in Sand-Geröll-Arealen. Einzeln oder paarweise.

VORKOMMEN Malediven bis NW-Australien, Marshall.I, Indonesien, PNG, Fidschi.

Haariger Geisterpfeifenfisch
—Solenostomus paegnius

Bräunlich bis blass gräulich. Anzahl der haarigen Filamente variabel.

GRÖSSE 11 cm

BIOLOGIE Gewöhnlich auf geschützten Sand- und Geröllarealen, 5–20 m.

VORKOMMEN Ostafrika bis S-Japan, PNG, Salomonen, und Fidschi.

SEEPFERDCHEN UND SEENADELN — SYNGNATHIDAE

Die Mitglieder dieser Familie haben einen schuppenlosen, durch knöcherne Hautringe gepanzerten Körper, eine einzelne Rückenflosse und eine Röhrenschnauze. Mit dieser saugen sie kleinste bodenlebende Wirbellose und Planktontierchen ein und schlucken sie im Ganzen. Mit ihrem langen Greifschwanz, der spiralig aufgerollt werden kann, klammern sich Seepferdchen an Seegräsern, Hornkorallen oder anderem Bewuchs fest. Mit leichten Bewegungen der Rückenflosse können sie auch durchs Wasser schweben. In dieser Familie sind die Männchen für das Ausbrüten der Eier zuständig. Die Fortpflanzung geht bei Seepferdchen mit einem langen und komplexen Balzritual einher, das bis zu drei Tage dauern kann. Schließlich legt das Weibchen die Eier in die Bruttasche am Bauch des Männchens. Dort werden sie vom Männchen befruchtet und mehrere Wochen bebrütet. Sind die Jungfische schließlich aus den Eiern geschlüpft, presst sie das Männchen durch starke Pumpbewegungen aus einer kleinen Öffnung der Bauchtasche ins Freie. Bei den Seenadeln trägt das Männchen die Eier gut sichtbar entlang der Bauchseite (s. Seite 57 Mitte).

Tigerschwanz-Seepferdchen — *Hippocampus comes*

Gelb, schwarz oder grau mit bis etwa 15 Querbändern, die vor allem auf dem Schwanz und teils deutlich, teils kaum zu erkennen sind. Gelbe Exemplare mit dunklen bis schwarzen Bändern. Männchen oftmals schwarz mit gelben Bändern.

GRÖSSE 19 cm

BIOLOGIE In geschützten Riffbereichen und Buchten, 2–20 m. Meist oberhalb von 10 m, häufig zwischen Korallen, ästigen Schwämmen oder größerem Seegras. Einzeln oder paarweise. Wohl überwiegend nachtaktiv, ernährt sich von Zooplankton.

VORKOMMEN Thailand und Malaysia bis Indonesien, Philippinen und Vietnam.

Dorniges Seepferdchen
— Hippocampus histrix

Lange Schnauze. Auffallend große, spitze Stacheln. Färbung variabel: gelb, rot, braun, grünlich.
GRÖSSE 17 cm
BIOLOGIE In geschützten Küstenriffen, 6–20 m. In Seegraswiesen, auf Weich- und Hartböden mit Bewuchs aus Weichkorallen, Hydrozoen, Gorgonien, Schwämmen oder Algen.
VORKOMMEN Ostafrika (Tansania, Mauritius) bis Indien, Philippinen, Südjapan, Mikronesien, PNG, Samoa und Tonga.

Jayakars Seepferdchen
— Hippocampus jayakari

Färbung meist beige bis hellbräunlich, auch intensiv gelb. Die Plattenränder oft mit dunklen Dornenspitzen.
GRÖSSE 14 cm
BIOLOGIE Bewohnt geschützte Buchten und flache Küstenriffe, 1–20 m. Oft auf Geröll-Algen-Mischzonen und Seegras, wo es sich mit dem Greifschwanz an Pflanzen (häufig Halophila-Seegräser) festklammert.
VORKOMMEN Rotes Meer bis Oman, Arabisches Meer und Pakistan.

Zwerg-Seepferdchen
—Hippocampus bargibanti

Über den Körper verstreut große, knollige Tuberkel. Generelle Färbung meist rot, auch gelbe und sehr blasse Varianten kommen vor (Fotos mit farblich jeweils an ihrer Wirts-Hornkoralle angepasste Exemplare).

GRÖSSE 2 cm

BIOLOGIE Auf Hornkorallen, 10–40 m. Passt sich mit der Färbung und der Hautstruktur, besonders auch mit den warzenartigen Tuberkeln, äußerst genau den Hornkorallen (speziell Muricella-Arten) an, auf denen es lebt. Einzeln oder in kleinen Gruppen ortstreu auf der jeweiligen Wirtskoralle. Ist auch wegen der geringen Größe nicht leicht zu entdecken.

VORKOMMEN Indonesien bis Südjapan, Nordaustralien und Neukaledonien.

Denis' Zwergseepferdchen
—Hippocampus denise

Lachsfarben bis orange. Ohne erhabene Krone auf dem Kopf.
GRÖSSE 2 cm
BIOLOGIE 10–90 m. Lebt auf Hornkorallen (Annella reticulata, Muricella sp. und Echinogorgia sp.) Pflanzt sich wohl über das ganze Jahr fort. Diese Art wurde erst 2003 beschrieben.
VORKOMMEN Malaysia und Indonesien bis Philippinen, Palau, PNG, Salomonen und Vanuatu.

Pontohi-Zwergseepferdchen
—Hippocampus pontohi

Grünlich bis gelb-orange. Teils fast durchgehend gefärbt. Häufig oben auf dem Kopf, am Rücken, Hals und Bauch weißlich. Kleines, fleischiges rötliches Anhängsel am Rücken.
GRÖSSE bis 1,7 cm
BIOLOGIE Oft an geschützten Mikrostandorten in strömungsexponierten Gebieten, auch an Steilhängen, 5–25 m. Häufig auf Hydrozoen (Aglaophenia sp.), zwischen Algen und kleinen Seescheiden. Oft paarweise.
VORKOMMEN Östliches Indonesien.

Kuda-Seepferdchen
—Hippocampus kuda

Braun bis braunschwarz mit zahlreichen winzigen, schwarzen und weißen Punkten. Krone auf dem Kopf leicht nach hinten geneigt.
GRÖSSE 20 cm
BIOLOGIE Auf Sand, Seegras, zwischen Mangroven, 1–12 m, gelegentlich auch tiefer (bis 55 m).
VORKOMMEN Malediven, Andamanensee, Indonesien bis Australien, Salomonen.

Netz-Seenadel
—Corythoichthys flavofasicatus

Cremefarben bis blassgelblich mit dunklen Markierungen.
GRÖSSE 15 cm
BIOLOGIE In Korallenriffen auf Gestein, Geröll, Grobsand und lebenden Korallen, 1–25 m. Einzeln, paarweise oder in Kleingruppen.
VORKOMMEN Rotes Meer bis Mauritius und Malediven.

Naia-Seenadel
—Dunckerocampus naia

Bänderung aus abwechselnd roten bis rotbraunen und cremefarbenen Streifen. Schwanzflosse rot mit weißer Umrandung. Sehr ähnlich: *D. dactyliophorus*.
GRÖSSE 16 cm
BIOLOGIE Meist an Außenriffen, 15 bis über 35 m. Typischerweise in Spalten, Höhlen und unter Überhängen. Einzeln oder paarweise.
VORKOMMEN Rotes Meer, Ostafrika, Mauritius bis Bali.

Gebänderte Seenadel
—Dunckerocampus dactyliophorus

Bänderung aus abwechselnd roten bis rotbraunen und cremefarbenen Streifen. Schwanzflosse rot mit weißer Umrandung und einem weißen Fleck im Zentrum.
GRÖSSE 18 cm
BIOLOGIE In Lagunen und Außenriffen, 3 bis über 30 m. Schwebt gewöhnlich in Spalten, Höhlen und unter Überhängen. Oft paarweise oder in Gruppen.
VORKOMMEN Rotes Meer und Ostafrika bis Südjapan, Mikronesien, Salomonen, Australien und Frz.-Polynesien.

Geringelte Seenadel *— Dunckerocampus multiannulatus*

Rotbraun mit etwa 60 feinen weißen Ringen.
GRÖSSE 16 cm
BIOLOGIE In Lagunen und Außenriffen, 1–75 m. Schwebt gewöhnlich ein Stück über dem Grund an geschützten Stellen wie Spalten oder Überhängen, unter Höhlendecken meist kopfüber. Oft paarweise. Territoriales Männchen, verteidigt sein Revier gegenüber Konkurrenten.
VORKOMMEN Rotes Meer, Ostafrika, Mauritius bis Malediven und Sumatra.

Orangestreifen-Seenadel *— Dunckerocampus pessuliferus*

Abwechselnd rote und orangegelbe Bänder. Rote Schwanzflosse mit weißem Oberrand und gelbem Fleck.
GRÖSSE 16 cm
BIOLOGIE Bewohnt Küstenriffe, 10–35 m. Meist an schützenden Bereichen kleiner Korallenköpfe auf Weichböden. Einzeln oder in Paaren. Das Tier auf dem Foto trägt rote Eier am Bauch.
VORKOMMEN Bali bis NW-Australien, Philippinen und Sulawesi.

Kurzschwanz-Seenadel *— Trachyrhamphus bicoarctatus*

Auffallend große Art, unterschiedliche Färbung: weiß, grünlich, gelb, braun.
GRÖSSE 40 cm
BIOLOGIE Bewohnt Sand-, Schlamm- und Geröllböden geschützter Küstenriffe, 3–25 m. Liegt dem Grund meist nur mit dem hintersten Körperbereich auf und hat Vorderkörper und Kopf erhoben.
VORKOMMEN Rotes Meer und Ostafrika bis Südjapan, Australien und Neukaledonien.

Sandtaucher
—Trichonotidae

Rotmeer-Sandtaucher
—Triochonotus nikei

Beim Männchen sind die ersten 2 Stachelstrahlen der Rückenflosse als lange Filamente ausgebildet.
GRÖSSE 12 cm
BIOLOGIE Auf geschützten Sandhängen, z. B. in Riff-Einbuchtungen, 2–90 m. Schweben meist in Gruppen 0,5–3 m über dem Sandboden und schnappen dabei nach Zooplankton. Tauchen bei Beunruhigung blitzschnell in den Sand ein. Schlafen dort auch nachts. Männchen sind territorial, haben einen Harem und spreizen als Teil des Balzrituals häufig Rücken- und Bauchflossen ab.
VORKOMMEN Rotes Meer.

Schnepfenmesserfische
—Centriscidae

Steifer Schnepfenmesserfisch
—Centriscus scutatus

Silbrig mit braunrotem Längsstreifen. Körperende mit unbeweglichem Rückenflossenstachel. Dieser beim ähnlichen *Aeoliscus strigatus* abwinkelbar.
GRÖSSE 14 cm
BIOLOGIE In geschützten Riffen, 1–30 m. In kleinen bis großen, dichten Gruppen. Oft vor Gorgonien, Schwarzen Korallen, und Astkorallen. Zieht besonders in größeren Gruppen auch frei über dem Grund. Schwimmt senkrecht mit dem Kopf nach unten, flieht bei Gefahr in horizontaler Lage. Saugt mit dem Pipettenmaul Planktontierchen aus dem Wasser ein.
VORKOMMEN Aldabra-Atoll und Seychellen bis SW-Japan, GBR und Neukaledonien.

Schildbäuche
—Gobiesocidae

Haarstern-Schildbauch
—Discotrema crinophilum

Helles Längsband vom Auge bis zum Schwanz, an der Stirn verbunden durch gleichfarbenen Bereich. Färbung variiert, abhängig von der Färbung des jeweiligen Haarsterns.
GRÖSSE 3 cm
BIOLOGIE Bewohnt Haarsterne, etwa 8–20 m. Ist aufgrund seiner farblichen Anpassung an diese und seiner sehr versteckten Lebensweise nur schwer zu entdecken.
VORKOMMEN Christmas I. bis SW-Japan, Fidschi und GBR.

MITTE Besonders das Exemplar in blauer Farbvariante zeigt, wie hervorragend diese Art in ihrem jeweiligen Haarstern getarnt ist.

Seeigel-Schildbauch
—Diademichthys lineatus

Rot bis dunkelrotbraun mit 2 weißen bis blassgelblichen Längsstreifen von der Schnauze bis zum Schwanz. Schwanzflosse mit gelbem Fleck.
GRÖSSE 6 cm
BIOLOGIE Häufig im Schutz der Stacheln von Diadema-Seeigeln, 2–25 m. Auch zwischen ästigen Korallen oder frei schwimmend in Riffspalten und Höhlungen.
VORKOMMEN Oman bis SW-Japan, Nordaustralien und Neukaledonien.

SKORPIONSFISCHE — SCORPAENIDAE

Zu den Skorpionsfischen gehören verschiedene Gruppen wie Feuerfische und Drachenköpfe. Gemeinsam ist ihnen der Besitz giftiger Stacheln an den Rücken, After- und Bauchflossen. Feuerfische sind auffallend prächtige Fische, die langsam über das Riff ziehen und häufig gelassen auf der Stelle schweben. Mit ihrer typischen Jagdtechnik treiben sie kleinere Fische in die Enge, wobei sie ihre großen Brustflossen wie Sperrnetze einsetzen. Drachenköpfe sind typische Bodenbewohner und liegen als schlechte Schwimmer die meiste Zeit reglos auf dem Untergrund. Sie sind überwiegend gut getarnt und warten als Lauerräuber auf vorbeikommende Beute.

Steinfische
—Synanceidae

Echter Steinfisch
—*Synanceia verrucosa*

Klumpenförmige Gestalt, senkrechte Mundspalte, große fleischige Brustflossen.
GRÖSSE 38 cm
BIOLOGIE In Lagunen und Außenriffen, 0,3 – 45 m. Auf Sand- und Geröllflächen, oft teils eingegraben oder geschützt ruhend auf Korallengestein. Kann seinen Stammplatz monatelang besetzen. Manchmal liegen zwei, drei Tiere beisammen. Frisst kleine Fische und Krebse.
VORKOMMEN Rotes Meer und Ostafrika bis Südjapan, Mikronesien und Frz.-Polynesien.

MITTE Dieser Steinfisch, zum Teil im Sand eingegraben, glich täuschend selbst aus geringer Entfernung einem mit Rotalgenkrusten bewachsenem Stück Korallengestein. Tatsächlich gab es genau solche verstreut in seiner unmittelbaren Umgebung. Mit etwas Übung lassen sich auch derart getarnte Steinfische an der markanten Linie ihrer senkrechten Mundspalte entdecken.

Warzen-Steinfisch
—*Synanceia horrida*

Augen hochragend, mit knochigem Klümpchen darüber. Unterhalb der Augen je eine tiefe große Grube.
GRÖSSE 30 cm
BIOLOGIE Auf Sand-, Schlamm- und Geröllböden in Ästuaren und Küstenriffen, 1–40 m. Häufig zum großen Teil eingegraben. Lebensweise wie S. verrucosa, jedoch eher in trüben Gewässern anzutreffen.
VORKOMMEN Indien bis SW-Japan, Philippinen, Südqueensland und Neukaledonien.

Teufelsfische
—Choridactylinae

Finger-Teufelsfisch
—*Inimicus didactylus*

Innenseite der Brustflossen variabel von Weiß bis Gelb, Orange oder Rosa.

GRÖSSE 19 cm

BIOLOGIE Bewohnt freie Sand-, Schlamm- und Seegrasböden geschützter Riffe, 1–80 m. Liegt häufig, bis auf Augen und Maulspalte eingegraben, wartend auf vorbeischwimmende Beutefische. Häufigste und am meisten verbreitete Teufelsfisch-Art.

VORKOMMEN Andamanensee bis Südjapan, Palau, NW-Australien, Vanuatu und Neukaledonien.

MITTE Fühlen sie sich bedroht, spreizen Teufelsfische ihre Brustflossen ab, so dass deren plakative Warnfarben auf der Innenseite zu sind.

Filament-Teufelsfisch
—*Inimicus filamentosus*

Die oberen 1–2 Strahlen der Brustflossen sind filamentartig verlängert. Innenseite der Brustflossen mit leuchtendem Muster aus Gelb-Orange und Schwarz.

GRÖSSE 25 cm

BIOLOGIE Lebt auf Sand-, Schlamm- und Geröllböden von Lagunen, geschützten Buchten und Außenriffen, 3–55 m. Sitzt auf dem Boden oder ist zum Teil eingegraben. Nicht häufig.

VORKOMMEN Rotes Meer bis Mauritius und Malediven. Einzige Inimicus-Art im westlichen Indischen Ozean.

Stechfische
—Minoinae

Rotwangen-Stechfisch
—Minous pictus

Wange und Basis der Brustflosse rot.
GRÖSSE 10 cm
BIOLOGIE In Küstengewässern mit Feinsand- oder Schlammböden, 5-160 m. Nutzt den unteren, freien Brustflossenstrahl als Laufhilfe. Vorwiegend nachtaktiver Räuber, tagsüber oft eingegraben.
VORKOMMEN Indonesien und Philippinen.

Stirnflosser
—Tetrarogidae

Schaukel-Stirnflosser
—Ablabys taeniotus

Rückenflosse segelartig, beginnt über den Augen und reicht bis zum Schwanzstiel. Färbung variabel, gelb bis dunkelbraun, das Gesicht manchmal kontrastierend.
GRÖSSE 15 cm
BIOLOGIE Bewohnt geschützte Sand-, Schlamm- und Geröllböden, 1–80 m. Einzeln oder in Paaren. Schaukelt seitwärts, um ein abgestorbenes Blatt nachzuahmen.
VORKOMMEN Andamanensee bis SW-Japan, Palau, SO-Australien und Fidschi.

MITTE UNTEN Braune Exemplare sitzen gewöhnlich nicht auf derart kontrastreichem Untergrund, sondern auf dunklem Sand oder Feingeröll. Auf solchen Böden sind sie gut getarnt und werden aus etwas Entfernung leicht für welke Blätter gehalten.

Weißgesicht-Stirnflosser
—Richardsonichthys leucogaster

Rückenflosse zwischen den Stacheln tief eingeschnitten, besonders im vorderen Bereich. Kopf im Gegensatz zu anderen Stirnflossern nicht seitlich abgeflacht, sondern eher an Drachenköpfe erinnernd.
GRÖSSE 8 cm
BIOLOGIE Auf Sand- und Schlammböden von Küstenriffen, 3–90 m. Gelegentlich teilweise eingegraben.
VORKOMMEN Ostafrika bis Südchina und Neukaledonien.

Feuerfische
—Pteroinae

Rotfeuerfisch
—Pterois volitans

Rote bis fast schwarze Bänder und Paare weißer Streifen.
GRÖSSE 43 cm
BIOLOGIE In Lagunen, Küsten- und Außenriffen, 1–50 m. Häufige Art. Tagsüber oft unter Überhängen schwebend, gelegentlich auch aktiv auf Nahrungssuche. Jagt vorwiegend nachts, frisst kleine Fische, Garnelen und Krabben. Nicht scheu, nähert sich nicht selten sogar Tauchern.
VORKOMMEN Golf von Thailand bis Westaustralien, SW-Japan, Mikronesien, Marquesas und Pitcairn.

Indischer Rotfeuerfisch
—Pterois miles

Rote bis fast schwarze Bänder und Paare weißer Streifen.
GRÖSSE 38 cm
BIOLOGIE Bewohnt Lagunen, Buchten und Außenriffe, 1–60 m. Oft im Bereich von Überhängen, Höhlungen und in Wracks. Jagt bei Sonnenuntergang und nachts Fische, Krabben und Garnelen. Lässt sich nicht verscheuchen, kann Taucher bei solchen Versuchen sogar stechen.
VORKOMMEN Rotes Meer und Ostafrika bis Andamanensee, Sumatra, Lombok und Sumbawa. Wird weiter östlich ersetzt durch P. volitans. Über den Sueskanal ins Mittelmeer eingewandert.

Mombasa-Feuerfisch
—Pterois mombasae

Membran der Brustflossen mit dunklen Flecken. Ähnlich: *P. antennata* mit längeren Brustflossenstrahlen und weniger Flecken.
GRÖSSE 19 cm
BIOLOGIE Bevorzugt Außenriffe, 10–60 m. Gewöhnlich über Hartgrund, oft in Arealen mit Weichkorallen und Schwämmen.
VORKOMMEN Ostafrika (selten auch im Roten Meer) bis Sri Lanka, NW-Australien und PNG.

Antennen-Feuerfisch
—Pterois antennata

Lange Brustflossenstrahlen, an der Basis verbunden mit einer Membran. Diese mit wenigen dunklen Punkten.
GRÖSSE 20 cm
BIOLOGIE Bewohnt Lagunen und Außenriffe, 1–50 m. Tagsüber gewöhnlich inaktiv unter Überhängen und in Höhlungen. Einzeln oder in kleinen Gruppen. Jagt am späten Nachmittag und nachts Garnelen und Krabben. Häufige Art.
VORKOMMEN Ostafrika bis SW-Japan, Mikronesien, SO-Australien und Frz.-Polynesien.

Strahlenfeuerfisch
—Pterois radiata

Lange weiße Brustflossenstrahlen, weitgehend frei stehend. Weiße Längslinie auf dem Schwanzstil.
GRÖSSE 24 cm
BIOLOGIE In Lagunen und Außenriffen, 1–25 m. Einzeln oder in kleinen Gruppen, tagsüber meist inaktiv und im Schutz von Höhlen und Überhängen, gelegentlich zusammen mit P. antennata. Jagt nachts vorwiegend Garnelen und Krabben.
VORKOMMEN Rotes Meer und Ostafrika bis SW-Japan, Mikronesien, Neukaledonien und Gesellschaftsinseln.

Zebra-Feuerfisch
—Dendrochirus zebra

Fächerförmige Brustflossen, Innenseite mit dunklen radialen Streifen.
GRÖSSE 20 cm
BIOLOGIE In geschützten Innenriffen, 1–70 m. Oft an einzeln stehenden Korallenköpfen oder bewachsenen Felsen. Geht vom späten Nachmittag (bis zu 3 Std. vor Sonnenuntergang) und die Nacht durch auf die Jagd nach Krabben, Garnelen und kleinen Fischen. Dann oft auf Sandgrund zu sehen. Männchen verteidigt aggressiv sein Revier mit mehreren Haremsweibchen.
VORKOMMEN Vom zentralen Roten Meer und Ostafrika bis SW-Japan, Marshall I., SO-Australien und Samoa.

Kurzflossen-Feuerfisch
—Dendrochirus brachypterus

Brustflossen fächerartig und mit bis zu 10 konzentrischen dunklen Bändern auf der Innenseite.
GRÖSSE 15 cm
BIOLOGIE Bewohnt Küstenriffe und Lagunen, 2–80 m. Einzeln oder in kleinen Harems. Häufig in sedimentreichen Arealen an einzeln stehenden Korallenköpfen oder bewachsenen Felsen. Macht nachts dicht über dem Grund Jagd auf Kleinkrebse.
VORKOMMEN Rotes Meer und Ostafrika bis SW-Japan, Marianen, Australien und Samoa.

Zweifleck-Feuerfisch
—Dendrochirus biocellatus

Hinten in der Rückenflosse 2, gelegentlich auch 3 auffällige Augenflecken. Innenseite der Brustflossen mit 3 dunklen, konzentrischen Bändern.
GRÖSSE 10 cm
BIOLOGIE Bewohnt korallenreiche Riffe mit klarem Wasser, 1–40 m. Scheu, hält sich tagsüber versteckt in Höhlen und unter Überhängen. Meist nur beim nächtlichen Beutegang zu sehen.
VORKOMMEN Mauritius bis NW-Australien, SW-Japan, Mikronesien und Gesellschaftsinseln.

Drachenköpfe
—Scorpaeniformes

Schaukelfisch
—*Taenianotus triacanthus*

Seitlich stark abgeflachter, hochrückiger Körper. Sehr farbvariabel: creme, gelb, grünlich, braun, auch weiß, rot oder pink.

GRÖSSE 12 cm

BIOLOGIE Auf Korallen, Fels oder Geröll von geschützten und exponierten Riffen, 1–134 m. Ahmt bei Bedarf durch seitlichen Schwanken ein in der Dünung schaukelndes Blatt nach. Erneuert regelmäßig seine äußere Hautschicht.

VORKOMMEN Ostafrika bis SW-Japan, Galapagos, Hawaii, Australien und Fidschi.

MITTE UND UNTEN Gewöhnlich sind Schaukelfische farblich der Umgebung angepasst, nur selten heben sie sich so ab wie auf dem unteren Bild.

Eschmeyers Drachenkopf
—Rhinopias eschmeyeri

Großer, paddelförmiger Tentakel über dem Auge. Rückenflosse nicht eingeschnitten. Nur wenige und typischerweise unverzweigte Hautfransen. Färbung variabel, oft blassrot bis orange oder bräunlich.

GRÖSSE 21 cm

BIOLOGIE Bewohnt Sand- und Geröllflächen von Außenriffen, 3–55 m.

VORKOMMEN Mauritius bis Philippinen und Ostindonesien.

MITTE: Auch in kleinen Gebieten können unterschiedliche gefärbte Exemplare auftreten. Als Lauerräuber sitzen sie reglos auf der Stelle und warten auf vorbeikommende Beutetiere.

Tentakel-Drachenkopf
—Rhinopias frondosa

Verzweigte Hautfransen. Rückenflosse durch Stachelstrahlen eingeschnitten. Färbung variabel, gelb, orangebraun, lila, teils mit rundlichen Markierungen.

GRÖSSE 23 cm

BIOLOGIE Auf Fels- oder Korallenköpfen und Sandflecken von Außenriffen, 2–90 m. Kriecht mit Brust- und Beckenflossen über den Grund. Kann von einer zur anderen Seite schaukeln. Stößt Haut etwa alle 13 Tage ab.

VORKOMMEN Ostafrika bis Südjapan, Karolinen und Neukaledonien.

Ambon-Drachenkopf
—Pteroidichthys amboiensis

Hoch auf dem Kopf liegende Augen, jeweils mit einem riesigen Hauttentakel darüber. Färbung meist von gelblich bis dunkelbraun. Auch rote und pinkfarbene Varianten bekannt.
GRÖSSE 12 cm
BIOLOGIE Auf Sand- und Schlammboden, auch in algenbestandenen Arealen, 3–50 m. Kriecht mit Brust- und Beckenflossen über den Grund.
VORKOMMEN Westindonesien bis SW-Japan, Nordaustralien und Fidschi.

MITTE Neben der variablen Färbung können auch die Hautfransen in Anzahl und Länge sehr unterschiedlich ausgeprägt sein.

Buckel-Drachenkopf
—Scorpaenopsis diabolus

Hoher Rückenbuckel. Brustflossen innen mit orange und gelben Bändern.
GRÖSSE 30 cm
BIOLOGIE Auf Geröll, Sand oder Korallen in Lagunen und Außenriffen, 1–70 m. Frisst kleine Fische. Kann bei Belästigung die leuchtend gefärbten Innenseiten der Brustflossen zeigen. Wird von Tauchern oft verwechselt mit Steinfischen, diese jedoch mit senkrechter Maulspalte.
VORKOMMEN Rotes Meer und Ostafrika bis SW-Japan, Mikronesien, Hawaii und Frz.-Polynesien.

Fransen-Drachenkopf
—Scorpaenopsis oxycephala

Zahlreiche Hautfransen an Kopf und Kinn. Relativ lange Schnauze.
GRÖSSE 36 cm
BIOLOGIE Bewohnt Lagunen, Buchten und Außenriffe, 1–43 m. Ruht gewöhnlich auf hartem Untergrund von lebenden Korallen, Geröll, Fels und auf Schwämmen. Meist in korallenreichen Riffen mit klarem Wasser. Häufige Art.
VORKOMMEN Rotes Meer und Ostafrika bis Taiwan, Palau und Indonesien.

Kronen-Drachenkopf
—Scorpaenopsis possi

Zahlreiche Hautfransen am Kopf. Ähnlich *S. oxacephala* und *S. papuensis*, jedoch mit kurzer Schnauze.
GRÖSSE 25 cm
BIOLOGIE Bewohnt Fels- und Korallenareale bevorzugt von Außenriffen, 1–40 m. Ernährt sich vorwiegend von Fischen.
VORKOMMEN Rotes Meer und Ostafrika bis SW-Japan und Pitcairn. Ersetzt durch S. eschmeyeri zwischen GBR und Fidschi.

Bärtiger Drachenkopf
—Scorpaenopsis barbata

Kurze Schnauze, etwa so lang wie Augendurchmesser.
GRÖSSE 25 cm
BIOLOGIE Lebt auf Fels- und Korallenriffen, 3–42 m. In Gebieten mit gemischten Sand- und Korallenarealen. Erbeutet Fische und Krabben.
VORKOMMEN Rotes Meer bis Arabischer Golf und Somalia.

Plattköpfe
—Platycephalidae

Beauforts Krokodilsfisch
—*Cymbacephalus beauforti*

Tarnfarben, meist mit dunklem Band auf der Wange (kein sicheres Merkmal). Schwarze Farbvariante bekannt.
GRÖSSE 50 cm
BIOLOGIE Auf Sand-, Geröll- und Felsgrund, 2–12 m.
VORKOMMEN Singapur, Borneo bis Philippinen, Palau, Yap und Neukaledonien.

Gemeiner Krokodilsfisch
—*Papilloculiceps longiceps*

Meist blass mit diffusen grünlich grauen »Tarnmarkierungen«.
GRÖSSE 100 cm
BIOLOGIE In Buchten und Küstenriffen, 1–40 m. Meist auf Sand oder Geröll, nicht selten mehr oder weniger mit Sand bedeckt.
VORKOMMEN Rotes Meer bis Oman.

Welanders Krokodilsfisch
—*Rogadius welanderi*

Meist mit weißlichem Bereich am Hinterkopf. Dunkle Brustflossen mit hellen Flecken.
GRÖSSE 12 cm
BIOLOGIE Auf riffnahen Sand-, Geröll und Schlickböden, 3–50 m. Tagsüber oft teilweise eingegraben.
VORKOMMEN Indonesien bis Marshall I. und Samoa.

Kieferfische
—Opistognathidae

Lidstrich-Kieferfisch
—*Opistognathus randalli*

Oberer Augenrand leuchtend gelb. Schwarzer Fleck vorn in der Rückenflosse.
GRÖSSE 12 cm
BIOLOGIE Auf riffnahen Sand- und Geröllböden, 5–30 m. Bewohnt selbst gebaute Sandröhre, deren Eingang er ringförmig mit Geröll befestigt. Frisst Zooplankton und wirbellose Bodentiere. Gelegentlich kommt er dazu weit aus seiner Röhre hervor oder verlässt sie sogar für einen Augenblick, schlüpft dann jedoch sofort wieder hinein.
VORKOMMEN Borneo und Bali bis Philippinen und Ostindonesien.

MITTE Alle Kieferfische sind Maulbrüter. Das Männchen nimmt nach der Paarung die befruchteten Eier in sein Maul. Dort ist dieser Ballen aus bis zu Hunderten Eiern gut geschützt und wird mit sauerstoffreichem Frischwasser versorgt. Nach etwa 5 Tagen schlüpfen die Jungen.

Kastanien-Kieferfisch
—*Opistognathus solorensis*

Lippen hell-dunkel gestreift.
GRÖSSE 5 cm
BIOLOGIE Wenig bekannte Art, bewohnt wie andere Kieferfische selbst gebaute Röhren in riffnahen Sand- und Geröllböden.
VORKOMMEN Westpazifik, Indonesien.

Flughähne
—Dactylopteridae

Helm-Flughahn
—Dactylopterus orientalis

Körper lang gestreckt. Sehr große, flügelartige Brustflossen.
GRÖSSE 38 cm
BIOLOGIE Auf riffnahen, geschützten Sandflächen, 1–100 m. Einzelgänger. Kriecht mit den abgewandelten Bauchflossen über den Grund. Breitet bei Bedrohung die riesigen, fächerartigen Brustflossen aus. Kann dann auch eine kurze Strecke vorwärts schnellen und mit den ausgebreiteten, starren Brustflossen unmittelbar über dem Grund ein Stück »davonsegeln«. Frisst vorwiegend wirbellose Bodentiere.
VORKOMMEN Rotes Meer und Ostafrika bis Südjapan, Marianen und Pohnpei in Mikronesien, Hawaii, nördl. Neuseeland und Frz.-Polynesien.

Sterngucker
—Uranoscopidae

Weißrand-Sterngucker
—Uranoscopus sulphureus

Keulenförmiger Körper, sehr großer Kopf. Großer schwarzer Fleck in der Rückenflosse.
GRÖSSE 38 cm
BIOLOGIE auf Sand- und Schlammböden von Küstengewässern, 5–150 m. Meist weitgehend im Sand eingegraben. Was am Maul aussieht wie Zähne, sind tatsächlich Hautfransen an den Lippen. Sie helfen, Sand fernzuhalten. Lauerräuber mit wurmförmigem Hautlappen (kann angelegt oder herausgestreckt werden) am Unterkiefer. Als Köder lockt er kleine Fische an, die er durch blitzschnelles Maulaufreißen verschluckt.
VORKOMMEN Rotes Meer, Réunion bis Marianen. Samoa und Tonga.

TORPEDOBARSCHE — MALACANTHIDAE

Diese lang gestreckten Fische leben bodennah über Sand- und Geröllflächen von Riffen. Sie leben in Paaren oder Harems, nicht selten in Kolonien und fressen wirbellose Bodentiere oder vorbeidriftendes Zooplankton.

Flaggenschwanz-Torpedobarsch — *Malacanthus brevirostris*

Nacken gelblich grün. 2 schwarze Streifen in der Schwanzflosse.
GRÖSSE 30 cm
BIOLOGIE Auf Sand- und Geröllflächen von Außenriffen, 5–61 m. Einzeln oder, vor allem Jungtiere, in losen Gruppen. Gebietsweise häufig, jedoch scheu. Flüchtet bei Beunruhigung in Bodenlöcher, die oft unter größeren Steinen angelegt werden. Ernährt sich von wirbellosen Bodentieren.
VORKOMMEN Rotes Meer und Ostafrika bis SW-Japan, Hawaii, Panama und SO-Australien.

Streifen-Torpedobarsch — *Malacanthus latovittatus*

Blauer Kopf. Schwarzer Seitenstreifen.
GRÖSSE 50 cm
BIOLOGIE Auf Sand- und Geröllflächen von Lagunen, Fleck- und Außenriffen, 5–70 m. Meist ein Stück über dem Grund. Sehr scheu, hält Distanz zu Tauchern. Adulte in monogamen Paaren.
VORKOMMEN Rotes Mee, Ostafrika bis SW-Japan, Mikronesien und Cook-I.

Blaukopf-Torpedobarsch — *Hoplolatilus starcki*

Blauer Kopf, Körper weißlich mit blassgelbem Rücken.
GRÖSSE 15 cm
BIOLOGIE An Außenriffhängen mit Geröll- oder Sandflecken, 15–100 m. Meist paarweise, schwebt ein Stück über dem Grund, flieht bei Gefahr blitzschnell in seine Bodenröhre.
VORKOMMEN Bali bis Philippinen, Mikronesien, Nordaustralien, Fidschi.

SCHIFFSHALTER — ECHENIDAE

Die kleine Familie der Schiffshalter besteht aus etwa acht Arten. Bei allen ist die erste Rückenflosse zu einer einzigartigen Saugscheibe umgebildet, die mit ihrer quer gefurchten Oberfläche an das Profil einer Schuhsohle erinnert. Damit können sie sich, wie mit einer Saugglocke einen Unterdruck erzeugend, an größeren Tieren festheften und mitziehen lassen. Oft heften sie sich an verschiedene Haie, darunter besonders auch Walhaie, an Mantas und Mobulas, Schildkröten, große Knochenfische und Dugongs. Schiffshalter ernähren sich von kleinen Fischen, evtl. auch von der Beute ihrer Wirte, und fressen zudem Parasiten von deren Oberfläche. Sie leben im offenen Ozean, meist zwischen 1 und 60 Meter, kommen mit dem jeweiligen Wirt oft auch an Riffe.

Gestreifter Schiffshalter — *Echeneis naucrates*

Schwarzer Seitenstreifen, oben und unten gesäumt von je einem weißen Streifen. Es gibt eine Farbvariante in blassgrau.

GRÖSSE 100 cm
BIOLOGIE S. Familientext
VORKOMMEN Alle warmen Meere.

Das abgebildete adulte Exemplar mit alterstypischer Färbung hat sich auf dem Rückenpanzer einer Grünen Schildkröte festgeheftet.

Juvenile und Subadulte zeigen eine alterstypische Schwarz-Weiß-Färbung. Gelegentlich sind sie frei am Riff schwimmend zu sehen, auf der Suche nach einem Wirt zum Festsaugen. Dabei kommt es vor, dass ein Tier auch mal versucht, sich an einen Taucher zu heften.

Cobias
—Rachycentridae

Cobia
—Rachycentron canadum

Subadulte mit schwarzen Längsstreifen (ähneln dem Remora). Adulte einfarbig braungrau.
GRÖSSE 200 cm
BIOLOGIE Pelagisch, nur selten an Korallenriffen, 0–50 m. Begleitet gelegentlich Walhaie (s. Foto), andere Haie und große Rochen. Große Adulte werden massiger und oft für Haie gehalten. Einzige Art der Familie.
VORKOMMEN Zirkumtropisch.

Mirakelbarsche
—Plesiopidae

Augenfleck-Mirakelbarsch
—Calloplesiops altivelis

Viele weiße Punkte, werden im Alter zahlreicher. Augenfleck unter der Rückenflosse.
GRÖSSE 20 cm
BIOLOGIE In Lagunen und Außenriffen, 3–45 m. Tagsüber versteckt in Spalten und Höhlen, zieht sich bei Beunruhigung noch tiefer zurück.
VORKOMMEN Rotes Meer, Ostafrika bis SW-Japan, Line I. und Frz.-Polynesien.

Seifenbarsche
—Grammistinae

Sechsstreifen-Seifenbarsch
—Grammistes sexlineatus

Weiße Längsstreifen, brechen mit dem Alter in kurze Striche auf.
GRÖSSE 27 cm
BIOLOGIE In Lagunen, Buchten und Außenriffen, auch im Brackwasser, 1–40 m. Jungtiere sind häufig, doch meist versteckt in Unterschlüpfen. Adulte ziehen in tiefere Zonen.
VORKOMMEN Rotes Meer und Ostafrika bis SW-Japan, Mikronesien, GBR und Frz.-Polynesien.

Leuchtfleck-Seifenbarsch
—*Belonoperca chabanaudi*

Gelber Fleck oben auf dem Schwanzansatz. Schwarzer, blau umrandeter Augenfleck vorn in der Rückenflosse.
GRÖSSE 15 cm
BIOLOGIE Bewohnt Außenriffhänge, 3–45 m. Tagsüber versteckt in Höhlen und tiefen Überhängen, 3–45 m. Sehr scheu, zieht sich bei Annäherung tiefer in seinen Unterstand zurück. Geht erst mit Einbruch der Dunkelheit ins Freie.
VORKOMMEN Ostafrika bis SW-Japan, Mikronesien, Samoa und Neukaledonien.

Doppelband-Seifenbarsch
—*Diploprion bifasciatum*

Ein schmales Querband über dem Auge, ein sehr breites am Hinterkörper.
GRÖSSE 25 cm
BIOLOGIE Bevorzugt Küstenriffe, auch mit trüberem Wasser und leicht schlammigem Sediment, 1–40 m. Einzeln oder in kleinen, lockeren Gruppen. Frisst vorwiegend Fische.
VORKOMMEN Indien und Malediven bis SW-Japan, bis Australien und Neukaledonien.

Rotmeer-Seifenbarsch
—*Diplorion drachi*

Graublau mit schwarzer Rückenflossenbasis und gelber Markierung am Auge.
GRÖSSE 14 cm
BIOLOGIE An korallenreichen Hängen, wo er sich tagsüber im Schutz von Höhlungen, Überhängen und Spalten aufhält, 3–40 m. Zur Dämmerung geht er entlang des Riffs auf Jagd nach kleinen Fischen und Krebsen.
VORKOMMEN Rotes Meer.

Zwergbarsche
—Pseudichromidae

Pracht-Zwergbarsch
—Manonichthys splendens

Gelber Schwanz, schwarzer Augenstreifen, Bauchflossen schwarz mit blauem Außenrand.
GRÖSSE 13 cm
BIOLOGIE An steilen Riffhängen, stets dicht am Substrat, 5–40 m. Einzeln, immer nahe von Nischen, häufig bei Röhrenschwämmen, in deren Röhren er sich zurückziehen kann.
VORKOMMEN Ostindonesien und NW-Australien.

Magenta-Zwergbarsch
—Pictichromis porphyrea

Durchgehend magentafarben, daran leicht zu erkennen.
GRÖSSE 6 cm
BIOLOGIE In steilen Außenriffhängen und Kanälen, 5–50 m. Einzeln oder in kleinen lockeren Gruppen. Vor kleinen Höhlungen in der Riffwand, über Korallen oder Geröll, schwebt er stets sehr dicht über dem Substrat.
VORKOMMEN Philippinen bis SW-Japan, Palau, Molukken, Marshall I. und Samoa.

Gelbblauer Zwergbarsch
—Pseudochromis flavivertex

Männchen blau, breiter, gelber Rückenstreifen reicht bis zum Kinn. Weibchen gelblich.
GRÖSSE 7 cm
BIOLOGIE Meist am Fuße von Fleck- und Saumriffen, über Sand- und Geröllböden, 2–30 m. Hat einen Stammplatz in einem kleinen Territorium. Die Weibchen leben versteckter, sind noch scheuer als die Männchen und sind daher nur sehr selten zu beobachten.
VORKOMMEN Rotes Meer und Golf von Aden.

FAHNENBARSCHE—ANTHIINAE

Diese tagaktiven, agilen Fische ernähren sich von vorbeitreibendem Zooplankton. Dabei bleiben sie stets dicht vor dem Riff oder bei Korallenblöcken, wo sie bei Beunruhigung Schutz suchen. Die Nacht verbringen sie versteckt in den Riffspalten oder zwischen Astkorallen. Fahnenbarsche treten typischerweise in Ansammlungen mit vielen Weibchen, noch mehr Jungtieren und wenigen Männchen auf. Denn eine Fahnenbarschgruppe, sozusagen die Grundeinheit größerer Ansammlungen, ist ein Harem. Darin kommen auf ein Männchen je nach Art mehrere bis über 30 Weibchen. Die Männchen sind etwas größer und durch Geschlechtsumwandlung aus ranghohen Weibchen entstanden. Mit diesem Geschlechtswechsel einher geht ein neues Farbkleid.

Juwelen-Fahnenbarsch —*Pseudanthias squamipinnis*

Männchen (oben): orange mit gelben Punkten auf Körperschuppen, purpurner Fleck auf Brustflosse. Verlängerter Rückenflossenstrahl. Weibchen (unten): orange mit violettrandigem rotorangefarbene Wangenstreifen.

GRÖSSE 15 cm

BIOLOGIE In klaren Lagunen und Außenriffhängen, 1–35 m. Bildet besonders vor Riffkronen und an Korallenköpfen kleine oder große, manchmal riesige Ansammlungen. Ein Männchen bewacht meist einen Harem aus 5–10 Weibchen.

VORKOMMEN Rotes Meer und Ostafrika bis SW-Japan, Palau, Salomonen, SO-Australien und Fidschi.

Gedrungener Fahnenbarsch
—Pseudanthias hypselosoma

MÄNNCHEN (BEIDE FOTOS) roter Fleck in Rückenflosse, abgerundete Schwanzflosse mit einem dünnen, blauen Saum am Hinterrand.
WEIBCHEN leicht eingebuchtete Schwanzflosse mit roten Spitzen.
GRÖSSE 19 cm
BIOLOGIE In Lagunen und geschützten Außenriffen, 10–35 m. Hält sich gern an Korallenköpfen und Vorsprüngen auf. Bildet kleinere Gruppen oder größere Ansammlungen
VORKOMMEN Malediven bis SW-Japan, Palau, GBR, Neukaledonien und Samoa.

MITTE Auch innerhalb einer Ansammlung können die Männchen sehr unterschiedlich intensiv gefärbt sein, von kräftig orangerot bis überwiegend blass rosa weißlich.

Rotmeer-Fahnenbarsch
—Pseudanthias taeniatus

Männchen: weißlich mit 2 breiten dunkelroten Längsstreifen. Weibchen: orange mit hellem Bauch.
GRÖSSE 13 cm
BIOLOGIE In korallenreichen, klaren Lagunen und Außenriffen, 12–50 m. Haremsgruppen mit bis zu 15 Weibchen. Gern an tiefen Fleckriffen und prominenten Korallenformationen. Weibchen eher bodennah, Männchen oft meterhoch darüber.
VORKOMMEN Rotes Meer; im Golf von Aden bis Arabischen Golf ersetzt durch den sehr ähnlichen Townsend-Fahnenbarsch (P. townsendi).

Flammen-Fahnenbarsch
—Pseudanthias dispar

Männchen: Rückenflosse leuchtend rot mit blauem Saum. Weibchen: orange, Kinn weißlich.
GRÖSSE 9,5 cm
BIOLOGIE Bevorzugt an steilen Außenriffhängen, 2–15 m. In Ansammlungen bis etwa 3 m über dem Riff.
VORKOMMEN Christmas I. bis Südjapan, Line Inseln (Zentr. Pazifik), Mikronesien und GBR.

Tuka-Fahnenbarsch
—Pseudanthias tuka

Männchen (oberes Bild): purpurner Fleck hinten in der Rückenflosse.
GRÖSSE 12 cm
BIOLOGIE An Außenriffhängen, 2–40 m. In Ansammlungen bis etwa 3 m über dem Riff Plankton schnappend. Frisst auch Fischeier.
VORKOMMEN Indonesien bis SW-Japan, Palau, Vanuatu und GBR.

MITTE Weibchen mit orangegelbem Rückenstreifen bis zum oberen Ende der Schwanzflosse. Unterer Schwanzlappenrand ebenso gefärbt.

Gelbrücken-Fahnenbarsch
—Pseudanthias evansi

Purpurfarben (erscheint unter Wasser ohne Kunstlicht blau) mit breitem gelben Streifen vom Nacken bis zur Schwanzwurzel und in die beiden Schwanzlappen hinein.
GRÖSSE 10 cm
BIOLOGIE Gewöhnlich an Riffhängen nahe oder kaum mehr als zwei Meter über dem Substrat, 3–40 m. Meist in kleinen Gruppen, seltener in größeren Ansammlungen.
VORKOMMEN Ostafrika bis Mauritius, Andamanensee und Christmas I.

Rechteck-Fahnenbarsch
—Pseudanthias pleurotaenia

Männchen (oben): magentafarben mit große, hellerem Rechteck an der Seite.
Größe: 20 cm
BIOLOGIE Bevorzugt an steilen Außenriffhängen, 10 bis über 100 m, meist unterhalb von 20 m. In lockeren Gruppen, Männchen mit Harem von bis etwa acht Weibchen.
VORKOMMEN Bali bis NW-Australien, SW-Japan, Mikronesien, Samoa und Neukaledonien.
Weibchen: orange, mit einem Paar violetter Streifen vom Auge bis zur unteren Schwanzbasis. Ähneln den Weibchen des Juwelen-Fahnenbarsches, jedoch reichen bei diesen die Streifen nur bis zur Brustflossenbasis.

Grüner Fahnenbarsch
—Pseudanthias huchtii

Männchen: Körper fliederfarben, roter Streifen vom Auge bis zum Brustflossenansatz. Weibchen: blassgelblich grün, gelbe Schwanzflossenränder.
GRÖSSE 12 cm
BIOLOGIE In klaren, korallenreichen Lagunen und Außenriffen, 3–20 m. Schnappt einzeln oder in kleinen Gruppen an der Riffkante oder um Vorsprünge nach Zooplankton.
VORKOMMEN Indonesien bis Philippinen, Palau, Salomonen, GBR und Vanuatu.

Falken-Fahnenbarsch
—Serranocirrhitus latus

Ungewöhnlich hochrückig für einen Fahnenbarsch. Gelber Fleck am Kiemendeckel und 2 unterbrochene gelbe Wangenstreifen.
GRÖSSE 13 cm
BIOLOGIE Bevorzugt an Außenriffen, 15–70 m. Hält sich meist sehr nahe bei Überhängen und Höhlungen von Riffhängen auf, einzeln oder in kleinen Gruppen.
VORKOMMEN Indonesien bis SW-Japan, Philippinen, Palau, GBR und Neukaledonien.

ZACKENBARSCHE — SERRANIDAE

Zackenbarsche sind Einzelgänger, einige größere machen jedoch saisonal Wanderungen zu Laichplätzen, an denen sie sich versammeln. Die meisten dieser kräftigen Bodenfische bewohnen Korallenriffe und Felsgründe, wo ihnen das reich strukturierte Gelände Unterschlüpfe bietet. Sie sind territorial und haben in ihren Revieren geschützte Unterstände wie Spalten und Überhänge, in denen sie meist einen großen Teil des Tages verbringen. Einige streifen jedoch auch tagsüber mehr oder weniger frei durchs Riff. Zackenbarsche gehören zu den häufigsten und wichtigsten Raubfischen im Riff. Ihre Hauptnahrung besteht aus Krebsen, Fischen und Tintenfischen. Sie können überraschend schnell vorstoßen und überrumpeln so selbst schnellere Fische. Große Arten können mehrere Jahrzehnte alt werden.

Mondsichel-Juwelenbarsch — *Variola louti*

Schwanzflosse sichelförmig mit gelbem Hinterrand. Fotos: oben adultes, unten subadultes Tier.

GRÖSSE 80 cm

BIOLOGIE In Lagunen, Kanälen und Außenriffen, 1–150 m. Streift auch tagsüber durchs Riff, versucht als Schleichjäger nah an potenzielle Beute zu kommen. Frisst Fische und Krebse. Wenig scheu. Juvenile ahmen evtl. Meerbarben nach, die sie bei der Nahrungssuche öfter begleiten.

VORKOMMEN Rotes Meer, Ostafrika bis SW-Japan und Frz.-Polynesien.

Spitzkopf-Zackenbarsch —*Anyperodon leucogrammicus*

Schlanker, meist grünlicher Körper mit roten Punkten. Oft einige blasse Längsstreifen.
GRÖSSE 52 cm
BIOLOGIE In Lagunen und Außenriffen mit reichem Korallenwuchs, 2–50 m. Steht meist an Unterständen. Frisst Fische. Jungtiere ahmen längs gestreifte Halichoeres-Lippfische nach, um näher an Beutefische heranzukommen.
VORKOMMEN Rotes Meer und Ostafrika bis SW-Japan, Mikronesien, Samoa und GBR.

Pfauen-Zackenbarsch —*Cephalopholis argus*

Olivbraun bis grünlich mit vielen blauen Punkten. Hinterkörper oft mit mehr oder weniger hellen Querbändern.
GRÖSSE 55 cm
BIOLOGIE Bevorzugt klare, korallenreiche Lagunen und Außenriffe, 1–40 m. Ruht oft an geschützten Stellen auf Hartgrund. Adulte auch in Paaren oder kleinen Gruppen. Kann sein Farbkleid rasch aufhellen oder verdunkeln.
VORKOMMEN Rotes Meer und Ostafrika bis Südjapan und Frz.-Polynesien

Leopard-Zackenbarsch —*Cephalopholis leopardus*

Rotbraun mit cremefarbenen Flecken und Sprenkeln. Oben auf der Schwanzwurzel ein dunkelbrauner, hell umrandeter Fleck.
GRÖSSE 22 cm
BIOLOGIE In Lagunen, Küsten- und Außenriffen mit gutem Korallenbewuchs, 3–35 m. Häufig versteckt, z. B. unter Überhängen und meist scheu.
VORKOMMEN Ostafrika bis SW-Japan, Mikronesien, GBR und Frz.-Polynesien.

Blauflecken-Zackenbarsch
—*Cephalopholis cyanostigma*

Rötlich braun, teils leicht marmoriert, mit vielen blassblauen, dunkelrandigen Punkten.

GRÖSSE 35 cm

BIOLOGIE Bewohnt Lagunen und Außenriffe, 1–50 m. Sowohl in Zonen mit Seegras als auch in solchen mit gutem Korallenbewuchs anzutreffen. Ernährt sich von Fischen und Krebstieren.

VORKOMMEN Andamanen I. und Malaysia bis Philippinen, Palau, Salomonen und GBR.

Blaustreifen-Zackenbarsch
—*Cephalopholis formosa*

Olivbräunlich mit blauen Längsstreifen. Flossen heben sich häufig mit überwiegenden Blauanteilen deutlich ab. Ähnlich: *C. polleni* mit mehr gelbgrüner Grundfärbung, Flossen nicht überwiegend dunkel bis blau.

GRÖSSE 34 cm

BIOLOGIE Bevorzugt in geschützten, flachen, teils versandeten Riffen mit mäßigem bis geringem Korallenbewuchs.

VORKOMMEN Malediven, Indien, Andamanensee bis SW-Japan, Philippinen und Nordaustralien.

Rotmeer-Zackenbarsch
—*Cephalopholis hemistiktos*

Blass braunrötlich bis rot. Kleine blaue Punkte am Kopfbereich.

GRÖSSE 35 cm

BIOLOGIE In korallenreichen Buchten und Außenriffen, 5–50 m. An Korallenköpfen mit Höhlungen und Spalten als Unterschlüpfe. Erbeutet Fische und Krebse.

VORKOMMEN Rotes Meer bis Arabischer Golf, Pakistan und Somalia.

Sechsstreifen-Zackenbarsch — *Cephalopholis sexmaculata*

6-7 Sattelflecken, übergehend in helle Bänder.

GRÖSSE 50 cm

BIOLOGIE In Höhlungen an Außenriffhängen, 5–150 m. Scheu. Fast immer in seinen Unterständen, kaum im Freien zu sehen. Bauchseite stets dem Substrat zugewandt, auch an Höhlendecken und -wänden.

VORKOMMEN Rotes Meer, Ostafrika bis SW-Japan und Frz.-Polynesien.

Juwelen-Zackenbarsch — *Cephalopholis miniata*

Ganzer Körper mit blauen, dunkelrandigen Punkten. Kann blasse Querstreifen zeigen.

GRÖSSE 40 cm

BIOLOGIE In Lagunen und Außenriffen, 3–150 m. Bevorzugt klare, korallenreiche Areale. Häufig und nicht scheu, lässt Taucher nah heran.

VORKOMMEN Rotes Meer und Ostafrika bis SW-Japan, Line I. Australien und Frz.-Polynesien.

UNTEN Juvenile zeigen eine gelbe bis orangefarbene Grundfärbung und weniger intensiv gefärbte Punkte. Das abgebildete Tier ist etwa 10 cm groß.

Tomaten-Zackenbarsch
—Cephalopholis sonnerati

Orangerot bis rotbraun, am Kopf viele kleine rote Punkte. Körper gelegentlich mit weißen Punkten oder fleckigem Muster.

GRÖSSE 57 cm

BIOLOGIE Bewohnt Fels- und Korallenriffe, Lagunen und Außenriffe, 10–60 m. Meist erst unterhalb von 20 m anzutreffen, häufig an frei stehenden Korallenblöcken mit Putzergarnelenstation.

VORKOMMEN Golf von Aden und Ostafrika bis SW-Japan, Line I. und Neukaledonien.

Flaggen-Zackenbarsch
—Cephalopholis urodeta

Hell- bis braunrot, hinten dunkel. Schwanzflosse mit 2 weißen diagonalen Randsstreifen (nur im Westpazifik). Rotbraunen Fleck oberhalb der Brustflosse (nur im Indik).

GRÖSSE 28 cm

BIOLOGIE Klare Lagunen und Außenriffe, 3–50 m. Bevorzugt in geringen Tiefen bis etwa 15 m anzutreffen. Frisst Fische und Krebse.

VORKOMMEN Ostafrika bis SW-Japan, Mikronesien und Frz.-Polynesien.

Erdbeer-Zackenbarsch
—Cephapholis spiloparaea

Einheitlich rot, nur am Schwanzende ein blasses Band.

GRÖSSE 22 cm

BIOLOGIE In klaren, korallenreichen und meist Außenriffhängen. Gewöhnlich erst unterhalb von 20 m, bis über 100 m.

VORKOMMEN Ostafrika bis SW-Japan, Mikronesien und Polynesien.

Paddelbarsch
— Cromileptis altivelis

Unverwechselbar mit dem kleinem Kopf, einwärts gewölbter (konkaver) Stirn und den schwarzen Punkten.
GRÖSSE 70 cm
BIOLOGIE In Lagunen und Außenriffen, vorwiegend in versandeten oder abgestorbenen Arealen, 2–30 m. Einzeln und meist in oder dicht vor seinem Versteck anzutreffen. Auch als Barramundi bekannt.
VORKOMMEN Andamanensee und Indonesien bis SW-Japan, Guam und Neukaledonien.

Baskenmützen-Zackenbarsch
— Epinephelus fasciatus

Dunkle »Baskenmütze« über Schnauze und Stirn. Stachelstrahlen der Rückenflosse meist mit schwarzen Spitzen.
GRÖSSE 40 cm
BIOLOGIE In Buchten, Lagunen und Außenriffen, 1–160 m. Auf Korallen, Geröllgrund und auf kleinen Korallenköpfen in Seegraswiesen. Kaum scheu, gebietsweise häufig.
VORKOMMEN Rotes Meer bis SW-Japan, Marquesas I. und Pitcairn.

UNTEN Diese Art ist für einen Zackenbarsch außergewöhnlich farbvariabel. Die Palette reicht von fast weiß über blasscreme und hellrot bis satt rotbraun und olivbraun. Häufig sind 4–5 kräftige oder blasse orangebraune Querstreifen am Körper.

Weißflecken-Zackenbarsch
—Epinephelus caeruleopunctatus

Schwanz- und Afterflosse schwarz. Hinterrand der Schwanzflosse abgerundet (konvex).
GRÖSSE 60 cm
BIOLOGIE In Lagunen und Außenriffen, 4–65 m. Meist in oder nahe bei seinen Unterständen.
VORKOMMEN Ostafrika und Arabischer Golf bis SW-Japan, Marshall I., Kiribati, Tonga und O-Australien.

Stierkopf-Zackenbarsch
—Epinephelus fuscoguttatus

Stirn leicht eingedellt (konkav). Kleiner schwarzer Sattelfleck auf dem Schwanzstiel.
GRÖSSE 90 cm
BIOLOGIE In Lagunen und Außenriffen, 3–60 m. Scheuer Einzelgänger, schwierig anzunähern. In den meisten Gebieten nicht häufig. Ernährt sich von Fischen, Tintenfischen und Krebsen.
VORKOMMEN Rotes Meer, Ostafrika südl. bis Mauritius, SW-Japan, Samoa und Neukaledonien.

Hochflossen-Zackenbarsch
—Epinephelus maculatus

Bräunlich, gesamter Körper und Flossen gesprenkelt mit dunklen Punkten. Zwei weiße Flecken am Rücken.
GRÖSSE 60 cm
BIOLOGIE In Buchten, Lagunen und Außenriffe, 3–100 m. Besonders Jungtiere häufig auch auf Geröll, zwischen Steinen und in sandig schlammigen Arealen im Flachwasser. Adulte ruhen oft auf freien Sandflächen. Erbeutet Fische, Krebse und auch Kraken.
VORKOMMEN Cocos Keeling bis SW-Japan, Mikronesien und Samoa.

Marmor-Zackenbarsch
—Epinephelus polyphekadion

Schwarzer Sattelfleck auf dem Schwanzstiel. Einige unregelmäßige helle Flecken und viele kleine Punkte. Letztere fehlen oft an der Kopfoberseite.
GRÖSSE 75 cm
BIOLOGIE Bewohnt korallenreiche Lagunen und Außenriffe, 1–45 m. Oft in der Nähe von Unterschlüpfen wie Höhlungen. Wenig scheu. Frisst vorwiegend kleine Fische und Krebstiere.
VORKOMMEN Rotes Meer, Ostafrika bis Mauritius, SW-Japan und Frz.-Polynesien.

Schneeflocken-Zackenbarsch
—Epinephelus ongus

Braun mit einigen hellen großen Flecken und vielen hellen kleinen, annähernd in Reihen liegenden Flecken.
GRÖSSE 35 cm
BIOLOGIE Bevorzugt geschützte, flache Küstenriffe und Lagunen, 5–25 m. Etwas scheuer und meist nahe von Höhlungen oder Spalten zu beobachten.
VORKOMMEN Ostafrika bis SW-Japan, Marshall I., GBR und Tonga.

MITTE OBEN Juvenile (abgebildetes Exemplar etwa 10 cm groß) sind dunkelbraun mit zahlreichen kleinen weißen bis blass-gelblichen Punkten.

Rostflecken-Zackenbarsch
—Epinephelus tauvina

Körper und Flossen bedeckt mit rostbraunen Punkten. Seiten öfter mit diffusen Querbändern.
GRÖSSE 70 cm
BIOLOGIE Bevorzugt klare, korallenreiche Lagunen und Außenriffe, 1–40 m. Meist auf dem Boden liegend anzutreffen. Kaum scheu. Ernährt sich vorwiegend von Fischen.
VORKOMMEN Rotes Meer und Ostafrika bis SW-Japan, Mikronesien und Frz. -Polynesien.

Kartoffel-Zackenbarsch
—Epinephelus tukula

Blassgrau mit großen grauschwarzen Flecken.
GRÖSSE 200 cm
BIOLOGIE In tiefen Lagunen, tiefen Fleckriffen und Außenriffen, 3–150 m. Bevorzugt klare, korallenreiche Gebiete. Meist Einzelgänger, nur an manchen Plätzen in lockeren Gruppen. Kaum scheu. Frisst Fische, Krebse und Tintenfische.
VORKOMMEN Rotes Meer (selten) und Ostafrika bis Südjapan und GBR. Im gesamten Gebiet nur fleckenhaftes Vorkommen.

Schwarzsattel-Forellenbarsch
—Plectropomus laevis

ZWEI FARBVARIANTEN Graue Variante mit olivfarbenem bis grauem Kopf und 3–5 ebenso gefärbten Sattelflecken.
GRÖSSE 125 cm
BIOLOGIE Korallenreiche Lagunen und Außenriffe, häufig in Riffkanälen, 5–90 m. Scheu. Frisst vorwiegend Fische, auch relativ große, darunter Papageifische und auch Zackenbarsche.
VORKOMMEN Ostafrika bis SW-Japan, Marshall I. und Frz.-Polynesien.

MITTE OBEN Die Schwarz-gelbe Variante zeigt sehr kontrastreich schwarze Sattelflecken auf weißem Grund. Schnauze, Flossen und Schwanzstiel mit mehr oder weniger Gelb.

Forellenbarsch
—Plectropomus pessuliferus

Farbvariabel: hellbeige bis rötlich braun mit roten bis rotbraunen Querstreifen und zahlreichen blauen, runden und vertikal leicht gestreckten Flecken. Auffällige Fangzähne.
GRÖSSE 110 cm
BIOLOGIE In Lagunen und Außenriffen, 3–50 m. Patrouilliert auch tagsüber oft langsam am Riff entlang. Erbeutet vorwiegend Fische.
VORKOMMEN Rotes Meer (nur die Unterart marisrubi). Im Indischen Ozean die Unterart pessuliferus.

Rotmaul-Zackenbarsch
—Aethaloperca rogaa

Relativ hoher Körper, braun bis schwarz. Maul innen rot.
GRÖSSE 60 cm
BIOLOGIE In korallenreichen Buchten und geschützten Außenriffen, 3–50 m. Meist bei Unterständen anzutreffen, steht meist in Höhlungen, auch in Wracks. Scheue Art. Ernährt sich von Fischen und Krebsen.
VORKOMMEN Rotes Meer und Ostafrika bis SW-Japan, Fidschi und GBR.

Weißsichel-Juwelenbarsch
—Variola albimarginata

Schwanzflosse sichelförmig mit weißem Hinterrand.
GRÖSSE 55 cm
BIOLOGIE Bewohnt Lagunen, Küsten- und Außenriffe, 5–90 m. Seltener als der Weißsichel-Juwelenbarsch. Schwimmt ebenfalls tagsüber frei ein kleines Stück über dem Riff umher.
VORKOMMEN Ostafrika bis SW-Japan, Mariana I., GBR und Samoa.

MITTE OBEN Juvenile sind blassrot mit heller Bauchseite. Die Schwanzflossse ist noch nicht sichelförmig und ist in der hinteren Hälfte transparent.

Masken-Zackenbarsch
—Gracilia albomarginata

Meist einfach am weißen Rechteck auf der Seite zu erkennen. Zudem schwarzer Fleck am Schwanzstil und Linien am Kopf.
GRÖSSE 45 cm
BIOLOGIE Bevorzugt steile Außenriffhänge und Kanäle, 5–120 m. Gewöhnlich einzeln. Stellenweise jedoch mehrere Tiere in einem überschaubarem Riffabschnitt anzutreffen. Schwimmt oder schwebt meist ein Stück über dem Riff.
VORKOMMEN Ostafrika bis SW-Japan, Mikronesien und Frz.-Polynesien.

BILD UNTEN Diese Art kann rasch die Farbintensität ändern, wobei das weiße Rechteck ganz verschwinden kann.

Großaugenbarsche
—Priacanthidae

Riff-Großaugenbarsch
—Priacanthus hamrur

Meist Dunkel bis hellrot
GRÖSSE 40 cm
BIOLOGIE Bewohnt klare korallenreiche Lagunen und Außenriffe, 10–100 m. Schwebt tagsüber inaktiv vor Korallenformationen, unter Überhängen oder nahe bei Höhlen. Steht gelegentlich auch in größeren Ansammlungen dicht über dem Riff, auch bei Strömung. Nachtaktiv, frisst dann Zooplankton.
VORKOMMEN Rotes Meer, Oman und Ostafrika bis SW-Japan, Mikronesien, SO-Australien und Frz.-Polynesien.

MITTE Diese Art kann seine Färbung sekundenschnell ändern von rot nach rot-silbrig gestreift oder nahezu komplett silbrigweiß. In Ansammlungen sind nicht selten gleichzeitig derart unterschiedlich gefärbte Exemplare zu sehen.

Glasauge
—Heteropriacanthus cruentatus

Kann Färbung sehr schnell verändern von rot bis silbrig. Flossen mit Sprenkeln oder Marmorierung.
GRÖSSE 32 cm
BIOLOGIE In Lagunen und Außenriffen, 2–20 m. Schwebt tagsüber meist inaktiv nahe vor Korallenformationen. Fängt nachts Zooplankton.
VORKOMMEN Zirkumtropisch.

Forsters Büschelbarsch
—Paracirrhites forsteri

Mehrere Farbvarianten, doch jede mit schwarzen bis roten Punkten am Kopf.

GRÖSSE 22 cm

BIOLOGIE In klaren Lagunen und Außenriffen, 1–40 m. Wenig scheu. Lauert meist exponiert auf kleinen Zweigkorallenarten, auch auf anderen Steinkorallen, Feuerkorallen und Gesteinsvorsprüngen. Frisst kleine Fische, daneben auch Garnelen.

VORKOMMEN Rotes Meer und Ostafrika bis Südjapan, Hawaii und Ducie I.

BÜSCHELBARSCHE—CIRRHITIDAE

Namensgebend für diese Familie sind die winzigen Fadenbüschel an den Spitzen der vorderen zehn Strahlen der Rückenflosse. Ihr zweiter Name, Korallenwächter, ebenso wie der englische Name Hawkfishes (»Bussardfische«) beziehen sich auf ihr Jagdverhalten. Typischerweise hocken sie auf einem erhöhten Aussichtsplatz von Korallen, Gestein oder großen Schwämmen und beobachten die Umgebung, um im kurzen schnellen Vorstoß Jungfische oder Garnelen zu erbeuten. Die Ausnahme der Familie in dieser Hinsicht ist der Gabelschwanz-Büschelbarsch, der sich von Zooplankton ernährt und dazu bis zu einigen Metern ins freie Wasser aufsteigt. Büschelbarsche sind protogyne Zwitter: Sie werden zunächst als Weibchen geschlechtsreif und können sich später im Leben bei Bedarf in Männchen umwandeln.

Monokel-Büschelbarsch
—*Paracirrhites arcatus*

Hinter dem Auge eine bogenförmige, blau-rot-orangefarbene Linie (»Monokel«). Meist ein breiter weißer Längsstreifen am Hinterkörper.
GRÖSSE 14 cm
BIOLOGIE Lebt in klaren Lagunen und Außenriffen, 1–35 m. Hockt bevorzugt auf dem Außenrand kleiner ästiger Korallenstöcke wie Acropora-, Pocillipora- und Stylophora-Arten. Frisst kleine Krebse.
VORKOMMEN Ostafrika bis Südjapan, Hawaii und Frz.-Polynesien

Langnasen-Büschelbarsch
—*Oxycirrhites typus*

Lange Schnauze. Unverwechselbares rotes »Schottenmuster«.
GRÖSSE 13 cm
BIOLOGIE An steilen, beströmten Außenriffen, 5-100, meist erst unterhalb 20 m. Gewöhnlich in großen Fächergorgonien und Büschen Schwarzer Korallen. Schnappt von seinem exponierten Standort nach Zooplankton, frisst auch bodenlebende Kleinkrebse.
VORKOMMEN Rotes Meer bis Mauritius, Südjapan, Hawaii, Panama und Neukaledonien.

Riesen-Büschelbarsch
—*Cirrhitus pinnulatus*

Olivbraun mit großen weißen und kleinen schwarzen Flecken.
GRÖSSE 30 cm
BIOLOGIE In Fels- und Korallenriffen, 0,3–5 m. Bewohnt brandungsexponierte äußere Riffdächer und Riffkanten. In geeigneten Arealen meist häufig, aber gut getarnt und scheu. Frisst Krebstiere, dazu Seeigel, Schlangensterne und kleine Fische.
VORKOMMEN Rotes Meer und Ostafrika bis SW-Japan, Mikronesien und Frz.-Polynesien.

Gabelschwanz-Büschelbarsch —*Cyprinocirrhites polyactis*

Einziger Büschelbarsch mit Sichelschwanz. Wird oft mit Fahnenbarschen verwechselt.

GRÖSSE 15 cm

BIOLOGIE An Steilhängen und strömungsexponierten Korallenköpfen, 10–132 m. Während andere Büschelbarsche auf dem Untergrund hocken und Bodentiere erbeuten, schwimmt diese Art meist einige Meter über dem Grund und schnappt nach vorbeitreibendem Zooplankton, vorwiegend Krebstierchen und Larven.

VORKOMMEN Ostafrika bis Südjapan, Palau, Neukaledonien und Tonga.

MITTE Zur Nachtruhe hockt sich auch diese Art auf familientypische Weise auf den Grund.

Zwerg-Büschelbarsch —*Cirrhitichthys falco*

Zwei rötliche Querstreifen unter dem Auge.

GRÖSSE 7 cm

BIOLOGIE Riffe mit mittlerem und reichem Korallenbewuchs, oft an Außenriffen, doch auch in geschützten Buchten, 3–46 m. Hockt auf ganz unterschiedlichem Bewuchs von Hartböden, typischerweise an der Basis kleiner Korallen- oder Gesteinsformationen, auch auf kleinen Sandflecken vor solchen.

VORKOMMEN Malediven bis Südjapan, Karolinen/Mikronesien, Fidschi und Samoa.

Fadenflossen-Büschelbarsch
—Cirrhitichthys aprinus

Brauner, hell umrandeter Fleck auf dem Kiemendeckel.
GRÖSSE 12 cm
BIOLOGIE In Fels- und Korallenriffen, 5–40 m. Hockt auf Korallen und unterschiedlich bewachsenen Hartsubstraten, sehr gern auch auf Schwämmen.
VORKOMMEN Malediven und Andamanensee, bis Südjapan, Mikronesien, Cocos Keeling, PNG und GBR.

Gefleckter Büschelbarsch
—Cirrhitichthys oxycephalus

Weißlich mit rotbraunen, unterschiedlich großen Flecken. Farbvarianten bekannt bei Exemplaren aus etwas größerer Tiefe mit blassrosa Grundfärbung und dichter stehenden, überwiegend roten Flecken.
GRÖSSE 9 cm
BIOLOGIE In Lagunen, Buchten und Außenriffen, 1–40 m. Wenig scheu. Hockt auf verschiedenen Korallen und auf Korallengestein, seltener auch zwischen Seegras.
VORKOMMEN Rotes Meer und Ostafrika bis Südjapan, Panama und Neukaledonien.

UNTEN Die Färbung dieser Art scheint tiefen- und auch gebietsabhängig zu sein. Exemplare im unteren Bereich der Tiefenverbreitung sinn überwiegend rot, auch fehlen ihnen teils gänzlich die dunklen Flecken am Kopf.

Sonnen-Kardinalbarsch
—Ostorhinchus aureus

Orange, nach hinten verblassend. Ein Paar blauer Streifen zieht sich durch die Augen und über die Schnauze. Blauer Streifen im Mundwinkel, schwarze Schwanzbinde.
GRÖSSE 12 cm
BIOLOGIE Bewohnt geschützte Lagunen und Küstenriffe, 2–40 m. Oft in größeren Ansammlungen.
VORKOMMEN Ostafrika bis SW-Japan, GBR und Tonga.

KARDINALBARSCHE—APOGONIDAE

Kardinalbarsche sind überwiegend kleine Fische, die selten größer werden als zwölf Zentimeter. Die meisten Arten sind dämmerungs- und nachtaktiv. Sie sind langsame Schwimmer, leben bodenorientiert und ortsgebunden in einem kleinen Revier. Tagsüber schweben sie ruhig bevorzugt in Spalten, zwischen ästigen Korallen, teils auch im Freien, dann aber dicht vor einem Korallenblock oder Fels. Mit der Dämmerung verlassen sie ihre Unterstände. Die meisten machen dann Jagd auf Zooplankton, kleine Fische und bodenlebende Krebse. Der Tiger-Kardinalfisch mit seinen großen Fangzähnen erbeutet vorwiegend Fische. Kardinalbarsche sind für ihre besondere Brutfürsorge bekannt. Nach dem Ablaichen werden die befruchteten Eier vom Männchen eingesammelt und in seiner stark dehnungsfähigen Mundhöhle meist etwa eine Woche lang ausgebrütet. Hier sind die Eier vor Räubern geschützt und werden vom sauerstoffreichen Atemwasser umspült. Eine ausgesprochen effektive Brutpflege, während der das Männchen keine Nahrung zu sich nimmt.

Punktrücken-Kardinalbarsch
—Ostorhinchus compressus

Gepunktete Rückenlinie. Ein über dem Auge beginnender heller Seitenstreifen endet bereits unterhalb des Vorderrandes der ersten Rückenflosse. Blauer, gewöhnlich unvollständiger Augenring.

GRÖSSE 12 cm

BIOLOGIE In Lagunen und geschützten Außenriffen. Meist gruppenweise vor Höhlungen oder Astkorallen.

VORKOMMEN Malaysia bis SW-Japan, GBR und Salomonen.

Goldstreifen-Kardinalbarsch
—Ostorhinchus cyanosoma

Ein über dem Auge beginnender orangegelber Seitenstreifen endet bereits unterhalb des Hinterrandes der ersten Rückenflosse.

GRÖSSE 8 cm

BIOLOGIE In Lagunen und geschützten Außenriffen, 1–50 m. Schwebt tagsüber in kleinen oder größeren Gruppen vor Korallen oder Korallengestein. Jagt nachts einzeln Zooplankton.

VORKOMMEN Rotes Meer, Arabischer Golf und Ostafrika bis SW-Japan und Marshall I., GBR und Fidschi.

Wangenflecken-Kardinalbarsch
—Ostorhinchus crysopomus

Orangegelbe Markierungen auf dem Kiemendeckel. Dunkler Punkt auf der Schwanzwurzel.

GRÖSSE 9 cm

BIOLOGIE Bewohnt geschützte Riffareale, 1–20 m. Steht tagsüber häufig in kleinen Gruppen vor Astkorallen.

VORKOMMEN Java bis Philippinen und Salomonen.

Strich-Punkt-Kardinalbarsch *—Pristiapogon exostigma*

Dunkler Seitenstreifen wird nach hinten schmaler. Auf der Schwanzwurzel etwas oberhalb der Mittellinie ein schwarzer Punkt.
GRÖSSE 11 cm
BIOLOGIE In Lagunen und Außenriffen, 2–20 m. Am Tag inaktiv bei Korallenköpfen, Überhängen oder Spalten. Jagt nachts meist über Sandboden Zooplankton.
VORKOMMEN Rotes Meer und Ostafrika bis SW-Japan, Line I., Samoa und Frz.-Polynesien.

Hartzfelds Kardinalbarsch *—Ostorhinchus hartzfeldii*

Blasser Schwanz mit schwarzem Fleck auf Schwanzwurzel. Feine weiße Augen- und Rückenstreifen.
GRÖSSE 11 cm
BIOLOGIE In geschützten Küstenriffen und Lagunen, 2–20 m. Nachtaktiv, tagsüber meist in kleinen Gruppen bodennah vor lebenden Korallen, Korallenschutt oder Gestein. Sucht auch Schutz bei langstacheligen Seeigeln.
VORKOMMEN Bali und Borneo bis Philippinen, Palau und Salomonen.

Weißsaum-Kardinalbarsch *—Ostorhinchus hoevenii*

Hinterrand der ersten Rückenflosse mit auffälligem weißem Saum. Verstreut einige kleine weiße Punkte entlang des Rückens.
GRÖSSE 5 cm
BIOLOGIE In geschützten Buchten und Riffen, auch mit Weichböden, 1–30 m. Steht tagsüber in Gruppen inaktiv vor Korallen, Algen oder anderen geschützten Stellen wie z. B. bei langstachligen Seeigeln.
VORKOMMEN Bali und Borneo bis SW-Japan, PNG und GBR.

Viellinien-Kardinalbarsch
—*Ostorhinchus multilineatus*

Hellcremefarben mit vielen dunklen Längsstreifen unterschiedlicher Stärke. Kopf dunkelbräunlich mit einigen weißen Streifen.
GRÖSSE 10 cm
BIOLOGIE In Lagunen und Küstenriffen, 2–25 m. Einzeln oder in kleinen Gruppen.
VORKOMMEN Sumatra und Malaysia bis Philippinen und Salomonen.

Schwarzstreifen-Kardinalbarsch
—*Ostorhinchus nigrofasciatus*

Brauner bis schwarzer Grund mit 4 weißlichen bis gelben Streifen.
GRÖSSE 9 cm
BIOLOGIE In Lagunen und Außenriffhängen, 3–50 m. Einzeln oder paarweise, oft an der Basis von Korallenformationen, unter Überhängen oder vor Höhlungen und Spalten. Frisst wirbellose Bodentiere.
VORKOMMEN Rotes Meer, Ostafrika bis SW-Japan, Mikronesien und Frz.-Polynesien.

Kinnstreifen-Kardinalbarsch
—*Ostorhinchus properuptus*

Orangegelb mit silbrig hellgrauen Seitenstreifen. Der unterste sehr kurz, reicht nur bis zum oder kurz hinter den Hinterrand des Kiemendeckels.
GRÖSSE 8 cm
BIOLOGIE In Lagunen und Außenriffen, 2–20 m.
VORKOMMEN Andamanensee bis PNG und Ostaustralien und Neukaledonien.

Vierlinien-Kardinalbarsch
—*Ostorhinchus fasciatus*

Ein oben und unten von einer weißlich silbrigen Linie begrenzter brauner Streifen zieht vom Auge bis in die Schwanzflosse.
GRÖSSE 10 cm
BIOLOGIE Bewohnt Küstenriffe und Küstenbereiche mit sandigen bis schlammigen Böden.
VORKOMMEN Rotes Meer, Arabischer Golf und Ostafrika bis Nordaustralien und Philippinen.

Masken-Kardinalbarsch
—*Fibramia thermalis*

Vorderrand der ersten Rückenflosse schwarz gesäumt. Schwarzer Augenstreifen, reicht bis über obere Schnauze.
GRÖSSE 8 cm
BIOLOGIE In geschützten Küstenriffen, 2–15 m. Tagsüber in kleinen Gruppen vor Korallenformationen, oft vor solchen in Arealen mit sandigen Arealen.
VORKOMMEN Ostafrika bis SW-Japan, Salomonen und Vanuatu.

Dreifleck-Kardinalbarsch
—*Pristicon trimaculatus*

3 kurze, unregelmäßige Sattelflecken am Rücken. Auf dem Kiemendeckel ein dunkler Fleck, der jedoch auch verblassen kann.
GRÖSSE 15 cm
BIOLOGIE In Lagunen und Außenriffen, 2–15 m, einzeln oder paarweise.
VORKOMMEN Malaysia bis SW-Japan, GBR und Samoa.

Zweifleck-Kardinalbarsch —*Taeniamia biguttata*

Je ein schwarzer Fleck auf der Schwanzwurzel und an der »Schläfe«.
GRÖSSE 10 cm
BIOLOGIE Bewohnt Lagunen und geschützte Außenriffe, 2–18 m. Meist gruppenweise vor Unterschlüpfen wie Spalten und Höhlen.
VORKOMMEN Sumatra bis SW-Japan, Palau, Marianen und Samoa.

Orange-Linien-Kardinalbarsch —*Taeniamia fucata*

Schwarzer Fleck auf Schwanzbasis. Ein Paar blauer Streifen zieht durch die Augen über die Schnauze.
GRÖSSE 8 cm
BIOLOGIE Bewohnt geschützte Lagunen und Außenriffe, 2–60 m. Meist in relativ dichten Gruppen an Unterschlupf bietenden Stellen wie Höhlungen oder Astkorallen. Frisst nachts Zooplankton.
VORKOMMEN Rotes Meer und Ostafrika bis SW-Japan und Samoa.

Rußschwanz-Kardinalbarsch —*Taeniamia macroptera*

Zahlreiche feine, orange-bronzefarbene, teils leicht schräg verlaufende Querstreifen. Schwanzwurzel diffus dunkel oder mit deutlich schwarz abgegrenzter Binde.
GRÖSSE 9 cm
BIOLOGIE Bewohnt Lagunen und Außenriffe, 2–15 m. Tagsüber in kleinen, sehr dichten Gruppen vor Korallen oder Gestein.
VORKOMMEN Andamanensee und Sumatra bis Taiwan und Samoa.

Wolfs-Kardinalbarsch
—Cheilodipterus artus

8 Längsstreifen, gelber Schwanzfleck mit schwarzem Punkt. Daneben treten häufig Exemplare mit dunklerer Grundfärbung und schwarzem oder rußigem Schwanzstiel auf. Adulte sind wohl zu schnellem Farbwechsel fähig.
GRÖSSE 12 cm
BIOLOGIE Bewohnt geschützte Buchten, Fleckriffe und Lagunen, 3–20 m. Meist in kleinen lockeren Gruppen vor Höhlungen und Korallenstöcken, häufig vor Astkorallen. Ernährt sich von kleinen Fischen.
VORKOMMEN Ostafrika bis SW-Japan und Frz.-Polynesien.

Fangzahn-Kardinalbarsch
—Cheilodipterus isostigmus

5 schwarze Längsstreifen. Gelbe Schwanzbasis mit schwarzem Fleck leicht oberhalb des mittleren Seitenstreifens
GRÖSSE 10 cm
BIOLOGIE In Lagunen und geschützten Außenriffen, 3–40 m. In Verstecknähe wie vor Höhlen, Spalten und Astkorallen. Gewöhnlich in Gruppen.
VORKOMMEN Borneo und Südchinesisches Meer bis Philippinen, Marshall I., Salomonen und Vanuatu.

Tiger-Kardinalbarsch
—Cheilodipterus macrodon

Braune Längsstreifen. Schwanzwurzel blassweißlich, bei Juvenilen mit diffuser dunkler Binde.
GRÖSSE 25 cm
BIOLOGIE Bewohnt geschützte, korallenreiche Lagunen und Außenriffe, 0,5–40 m. Einzeln, manchmal auch in kleinen Gruppen, meist in Höhlen oder unter Überhängen, seltener außerhalb. Gebietsweise häufig. Frisst vorwiegend kleine Fische.
VORKOMMEN Rotes Meer, Arabischer Golf und Ostafrika bis SW-Japan und Frz.-Polynesien.

Fünflinien-Kardinalbarsch
—Cheilodipterus quinquelineatus

5 schwarze Längsstreifen. Gelbe Schwanzbasis mit schwarzem Fleck auf Höhe des mittleren Seitenstreifens.
GRÖSSE 12 cm
BIOLOGIE In Lagunen und Außenriffen, 1–40 m. Tagsüber meist in Ansammlungen vor Korallen und Felsen. Sucht auch Schutz zwischen Korallenästen und den langen Stacheln von Diadema-Seeigeln. Tagaktiv, frisst Krebse und kleine Fische.
VORKOMMEN Rotes Meer und Ostafrika bis SW-Japan, Mikronesien, SO-Australien und Frz.-Polynesien.

Hyalin-Kardinalbarsch
—Foa hyalina

Rosa-opak. Rotbraune Streifen: am Kopf strahlenförmig um das Auge, am Vorderkörper als Querstreifen.
GRÖSSE 5 cm
BIOLOGIE In Lagunen und Küstenriffen, 2–15 m. Sucht häufig Schutz zwischen Weichkorallen (s. Foto).
VORKOMMEN Östliches Indonesien und PNG bis Philippinen und Palau.

Schneeflocken-Kardinalbarsch
—Pterapogon kauderni

Unverwechselbar mit lang gezogenen Flossen, schwarzem Streifenmuster und den weißen Pünktchen.
GRÖSSE 6 cm
BIOLOGIE Bewohnt geschützte Areale mit Sand, Schlamm oder Geröllgrund, gelegentlich auch Algenbeständen, 1–15 m. In Gruppen von einigen bis mehreren Dutzend Tieren, stets dicht über dem Substrat. Sucht Schutz zwischen Seeigelstacheln und Anemonen.
VORKOMMEN Bekannt von Bali, Banggai Island und Nord-Sulawesi.

Pyjama-Kardinalbarsch
—Sphaeramia nematoptera

Rote Iris. Ockerfarbener Kopf, dunkle Binde unterhalb der ersten Rückenflosse, Hinterkörper weißlich mit rötlich braunen Punkten.
GRÖSSE 8 cm
BIOLOGIE In geschützten Buchten, Lagunen und Küstenriffen, 1–14 m. Tagsüber gruppenweise, oft zwischen Astkorallen (z. B. Porites cylindrica s. Foto). Sucht nachts den Grund nach Nahrung ab.
VORKOMMEN Java und Bali bis SW-Japan, Palau und Pohnpei in Mikronesien, GBR und Fidschi.

Gürtel-Kardinalbarsch
—Sphaeramia orbicularis

Silbrig-hellgrau. Schmale dunkle Querstreifen. Dunkle Punkte auf dem Hinterkörper.
GRÖSSE 10 cm
BIOLOGIE Bewohnt geschützte Buchten und Küstenriffe, 0,5–5 m. Ufernah in Ansammlungen bei Mangroven, Gestein, Zivilisationsabfall und bei Pieranlagen.
VORKOMMEN Ostafrika bis SW-Japan, Marianen und Kirabathi, südlich bis Neukaledonien.

Afrikanischer Pompano
—*Alectis ciliaris*

Hochrückiger, seitlich stark abgeflachter Körper. Steiles Kopfprofil. Juvenile tragen an Rücken- und Afterflosse sehr lange Filamente, die bei Subadulten bereits kürzer und bei großen Adulten abwesend sind.

GRÖSSE 110 cm
BIOLOGIE Pelagische Lebensweise, Adulte teilweise vor Steilabfällen bis 100 m Tiefe. Juvenile wohl mehr in Oberflächenwasser, sie scheinen mit ihren fadenartigen Filamenten Quallen nachzuahmen.
VORKOMMEN Zirkumtropisch.

STACHELMAKRELEN—CARANGIDAE

Stachelmakrelen sind tag- und nachtaktiv und ständig in Bewegung, da ihre Schwimmblase zurückgebildet ist oder ganz fehlt. Ihr schmaler Schwanzstiel mit stark gegabelter Schwanzflosse macht sie zu ausdauernden Hochgeschwindigkeitsjägern. Oft jagen sie in kleinen Trupps, vor allem Fische, und ihre beeindruckende Schnelligkeit bei der Jagd ist häufig an Riffen zu erleben. In großen, halbstationären Schulen hält sich an manchen Riffen die Großaugen-Makrele auf, wobei die einzelnen Tiere langsam eine enge Kreisbahn ziehen. Stachelmakrelen werden oft verwechselt mit echten Makrelen (*Scombridae*), zu denen die Thunfische gehören. Auffällig bei vielen Arten sind gekielte Schuppenplatten. Als knöcherne Seitenkiele verstärken sie die Schwanzwurzel und erstrecken sich oft auch übers hintere Ende der Seitenlinie.

Zitronen-Stachelmakrele
—Carangoides bajad

Silbergrau bis blass bläulich, jeweils mit gelborange Punkten. Kann Grundfärbung sehr schnell nach heller oder dunkler verändern.
GRÖSSE 55 cm
BIOLOGIE Häufiger Bewohner von Lagunen und Außenriffen, 2–70 m. Einzeln oder in kleinen Gruppen. Stets nahe, oft sogar unmittelbar am Riff.
VORKOMMEN Rotes Meer, Arabischer Golf, Seychellen bis SW-Japan, Palau und Salomonen.

MITTE OBEN Eine leuchtendgelbe Farbvariante ist gebietsweise häufig. Diese sieht man sowohl einzeln als auch in kleinen Trupps durchs Riff ziehen.

Djedaba-Makrele
—Alepes djedaba

Auffälliger schwarzer „Ohrenfleck" am oberen Kiemendeckelrand
GRÖSSE 40 cm
BIOLOGIE Adulte in Riffnähe, bilden teils große Schulen. Frisst Garnelen und andere Klein- und Planktonkrebse, auch Krebslarven sowie kleine Fische.
VORKOMMEN Rotes Meer und Ostafrika bis Japan und Neukaledonien. Ist über den Suezkanal ins Mittelmeer eingewandert.

Regenbogen-Makrele
—Elegatis bipinnulata

Ein Paar blassblauer Längsstreifen entlang der Seite.
GRÖSSE 120 cm
BIOLOGIE Pelagische Art, kommt jedoch gelegentlich in Schulen oder kleinen Trupps an Außenriffhänge, seltener auch in tiefe Lagunen, 1–150 m. Agil und schnell, zudem relativ scheu. Frisst kleine Fische, daneben auch größere Plankton-Krebstierchen.
VORKOMMEN Zirkumtropisch.

Dickkopf-Makrele
— Caranx ignobilis

Steile Stirn, kleiner schwarzer Fleck am Brustflossenansatz. Oft mit einigen kurzen hellen Rückenstreifen.
GRÖSSE 170 cm
BIOLOGIE Meist entlang von Außenriffhängen, auch im Lagunen, 5-80 m. Gewöhnlich einzeln, gelegentlich auch in kleinen Gruppen. Eine scheue und in den meisten Gebieten relativ seltene Art. Ernährt sich von Fischen und Krebstieren.
VORKOMMEN Rotes Meer, Ostafrika bis SW-Japan Panama und Frz.-Polynesien.

Blauflossen-Makrele
— Caranx melampygus

Grünlich-bläulich. Zahlreiche Sprenkel. Blaue Flossen.
GRÖSSE 100 cm
BIOLOGIE In Lagunen und Außenriffen, 1–190 m. Patrouilliert meist in kleinen Trupps an Außenriffhängen, gelegentlich auch in großeren Ansammlungen. Jagt vorwiegend Fische des Riffs. Begleitet gelegentlich andere Fische, z. B. Meerbarben, um nahe an Beute heranzukommen.
VORKOMMEN Rotes Meer, Ostafrika bis SW-Japan, Panama und Frz.-Polynesien.

Großaugen-Makrele
— Caranx sexfasciatus

Schwarzer Punkt oben am Kiemendeckel. Weiße Spitzen an Rücken- und Afterflosse.
GRÖSSE 90 cm
BIOLOGIE An klaren Außenriffen, 2–90 m. Tagsüber oft Spiralen schwimmend in großen, halbstationären Ansammlungen. Jagt nachts einzeln Fische. Schwimmt bei der Balz paarweise dicht beisammen im Freiwasser, wobei das Männchen fast schwarz wird.
VORKOMMEN Rotes Meer, Ostafrika bis SW-Japan und Mittelamerika.

Gold-Makrele
—*Gnathonodon speciosus*

Subadulte silbrig mit dunklen Querstreifen. Adulte silbrig mit wenigen schwarzen Flecken.
GRÖSSE 120 cm
BIOLOGIE In tiefen Lagunen und Außenriffen, 1–50 m. Erbeuten Wirbellose wie Krebse, die sie aus Sandböden wühlen, fressen daneben auch Fische.
VORKOMMEN Rotes Meer und Ostafrika bis SW-Japan und Panama.

MITTE OBEN Juvenile sind metallisch-gelb mit schwarzen Querstreifen. Sie, teils auch Subadulte, begleiten für ihren eigenen Schutz gegen Fressfeinde im freien Wasser große Fische wie Haie und Zackenbarsche, auch Schildkröten und Dugongs. Ganz kleine Juvenile benutzen dazu oft Quallen.

Pilotfisch
—*Naucrates ductor*

Silbrig-weiß mit breiten schwarzen Querstreifen.
GRÖSSE 70 cm
BIOLOGIE Pelagische Lebensweise, begleitet Hochseehaie, Rochen, gelegentlich auch Schildkröten. Gelegentlich in großer Zahl von einigen Dutzend Tieren, besonders bei Haien. Juvenile manchmal im Schutz von Quallen oder Treibgut.
VORKOMMEN Zirkumtropisch.

Gelbstreifen-Heringsmakrele
—*Selaroides leptolepis*

Silbrig mit einem blass oder kräftig -gelben Längsstreifen von Kopf bis Schwanz. Dunkler Fleck am Hinterrand des Kiemendeckels. Schmale, leistenartige Reihe von Knochenkielen etwa von Körpermitte bis zum Schwanz.
GRÖSSE 20 cm
BIOLOGIE An Riffkanten, Küstenriffen und Buchten, häufig bei Pfeilern von Schiffsanlegern anzutreffen, 3–20 m. Bildet gewöhnlich große, dichte Schulen.
VORKOMMEN Arabischer Golf bis SW-Japan, und Nordaustralien.

Doppelpunkt-Makrele
—*Scomberoides lysan*

Silbrig, seitlich mit 6–8 dunklen Flecken in einer Doppelreihe (nicht immer vollständig erkennbar).
GRÖSSE 70 cm
BIOLOGIE In Lagunen, Buchten und Außenriffen, 1–100 m. Adulte meist einzeln, oft oberflächennah entlang von Küsten und Riffen, fressen kleine Fische und Krebse. Juvenile beißen Schuppen aus der Haut anderer Schwarmfische.
VORKOMMEN Rotes Meer, Arabischer Golf, Ostafrika bis SW-Japan, SO-Australien und Samoa.

Große Bernsteinmakrele
—*Seriola dumerili*

Dunkler Streifen von Oberlippe übers Auge zum Rücken.
GRÖSSE 190 cm
BIOLOGIE Im Freiwasser, oft küstennah, bis über 300 m. Schneller, ausdauernder Schwimmer. Jagt einzeln oder in Gruppen kleine Fische, frisst auch Wirbellose. Jungtiere oft in kleinen Schulen, unter Treibgut oder im Schutz von Quallen.
VORKOMMEN Weltweit in tropischen und temperierten Meeren.

Flecken-Pompano
—*Trachinotus bailloni*

Meist mit 2–5 dunkle Flecken auf der Seitenlinie
GRÖSSE 54 cm
BIOLOGIE In Küstengewässern, oberflächennah in Lagunen und Außenriffen, oft auch in Brandungszonen von Sandstränden. Einzeln oder in kleinen, lockeren Trupps. Frisst kleine Fische.
VORKOMMEN Rotes Meer bis Südjapan, Marshall I., Line I. und Frz.-Polynesien.

Stupsnasen-Pompano
—*Trachinotus blochi*

Hochrückiger, relativ kurzer Körper, stumpfe, gerundete Schnauze. Juvenile mit verlängerten After- und Rückenflossen.
GRÖSSE 65 cm
BIOLOGIE In Fels- und Korallenriffen, tiefen Buchten und Außenriffen, 5–50 m. Schwimmt einzeln oder in Schulen. Juvenile oft über ufernahen, flachen Sand- und Schlammböden. Frisst Schnecken und Krebstiere.
VORKOMMEN Rotes Meer, Arabischer Golf und Ostafrika bis SW-Japan, SO-Australien und Samoa.

SCHNAPPER—LUTJANIDAE

Schnapper sind bodenorientierte, riffgebundene Fische und tagsüber meist inaktiv. Dann stehen sie typischerweise einzeln oder in kleinen Gruppen an geschützten Stellen wie unter Überhängen, oft auch in beachtlichen Ansammlungen dicht über dem Grund im Freien. Riesige stationäre Schnapperschwärme gehören in vielen Riffen zu den eindrucksvollen Begegnungen. Ausgewachsene Exemplare einiger großer Arten sind ausgesprochene Einzelgänger. Schnapper sind nachtaktive Räuber und ernähren sich vorwiegend von bodenlebenden Wirbellosen, besonders Krebsen, sowie Tintenfischen, kleinen Fischen und planktonischen Tieren. Große fischfressende Arten sind oft gut an ihren Fangzähnen zu erkennen. Schnapper bilden eine große Familie mit über 100 Arten. Sie sind weltweit in den Tropen und Subtropen verbreitet. Viele sind wichtige, geschätzte Speisefische. Manche Arten jedoch können in verschiedenen Gebieten Ciguatera-Fischvergiftungen verursachen und dürfen dort nicht gegessen werden.

Blaustreifen-Schnapper
—Lutjanus kasmira

Gelb mit 4 hellblauen Seitenstreifen. Blasse Bauchseite, dunkler Schatten ums Auge.
GRÖSSE 35 cm
BIOLOGIE In Lagunen und Außenriffen, 3–265 m. Einzeln, in Gruppen und in großen Ansammlungen (siehe Bild linke Seite). Geht nachts einzeln auf die Jagd nach kleinen Fischen und bodenbewohnenden Krebstieren.
VORKOMMEN Rotes Meer und Ostafrika bis SW-Japan, Mikronesien, SO-Australien und Frz.-Polynesien.

Braunstreifen-Schnapper
—Lutjanus carponotatus

Silbrig mit bis zu 9 gelben oder goldbraunen Längsstreifen. Schwarzer Fleck am Brustflossenansatz.
GRÖSSE 40 cm
BIOLOGIE Bewohnt Lagunen und Außenriffe, auch in etwas trüberem Wasser, 3–35 m. Einzeln oder in teils größeren Gruppen.
VORKOMMEN Indien bis Südchina, Salomonen und GBR.

Goldstreifen-Schnapper
—Lutjanus rufolineatus

Meist mit rötlichem Schimmer, besonders an Vorderkörper und Schnauze. Oft mit schwarzem Fleck am hinteren oberen Rückenbereich.
GRÖSSE 25 cm
BIOLOGIE An Außenriffhängen, 6–50 m. Meist in Ansammlungen, etwas höher über dem Grund.
VORKOMMEN Malediven bis SW-Japan, Nordaustralien, Samoa und Tonga.

Doppelfleck-Schnapper
—Lutjanus bohar

Gelbes Auge. Vorderkante der Brustflosse dunkel, manchmal auch schwarz.

GRÖSSE 80 cm

BIOLOGIE In Lagunen und Außenriffen, 3–70 m. Einzeln, in Gruppen, gelegentlich auch in großen Ansammlungen (Bild oben), meist im Freiwasser vor dem Riff. Jäger von kleinen Fischen. Gebietsweise regelmäßig ciguatoxisch.

VORKOMMEN Rotes Meer, Südoman und Ostafrika bis SW-Japan, Mikronesien, GBR und Frz.-Polynesien.

UNTEN Juvenile haben zwei auffällige weiße Flecken hinten am Rücken. Sie bleiben dicht über dem Grund und halten sich meist nahe bei Korallen auf.

Zweifleck-Schnapper
—Lutjanus biguttatus

Breites weißes Längsband, oben und unten begrenzt von jeweils einem braunroten Längsstreifen. Rücken bräunlich grau mit 2 oder 3 weißen Flecken.
GRÖSSE 20 cm
BIOLOGIE In korallenreichen Lagunen und Außenriffen, 3–30 m. Nachtaktive Art. Stehen tagsüber gewöhnlich in kleinen bis großen Ansammlungen nahe bei Korallenformationen.
VORKOMMEN Malediven bis Philippinen, Salomonen, Fidschi und GBR.

Schachbrett-Schnapper
—Lutjanus decussatus

Weißlich mit bronzebraunen Längsstreifen, über dem Rücken zusätzlich gleichfarbene kurze Querstreifen. Schwarzer Fleck auf der Schwanzwurzel.
GRÖSSE 30 cm
BIOLOGIE In Lagunen, Küsten- und Außenriffen, 2–35 m. Einzeln oder in lockeren Gruppen. Öfter auch über kleinen Sand-Geröll-Arealen zwischen Korallenblöcken anzutreffen.
VORKOMMEN Indien und Andamanensee bis SW-Japan und PNG.

Ehrenbergs Schnapper
—Lutjanus ehrenbergi

5 gelbe, schmale, kontrastarme Längsstreifen. Großer schwarzer Fleck auf der Seitenlinie im hinteren Körperbereich.
GRÖSSE 35 cm
BIOLOGIE Bevorzugt in Buchten und Küstenriffen, 3–20 m. Gewöhnlich in Schulen, nicht scheu. Auch in Felsriffen und Juvenile besonders in Ästuaren und Mangrovengebieten.
VORKOMMEN Rotes Meer, Oman und Ostafrika bis SW-Japan, Karolinen, Molukken und GBR.

Schwarzschwanz-Schnapper
—Lutjanus fulvus

Blassgelblich. Rücken und Schwanzflosse schwärzlich. Bauch-, Anal- und Brustflossen gelb.
GRÖSSE 40 cm
BIOLOGIE Bewohnt Fels- und Korallenriffe, in Lagunen und halbgeschützten Außenriffen 1–75 m. Einzeln oder in kleinen lockeren Gruppen. Frisst nachts Fische und wirbellose Bodentiere.
VORKOMMEN Rotes Meer und Ostafrika bis SW-Japan, Mikronesien.

Buckel-Schnapper
—Lutjanus gibbus

Rötlich grau mit dunkler Rücken- und Schwanzflosse. Im Nackenbereich hochrückig.

GRÖSSE 50 cm

BIOLOGIE In tiefen Lagunen und geschützten Außenriffen, 1–150 m. Einzeln, häufig jedoch auch in großen, halbstationären und inaktiven Schulen. Geht nachts einzeln auf die Jagd nach Krebstieren.

VORKOMMEN Rotes Meer und Ostafrika bis SW-Japan, Mikronesien, SO-Australien und Frz.-Polynesien.

MITTE OBEN Gebietsweise bilden Buckel-Schnapper regelmäßig sehr große, dichte Schulen.

Großaugen-Schnapper
—Lutjanus lutjanus

Relativ großes Auge. Gelber bis gelbbrauner Streifen hinterm Auge zieht bis zum Schwanz.

GRÖSSE 30 cm

BIOLOGIE In Buchten und halbgeschützten Außenriffhängen, 5–90 m. Tagsüber gewöhnlich in großen, dichten Ansammlungen. Geht nachts einzeln auf Nahrungssuche.

VORKOMMEN Rotes Meer und Ostafrika bis SW-Japan, GBR und Salomonen.

Russells Schnapper
—Lutjanus russellii

5 bronzefarbene Streifen, die oberen schräg verlaufend. Meist mit großem schwarzem Fleck am Hinterkörper.

GRÖSSE 35 cm

BIOLOGIE Bewohnt Fels- und Korallenriffe, 3–80 m. Einzeln oder in Gruppen. Juvenile in Mangroven und Ästuaren.

VORKOMMEN Rotes Meer und Ostafrika bis SW-Japan, SO-Australien und Fidschi.

Einfleck-Schnapper
—Lutjanus monostigma

Rotes Auge. Alle Flossen gelb. Manchmal mit schwarzem Fleck hinten auf der Seite.
GRÖSSE 55 cm
BIOLOGIE Bevorzugt an Außenriffen, auch in Lagunen, 5–60 m. Einzeln oder in kleinen lockeren Gruppen. Oft an Wracks und Riffrändern mit Höhlen und Überhängen. Jagt Fische, vorwiegend nachts.
VORKOMMEN Rotes Meer und Ostafrika bis SW-Japan, Mikronesien, Line I. und Frz.-Polynesien.

MITTE OBEN Längst nicht immer ist der namensgebende Fleck hinten auf der Seite so gut zu sehen, wie bei diesem Exemplar.

Binden-Schnapper
—Lutjanus semicinctus

Dunkle Querstreifen entlang der oberen Körperhälfte. Großer schwarzer Fleck am Schwanzstiel, reicht in Schwanzflosse hinein.
GRÖSSE 35 cm
BIOLOGIE In Lagunen und Außenriffen, 5–35 m.
VORKOMMEN Philippinen bis Karolinen, Molukken, GBR und Fidschi.

Gabelschwanz-Schnapper
—Aphareus furca

Silbrig mit grünlichem oder bläulichem Schimmer. Großes Maul, Gabelschwanz, gelblich brauner Streifen auf dem Kiemendeckel.
GRÖSSE 40 cm
BIOLOGIE In Lagunen und Außenriffen, 2–120 m. Einzeln oder in kleinen Gruppen. Erbeutet Fische und Krebse.
VORKOMMEN Rotes Meer und Ostafrika bis SW-Japan, Panama und Australien.

Gelbaugen-Schnapper
—Macolor macularis

Farbkleid ändert sich im Lauf der Entwicklung. Adulte mit gelb-goldener Iris.

GRÖSSE 60 cm

BIOLOGIE Bevorzugt an steilen Hängen von Lagunen und Außenriffen, 5–50 m. Einzeln oder in kleinen lockeren Gruppen.

VORKOMMEN Malediven bis SW-Japan, Palau, südl. Marianen, Salomonen und Neukaledonien.

MITTE Bei Subadulten werden die schwarzen Partien braun und die weißen Anteile kleiner.

UNTEN Juvenile haben ein kontrastreiches, charakteristisches Schwarz-Weiß-Muster und sehr langen Bauchflossen.

Schwarzer Schnapper
—Macolor niger

Adulte grau mit dunkleren Flossen.
GRÖSSE 65 cm
BIOLOGIE Bevorzugt in tiefen Lagunen und steilen Außenriffhängen, 3–90 m. Juvenile einzeln, Adulte oft in großen inaktiven Ansammlungen vor Steilabfällen. Fressen nachts einzeln Zooplankton.
VORKOMMEN Rotes Meer und Ostafrika bis SW-Japan, Mikronesien, Samoa und Neukaledonien.

MITTE Subadulte mit charakteristischem Grau-Weiß-Muster.
UNTEN Juvenile opakweiß und sehr kontraststark mit schwarzen Flossen und schwarzer Augenmaske.

FÜSILIERE — CAESIONIDAE

Füsiliere sind eng mit den Schnappern verwandt, leben jedoch mehr im Freiwasser und fressen dort Zooplankton. Daher haben sie ein kleines Maul und als Anpassung ans Freiwasser einen stromlinienförmigen Körper mit tief gegabelter Schwanzflosse. Füsiliere tragen in vielen Gebieten mit ihren großen Schulen erheblich zum Fischreichtum bei. Tagsüber halten sich diese geschickten, ausdauernden Schwimmer meist in großer Zahl im freien Wasser auf. Sie leben an steileren Außenriffhängen ebenso wie in Lagunen. Nachts verstecken sie sich in Riffspalten, wobei sie eine oft rötliche Färbung annehmen. Tagsüber suchen sie das Riff auf, um sich an Putzerstationen bedienen zu lassen. Füsiliere sind protogyne Folgezwitter und geschätzte Speisefische.

Gelbschwanz-Füsilier
— Caesio cuning

Für seine Gattung ungewöhnlich hochrückig. Grünlich blau mit blauen Gesichtsmarkierungen. Gelber Gabelschwanz.
GRÖSSE 35 cm
BIOLOGIE Bevorzugt an steilen Außenriffen und Fleckriffen, 3–30 m. In Ansammlungen im Freiwasser, teils auch sehr dicht über dem Riff. Auch in trüberem Wasser. Öfter an Putzerstationen zu sehen. Nicht scheu.
VORKOMMEN Sri Lanka, Andamanensee bis SW-Japan, Palau, GBR und Vanuatu.

Blaugelber Füsilier
— Caesio teres

Schwanz gelb. Das Gelb zieht über etwa die hinteren zwei Drittel des Rückens. Übriger Körper blau.
GRÖSSE 35 cm
BIOLOGIE An steilen Außenriffhängen und Fleckriffen, 5–35 m. In Gruppen im Freiwasser nach Plankton schnappend.
VORKOMMEN Ostafrika bis SW-Japan, Mikronesien, Line I. GBR und Samoa.

Scherenschwanz-Füsilier
—Caesio caerulaurea

Ein gelber Seitenstreifen vom Kopf bis zum Schwanz. Dieser gegabelt, mit je einem schwarzen Streifen in den Flossenlappen.
GRÖSSE 35 cm
BIOLOGIE An Außenriffhängen und Fleckriffen, 3–30 m. In Ansammlungen im freien Wasser nach Plankton schnappend.
VORKOMMEN Rotes Meer (selten) und Ostafrika bis SW-Japan, Mikronesien, GBR und Samoa.

Mond-Füsilier
—Caesio lunaris

Blau bis grünlich. Schwanzspitzen schwarz. Juvenile haben gelben Schwanz mit schwarzer Spitze.
GRÖSSE 35 cm
BIOLOGIE Gewöhnlich in großen Ansammlungen an Steilhängen, vor Fleckriffen und Drop-offs, 2–40 m. Gebietsweise häufig, nicht scheu. Mischt sich auch unter Schulen anderer Füsiliere.
VORKOMMEN Rotes Meer und Arabischer Golf bis Seychellen, SW-Japan, Palau, GBR, Salomonen und Fidschi.

Rotmeer-Füsilier
—Caesio suevica

Blassblau. Schwanzspitzen weiß-schwarz.
GRÖSSE 25 cm
BIOLOGIE Bevorzugt an Außenriffen, 1–25 m. In großen Schulen im Freiwasser über dem Riff, ernährt sich von Zooplankton. Kommt regelmäßig an Putzerstationen, wobei ihm häufig ausgiebig das Maul gereinigt wird. Kaum scheu.
VORKOMMEN Rotes Meer.

Vielstreifen-Füsilier
—Caesio varilineata

Gelbe Längsstreifen. Schwarze Schwanzspitzen.
GRÖSSE 25 cm
BIOLOGIE In Lagunen und Außenriffen, 1–25 m. In teils sehr großen Ansammlungen im Freiwasser über dem Riff Zooplankton schnappend. Häufig zusammen mit anderen Füsilierarten. Nicht scheu.
VORKOMMEN Rotes Meer, Arabischer Golf, Seychellen bis Sumatra.

Gelbrücken-Füsilier
—Caesio xanthonota

Gelber Schwanz. Das Gelb auf dem Rücken erstreckt sich bis zum Nacken oder sogar bis zur Stirn.
GRÖSSE 35 cm
BIOLOGIE An Außenriffhängen und Fleckriffen, 3–35 m. In Ansammlungen, schnappt Zooplankton aus dem Freiwasser.
VORKOMMEN Ostafrika bis Malediven, Andamanensee und Molukken in Indonesien.

Goldstreifen-Füsilier
—Pterocaesio chrysozona

Gelbes, vom Auge bis zur Schwanzbasis schmaler werdendes Band. Dunkelrote Schwanzspitzen.
GRÖSSE 20 cm
BIOLOGIE In klaren Lagunen, Buchten und Außenriffen, 3–30 m. Bildet Ansammlungen im mittleren Freiwasser und frisst Zooplankton. Tagsüber bilden Goldstreifen-Füsiliere häufig große Schulen entlang von Riffhängen.
VORKOMMEN Rotes Meer, Golf von Oman und Ostafrika bis Ostchina, PNG und GBR.

Neon-Füsilier
—Pterocasio tile

Silbrig blau mit dunklem Schuppenstreifen am Rücken und einem dunklen Seitenstreifen.
GRÖSSE 25 cm
BIOLOGIE In klaren Lagunen und Außenriffen, 5–40 m. Bildet tagsüber oft große Ansammlungen im Freiwasser, jagt Zooplankton. Die Färbung der unteren Körperhälfte wechselt nach rotbraun, wenn er ins Riff kommt, z.B. um Schutz zu suchen oder sich putzen zu lassen
VORKOMMEN Ostafrika bis Südjapan, Neukaledonien, Rapa und Frz.-Polynesien

Tagsüber bilden Neon-Füsiliere oft riesige Ansammlungen über oder nahe dem Riff.

Ruderfische
—Kyphosidae

Hochflossen-Ruderfisch
—Kyphosus cinerascens

2. Rücken- und Analflosse hoch.
GRÖSSE 45 cm
BIOLOGIE An Außenriffen, 1-25 m. Einzeln oder in kleinen Trupps, oft unter Bootsstegen an brandungsexponierten Küstenriffen. Frisst driftende und Aufwuchsalgen.
VORKOMMEN Rotes Meer, Ostafrika bis SW-Japan, Hawaii, SO-Australien und Frz.-Polynesien.

Messing-Ruderfisch
—Kyphosus vaigensis

2. Rücken- und Analflosse niedrig. Messingfarbene Streifen. Kann Färbung schnell wechseln zu einem Muster mit weißen Flecken.
GRÖSSE 60 cm
BIOLOGIE In Lagunen und Außenriffen, auch an Felsküsten, 1-25 m. Meist in kleinen Gruppen entlang beströmter Riffhänge. Frisst vorwiegend driftende und Aufwuchsalgen.
VORKOMMEN Rotes Meer, Oman und Ostafrika bis SW-Japan, Hawaii und Frz.-Polynesien.

Flossenblätter
—Monodactylidae

Silber-Flossenblatt
—Monodactylus argenteus

Rücken-, Schwanz-, oft auch Teile der Afterflosse gelblich.
GRÖSSE 22 cm
BIOLOGIE Bevorzugt Lagunen, Flussdeltas und geschützte, trübe Küstenriffen, 0 –15 m. Wenig scheu. Meist in Schulen. Am häufigsten von Tauchern gesichtete Art der Familie.
VORKOMMEN Rotes Meer, Oman und Ostafrika bis SW-Japan, Samoa und Neukaledonien.

SÜSSLIPPEN — HAEMULIDAE

Süßlippen stehen tagsüber ruhig im Wasser, einzeln, in kleinen Gruppen, manche auch in großen Schwärmen. Sie zeigen meist kaum Scheu und einige Arten sind attraktiv gefärbt. Manche schweben häufig an freien, auch exponierten Stellen, einige, wie die Orient-Süßlippe, stehen oft an Putzerstationen, andere bevorzugen leicht geschützte Bereiche unter Tischkorallen oder Überhängen. Besonders Jungtiere von Plectorhinchus-Arten zeigen oft eine stark abweichende Färbung, und manche schwimmen im Gegensatz zur ruhigen Art der Erwachsenen allein und oft unruhig umher. Zur Nacht gehen Süßlippen einzeln auf Nahrungssuche. Sie fressen wirbellose Bodentiere, auch Würmer und kleine Fische und manche im Freiwasser Zooplankton.

Orient-Süßlippe — *Plectorhinchus vittatus*

Dunkle Längsstreifen, Flossen gelb. Rücken-, Anal- und Schwanzflosse mit dunklen Flecken.

GRÖSSE 75 cm

BIOLOGIE Bevorzugt klare, korallenreiche Lagunen und Außenriffe, 2–25 m. Einzeln, stehen oft auch in Gruppen an Riffvorsprüngen und großen Korallenköpfen.

VORKOMMEN Ostafrika bis SW-Japan, Marianen und Karolinen in Mikronesien, Australien und Samoa.

Diagonalstreifen-Süßlippe
— Plectorhinchus lineatus

Obere Seitenhälfte mit diagonalen schwarzen Streifen. Lippen und Flossen gelb, Rücken- und Schwanzflosse mit schwarzen Flecken.
GRÖSSE 50 cm
BIOLOGIE Bewohnt korallenreiche Areale von Lagunen- und Außenriffen, 2–35 m. Einzeln oder in kleinen Gruppen. Geht nachts einzeln auf Nahrungssuche.
VORKOMMEN Indonesien etwa ab Bali bis SW-Japan, Philippinen, Guam, GBR und Neukaledonien.

Orangetupfen-Süßlippe
— Plectorhinchus flavomaculatus

Adulte grau mit zahlreichen kleinen gelborangefarbene Körpertupfen und Kopfstreifen. Körper mit vielen orangegelben Punkten. Kopf mit gelben Flecken und Streifen.
GRÖSSE 60 cm
BIOLOGIE Bewohnt tiefe Lagunen, geschützte Küstenriffe und Buchten, 3–35 m. Meist einzeln, gelegentlich in kleinen Gruppen. Nicht häufig. Frisst kleine Fische und Krebstiere.
VORKOMMEN Rotes Meer (nicht im nördl. Teil), Ostafrika und Oman bis SW-Japan, PNG und SO-Australien.

MITTE Subadultes graublaues Exemplar mit bereits kleineren Tupfen und beginnende Streifung am Kopf.

UNTEN Subadulte Exemplar, cremefarben mit noch großen orangefarbenen Tupfen, auch am Kopf.

Harlekin-Süßlippe
—Plectorhinchus chaetodonoides

Adulte cremfarben mit vielen dunklen Punkten.
GRÖSSE 70 cm
BIOLOGIE Bewohnt korallenreiche Lagunen und Außenriffe, 1–35 m. Meist einzeln, tagsüber häufig an geschützten Standorten, etwa vor Korallenblöcken oder unter Überhängen anzutreffen. Jungtiere schwimmen stets dicht über versteckreichem Grund.
VORKOMMEN Malediven bis SW-Japan, Fidschi und Neukaledonien.

MITTE Ältere Jungtiere sind graubraun mit großen weißen Flecken und entwickeln bereits die dunklen Punkte der Adulten.
UNTEN Juvenile sind hellrot braun mit wenigen großen weißen, dunkelrandigen Flecken. Sie fallen auf durch ihre äußerst unruhige, stark taumelnde Schwimmweise.

Riesen-Süßlippe
—Plectorhinchus albovittatus

Bauchflossen schwarz, teils auch After- und Brustflossen. Rücken- und Schwanzflosse mit schwarzen Kanten.
GRÖSSE 100 cm
BIOLOGIE Bewohnt tiefe Lagunen und Außenriffe, 2–50 m. Größte Art unter den Süßlippen. Tagsüber meist über felsigen Arealen oder Geröll-Sand-Grund anzutreffen, gemächlich schwimmend oder steht ruhig auf der Stelle schwebend.
VORKOMMEN Rotes Meer und Ostafrika bis SW-Japan, Fidschi und Neukaledonien.

Goldstreifen-Süßlippe
—Plectorhinchus chrysotaenia

Dünne gelbe Längsstreifen. Alle Flossen leuchtend gelb.
GRÖSSE 50 cm
BIOLOGIE Bewohnt korallenreiche Areale in Lagunen und geschützten Außenriffen, 5–60 m. Einzeln, tagsüber öfter in größeren Gruppen, die sich zur nächtlichen Nahrungssuche auflösen.
VORKOMMEN Bali bis SW-Japan, GBR und Neukaledonien.

Schwarztupfen-Süßlippe
—Plectorhinchus gaterinus

Flossen und Oberlippe gelb. Viele schwarze Tupfen, auch in Rücken- und Schwanzflosse.
GRÖSSE 45 cm
BIOLOGIE Bewohnt Lagunen, Buchten und geschützte Außenriffe, 3–35 m. Schwebt tagsüber häufig in Gruppen an geschützten Stellen oder exponiert an Vorsprüngen.
VORKOMMEN Rotes Meer, Ostafrika, Mauritius und Arabischer Golf.

Schwarzflecken-Süßlippe
—*Plectorhinchus macrospilus*

Weißlich mit großen schwarzen Flecken, auf der Schnauze meist verschmolzen zu Querstreifen. Schwanz-, After- und hinterer Teil der Rückenflosse blassgelblich.
GRÖSSE 30 cm
BIOLOGIE Eine wenig bekannte Art, die erst im Jahr 2000 wissenschaftlich beschrieben wurde. Recht scheu und nicht häufig, hält sich offenbar gern in der Nähe von Spalten oder Überhängen auf.
VORKOMMEN Wohl endemisch in Thailand, Andamanensee.

Blaustreifen-Süßlippe
—*Plectorhinchus polytaenia*

Blassblaue, schwarz gesäumte Längsstreifen auf gelber Grundfärbung, alle Flossen gelb.
GRÖSSE 40 cm
BIOLOGIE Bewohnt Lagunen und Außenriffe, 3–40 m. Oft in korallenreichen Arealen anzutreffen, steht tagsüber gern vor Korallenblöcken oder anderen halbgeschützten Stellen. Geht nachts auf die Suche nach wirbellosen Bodentieren.
VORKOMMEN Indonesien etwa ab Bali bis NW-Australien, Philippinen und PNG.

UNTEN Subadulte haben noch ein dunklere Grundfärbung und deutlich weniger Streifen. Auch ist bei ihnen der Schwanz noch gestreift. Dieses Exemplar beginnt gerade, sich umzufärben. Die hellen Streifen werden schon bläulich. Bei Juvenilen sind sie ganz weiß, auf annähernd schwarzer Grundfärbung.

Silber-Süßlippe
—*Diagramma pictum*

Adulte silbrig-hellgrau. Subadulte mit gelblich braunen Streifen und Flecken, Juvenile mit schwarz-weißem Streifenmuster.

GRÖSSE 90 cm

BIOLOGIE In Lagunen und Außenriffen, meist über Mischzonen mit Hart-, Geröll- und Weichgrund, z. B. an Fleckriffen mit Sandarealen, 3–40 m. Am Tag einzeln oder in kleinen Gruppen, geht nachts einzeln auf Nahrungssuche, frisst wirbellose Bodentiere.

VORKOMMEN Rotes Meer und Ostafrika bis SW-Japan, PNG und Neukaledonien. Kommt in mehreren regionalen Unterarten vor.

MITTE Subadultes cremegelbes Exemplar, die Streifen beginnen sich in Flecken aufzulösen.

UNTEN Juveniles Exemplar mit schwarz-weißem Längsstreifenmuster.

STRASSENKEHRER—LETHRINIDAE

Viele Arten diese Familie sind silbergrau, ohne markante Farbmuster. Zudem kommen bei Straßenkehrern recht unterschiedliche Körperformen vor. Manche haben zum Beispiel eine steile Stirn, andere einen zugespitzten Kopf. Kleinere Arten leben oft in Gruppen, größere sind meist Einzelgänger. Bei vielen tragen Jungtiere und Erwachsene unterschiedliche Farbkleider. Straßenkehrer fressen vorwiegend am Boden lebende Wirbellose wie Krebse und Würmer, daneben auch kleine Fische und teils Plankton. Die meisten fressen nachts, einige auch tagsüber, viele sind sogar tag- und nachtaktiv. Alle Arten sind Folgezwitter, werden zunächst als Weibchen geschlechtsreif und später im Leben zu Männchen.

Leuchtfleck-Straßenkehrer —*Gnathodentex aureolineatus*

Silbergrau mit einem leuchtend gelben Fleck an der hinteren Basis der Rückenflosse.

GRÖSSE 30 cm

BIOLOGIE Bewohnt Lagunen und Außenriffhänge, 2–20 m. Steht tagsüber oft in inaktiven Ansammlungen nahe bei Korallenformationen. Zerstreuen sich nachts zur Nahrungssuche.

VORKOMMEN Ostafrika bis SW-Japan, Mikronesien, Line I, SO-Australien und Frz.-Polynesien.

Stumpfnasen-Straßenkehrer
—Lethrinus borbonicus

Durchgehend silbrig grün.
GRÖSSE 40 cm
BIOLOGIE Oft über kleinen Sandflächen in Lagunen und geschützten Außenriffen, 1–40 m. Nicht scheu. Frisst hartschalige Wirbellose, die er nachts in geringen Tiefen im Riff sucht.
VORKOMMEN Rotes Meer und Arabischer Golf bis Mosambik und Mauritius.

Gelbflossen-Straßenkehrer
—Lethrinus erytracanthus

Bläulicher Kopf, Flossen gelb bis schmutzig gelblich.
GRÖSSE 70 cm
BIOLOGIE In tiefen Lagunen und Außenriffhängen, 10–120 m. Eine der größten Art seiner Gattung. Einzelgänger. Scheu und nicht häufig. Zu seiner Nahrung gehören Seeigel, Seesterne, Muscheln und Gehäuseschnecken.
VORKOMMEN Ostafrika bis SW-Japan, Mikronesien, GBR und Frz.-Polynesien.

Mahsena-Straßenkehrer
—Lethrinus mahsena

Blassgraublauer Kopf ohne Markierungen. Mehrere vom Rücken hinabziehende Querbänder.
GRÖSSE 65 cm
BIOLOGIE In Buchten und Außenriffen, 3–100 m. Einzelgänger, frisst Stachelhäuter, darunter auch langstachelige Seeigel, zudem Fische und Krebstiere.
VORKOMMEN Rotes Meer und Golf von Oman bis Mauritius und Sri Lanka.

Gelblippen-Straßenkehrer
—Lethrinus xanthochilus

Blasse Färbung. Gelbe Oberlippe, gelber bis roter Punkt am Brustflossenansatz.
GRÖSSE 60 cm
BIOLOGIE In Lagunen und Außenriffen. 3–50 m. Meist über riffnahen Sand-, Geröll- und Korallenmischzonen. Einzeln oder in kleinen Gruppen. Ernährt sich von hartschaligen Wirbellosen und Fischen.
VORKOMMEN Rotes Meer und Ostafrika bis SW-Japan, Mikronesien und Frz.-Polynesien.

Großaugen-Straßenkehrer
—Montaxis grandoculis

Silbrig-hellgrau. Oft mit metallisch gelblichen Partien am Kopf.

GRÖSSE 60 cm

BIOLOGIE In Lagunen und Außenriffen, 1–100 m. Schwebt tagsüber oft einzeln in lockeren Ansammlungen entlang der Riffkante. Geht nachts einzeln auf Nahrungssuche, frisst hartschalige Wirbellose.

VORKOMMEN Rotes Meer und Ostafrika bis SW-Japan, Mikronesien, Hawaii und Frz.-Polynesien.

MITTE Dunkle Variante.

UNTEN Juvenile mit drei schwärzlichen Sattelflecken und heller Körperunterhälfte.

Schärpen-Scheinschnapper — *Scolopsis bilineata*

Weißes, gebogenes Band von der Schnauze bis zum hinteren Rücken. Juvenil (oben) Obere Körperhälfte schwarz-gelb gestreift. Adult unten.

GRÖSSE 25 cm

BIOLOGIE In Lagunen und geschützten Außenriffen, bei Sand- und Geröllflächen des Riffs, 1–25 m. Frisst wirbellose Kleintiere und Fische.

VORKOMMEN Lakkadiven und Malediven bis SW-Japan, Westmikronesien, Neukaledonien und Fidschi.

SCHEINSCHNAPPER — NEMIPTERIDAE

Scheinschnapper sind Intervallschwimmer: Sie schwimmen ein Stück, schweben dann bewegungslos über dem Grund, schnappen nach wirbellosen Kleintieren, teils auch Fischen des Bodens, schwimmen wieder ein Stück, suchen mit Augen den Grund nach Nahrung ab, bleiben wieder eine Weile stehen. Gebietsweise sind sie wichtige Speisefische.

Monokel-Scheinschnapper — *Scolopsis temporalis*

Zwei blaue Querstreifen auf der Schnauze. Schwarzer Fleck über dem hinteren Augenrand. Sehr ähnlich *S. monogramma* (ab Andamanensee ostwärts).

GRÖSSE 40 cm

BIOLOGIE Über Sandflächen von Lagunen und Küstenriffen, 5–35 m. Schwimmt gewöhnlich einzeln, auch in kleinen Gruppen.

VORKOMMEN Sulawesi und Molukken, bis PNG, Salomonen und Fidschi.

Braunstreifen-Scheinschnapper — *Scolopsis affinis*

Beige bis blassbraungrau. Gelblicher Schwanz. Juvenile mit dunkelbraunem Längsstreifen.

GRÖSSE 30 cm

BIOLOGIE Über Sand- und Geröllböden in Lagunen und Küstenriffen, 3–35 m. Schwimmt einzeln oder in kleinen lockeren Gruppen.

VORKOMMEN Andamanensee bis SW-Japan, Palau, Salomonen und GBR.

Silberstreifen-Scheinschnapper — *Scolopsis ciliata*

Weißer Längsstreifen unterhalb der Rückenflossenbasis. An der Seite einige Schuppenreihen mit gelben Punkten.

GRÖSSE 20 cm

BIOLOGIE Über Sand- und Schlammflächen von Lagunen und geschützten Küstenriffen, 2–20 m. Schwimmt einzeln oder in kleinen lockeren Gruppen.

VORKOMMEN Andamanensee bis SW-Japan, Palau, Yap, Salomonen und Vanuatu.

Perlen-Scheinschnapper
—Scolopsis margaritifer

Rücken mit dunkelrandigen Schuppen. Untere Seitenhälfte mit gelben Punktreihen.
GRÖSSE 25 cm
BIOLOGIE Bewohnt Sand- und Geröllflächen von Lagunen und Küstenriffen, 2–25 m. Frisst wirbellose Bodentiere wie Borstenwürmer, Mollusken und daneben auch kleine Fische.
VORKOMMEN Sumatra bis Taiwan, Palau, Vanuatu und Nordaustralien.

Emerys Scheinschnapper
—Pentapodus emeryii

Blau mit zwei gelben Längsstreifen, der obere dünner als der untere. Adulte mit 2 langen Schwanzflossenfilamenten.
GRÖSSE 30 cm
BIOLOGIE Bewohnt Küstenriffe, 3–35 m. Einzeln oder in kleinen Gruppen. Scheue Art.
VORKOMMEN NW-Australien über Ostindonesien bis Philippinen.

Ghanam-Scheinschnapper
—Scolopsis ghanam

Weißlich mit dunklen Rückenstreifen.
GRÖSSE 18 cm
BIOLOGIE Meist über sandigen Arealen von Buchten und geschützten Außenriffen, 1–20 m. Häufige Art, nicht scheu. Ernährt sich von wirbellosen Bodentieren. Schwimmt gern neben Meerbarben, um freigelegte Beutetiere zu schnappen.
VORKOMMEN Rotes Meer, Ostafrika bis Madagaskar, Arabischer Golf bis Andamanensee.

Neon-Scheinschnapper
—Scolopsis xenochrous

Kurzer blauer, dunkelrandiger Diagonalstreifen oberhalb der Brustflosse. Blauer Schrägstrich am oberen Augenrand.
GRÖSSE 25 cm
BIOLOGIE Bewohnt Lagunen, Küstenriffe und küstenferne Außenriffe, 5–50 m. Einzeln oder in lockeren Gruppen über Sand- und Geröllflächen. Frisst wirbellose Bodentiere.
VORKOMMEN Malediven und Andamanensee bis Taiwan, Australien und Salomonen.

Weißwangen-Scheinschnapper
—Scolopsis vosmeri

Rotbraun mit weißer Binde am Hinterkopf. Schwanz gelb oder weißlich.
GRÖSSE 25 cm
BIOLOGIE Bewohnt Sand-, Geröll- und Schlammflächen von Küstenriffen, 2–40 m. Schwimmt einzeln oder paarweise. Frisst wirbellose Bodentiere.
VORKOMMEN Rotes Meer, Arabischer Golf und Ostafrika bis SW-Japan, GBR und PNG.

Dreistreifen-Scheinschnapper
—Pentapodus trivittatus

Grau mit weißem Bauch und Kinn. Vom hinteren unteren Augenrand zieht ein dunkler Streifen bis zum hinteren Kiemendeckelrand. Farbvariante einheitlich blassgrau mit gelbem Fleck am Hinterkörper.
GRÖSSE 25 cm
BIOLOGIE Bewohnt Lagunen und geschützte Küstenriffe, 3–30 m.
VORKOMMEN Malaysia bis Philippinen, Karolinen und Salomonen.

MEERBRASSEN — SPARIDAE

Meerbrassen sind im Indopazifik nur mit wenigen Arten vertreten und hier relativ scheu, sodass man sich ihnen nur schwer annähern kann. Viel arten- und individuenreicher sind sie in Atlantik, Karibik und Mittelmeer, wo sie auch eine ökologisch wichtigere Rolle spielen.

Doppelband-Meerbrasse — *Acanthopagrus bifasciatus*

Am Kopf 2 schwarze Streifen, Rücken-, Schwanz- und Brustflossen gelb.

GRÖSSE 50 cm

BIOLOGIE Bewohnt Riffhänge, tiefe Lagunen, Buchten und Außenriffe, 1–20 m. Wachsame und scheue Art, gebietsweise jedoch regelmäßig zu sehen. Geht bei Hochwasser auch auf Riffdächer, bevorzugt auch an und vor Außenriffen mit Wellengang und Brandung. Schwimmt einzeln oder in kleinen Gruppen.

VORKOMMEN Rotes Meer, Arabischer Golf, Ostafrika und Mauritius.

MEERÄSCHEN — MUGILIDAE

Diese Familie ist weltweit in tropischen und subtropischen Meeren vertreten, einige auch in Brack- und Süßwasser. Ziehen in lockeren Gruppen umher, weiden feine Algen und Detritus vom Boden ab. Bei Korallenriffen sind nur wenige Arten zu sehen, und die auch nur selten.

Stumpfmaul-Meeräsche — *Crenimugil crenilabis*

Schwarzer Punkt am Brustflossenansatz.

GRÖSSE 55 cm

BIOLOGIE In Lagunen, Ästuaren, Häfen, 0,5–15 m. Wandert ufernah in kleinen Schulen die Küsten entlang, öfter auch an Korallenriffhängen. Weidet Algen ab und frisst dabei auch verschiedene kleine Wirbellose.

VORKOMMEN Rotes Meer und Ostafrika bis SW-Japan, Line I., SO-Australien und Frz.-Polynesien.

BEILBAUCHFISCHE — PEMPHERIDAE

Beilbauchfische sind generell nachtaktiv und jagen dann Zooplankton im freien Wasser. Den Tag verbringen sie meist an geschützten Standorten, besonders an Höhlen, Spalten, unter Überhängen, im Schutz großer Korallenblöcke oder auch in Wracks. Die bräunlichen Pempherisarten sind seitlich stark abgeflacht, hochrückig und haben den typischen »Beilbauch«. Die Parapriacanthusarten dagegen haben einen gestreckten Körper.

Indischer Glasfisch — *Parapriacanthus ransonneti*

Kopf gelblich grün. Körper durchscheinend, hellbräunlich grau.

GRÖSSE 10 cm

BIOLOGIE In Lagunen, Buchten und geschützten Bereichen von Außenriffen, 0,5–40 m. Nicht scheu. Tagsüber in dichten, stationären Schwärmen, meist unter Überhängen, in Höhlungen oder Spalten. Nachts einzeln, frisst dann über dem Riff Zooplankton.

VORKOMMEN Rotes Meer bis Südafrika, Golf von Oman, SW-Japan, Marshall-I., Neukaledonien, Fidschi.

Kupfer-Beilbauchfisch
—*Pempheris oualensis*

Vorderrand und Spitze der Rückenflosse schwarz. Basis der Brustflosse mit schwarzem Fleck.
GRÖSSE 22 cm
BIOLOGIE In klaren Lagunen und an Außenriffen, 2–35 m. Tagsüber in Schulen an geschützten Stellen wie Überhänge und Höhlen. Verteilt sich zur nächtlichen Nahrungssuche nach Plankton- und kleinen Bodentierchen.
VORKOMMEN Rotes Meer bis SW-Japan, Mikronesien und Frz.-Polynesien.

Gallica-Beilbauchfisch
—*Pempheris schwenkii*

Schwarzer Fleck an der Spitze der Rückenflosse. Brustflosse transparent rötlich, Schwanzflosse rötlich braun.
GRÖSSE 14 cm
BIOLOGIE In Fels- und Korallenriffen, Lagunen und Außenriffen, 1–40 m. Tagsüber gruppenweise in geschützten Bereichen.
VORKOMMEN Rotes Meer bis Ostafrika und westlicher Indischer Ozean

Schwarzrand-Beilbauchfisch
—*Pempheris vanicolensis*

Spitze der Rückenflosse dunkel. Schwanz- und Afterflosse mit schwarzem Saum.
GRÖSSE 20 cm
BIOLOGIE In Lagunen, Buchten und geschützten Außenriffen, 2–40 m. Am Tag in Ansammlungen meist unter Überhängen und in Höhlen. Geht nachts einzeln auf Nahrungssuche, frisst Planktontierchen und kleine Fische.
VORKOMMEN Rotes Meer und Golf von Oman bis Mosambik, Philippinen und Samoa.

MEERBARBEN — MULLIDAE

Meerbarben tragen als typisches Merkmal am Kinn zwei lange Barteln. Diese können in eine Kehlgrube unter dem Kinn zurückgelegt werden, etwa beim Schwimmen, und sind dann kaum zu sehen. Die Barteln sind Tastorgane, besonders reich an Geschmacksknospen und dienen dem Auffinden von Nahrung. Meerbarben stöbern Krebse, Weichtiere, Würmer, Schlangensterne und Fische mit vorgestreckten Bartfäden im Sandboden auf, wühlen ihre Beute oft auch tiefer aus dem Grund hervor. Oft werden sie dabei von anderen Fischen wie Schnapper, oder Lippfischen begleitet, die von der Wühltätigkeit aufgeschreckte Tiere zu erbeuten hoffen. Meerbarben können tag- und nachtaktiv sein. Sie ziehen manchmal einzeln, häufig aber gesellig in kleinen Trupps umher.

Zitronen-Barbe — *Parupeneus cyclostomus*

Purpurblau, grünlich und blaugrau. Schwanzstiel oft mit gelblichem Sattel. Eine einfarbig gelbe Variante ist nicht selten.

GRÖSSE 50 cm

BIOLOGIE In Lagunen und Außenriffen, über Korallen-, Sand- und Geröllgrund, 2–95 m. Zieht einzeln oder in kleinen Trupps umher. Frisst vor allem kleine Fische, kann diese mit ihren Barteln aus ihren Verstecken treiben.

VORKOMMEN Rotes Meer, Ostafrika bis SW-Japan und Pitcairn.

Rotmeer-Barbe
—Parupeneus forsskali

Schwarzer Seitenstreifen und schwarzer Punkt auf dem Schwanzstiel.
GRÖSSE 28 cm
BIOLOGIE In Lagunen und geschützten Außenriffen, 1–30 m. Häufig. Kaum scheu. Sucht tagsüber Sand- und Geröllböden nach wirbellosen Kleintieren ab. Wird dabei oft von anderen Fischen begleitet.
VORKOMMEN Rotes Meer und Golf von Aden.

Vielstreifen-Barbe
—Parupeneus multifasciatus

Färbung sehr variabel von hellgraubräunlich bis dunkel purpurrot. Kurzer, dunkler Streifen hinter dem Auge und zwei dunkle Flecken am Hinterkörper.
GRÖSSE 30 cm
BIOLOGIE In Lagunen und Außenriffen, über Korallen-, Sand- und Geröllböden, 3–140 m. Tagsüber einzeln oder in kleinen lockeren Trupps auf Nahrungssuche.
VORKOMMEN Cocos Keeling und Christmas I. bis Südjapan, Hawaii und Pitcairn.

Schwarzfleck-Barbe
—Parupeneus pleurostigma

Hellgrau mit Purpurschimmer bis gelblich oder hellrötlich. An der Seite ein großer schwarzer Fleck, gefolgt von einem weißen Bereich. Foto: Nachtfärbung. Schwanzstiel meist mit bläulicher Punktreihe.
GRÖSSE 33 cm
BIOLOGIE Über riffnahem Sand- und Geröllgrund, 3–40 m. Auch über Fels und Seegraswiesen. Gewöhnlich einzeln.
VORKOMMEN Ostafrika bis SW-Japan, Hawaii und Frz.-Polynesien.

Kurzstreifen-Barbe
—Parupeneus macronema

Basis der zweiten Rückenflosse mit schwarzem Streifen. Schwarzer Streifen vom Auge bis Hinterkörper, schwarzer Fleck auf Schwanzstiel.
GRÖSSE 30 cm
BIOLOGIE Bewohnt Lagunen, Buchten und Außenriffe, 3–35 m. Häufig und wenig scheu. Streift in Korallennähe einzeln oder in kleinen Trupps über Sand- und Geröllareale auf der Suche nach wirbellosen Bodentieren.
VORKOMMEN Rotes Meer und Ostafrika bis Philippinen und Neuguinea.

Gelbflossen-Barbe
—Mulloidichthys vanicolensis

Gelber Rücken, gelber Längsstreifen vom Auge bis Schwanzbasis, gelbe Flossen.
GRÖSSE 38 cm
BIOLOGIE In Lagunen und Außenriffen, 1–50 m. Häufig und wenig scheu. Schwebt tagsüber oft in großen Ansammlungen an Riffhängen und großen Korallenformationen. Geht nachts einzeln auf Nahrungssuche, frisst wirbellose Bodentiere.
VORKOMMEN Rotes Meer und Ostafrika bis Südjapan, Hawaii und Osterinseln.

Doppelband-Barbe
—Parupeneus crassilabris

Zwei dunkle Sattelflecken, der erste reicht nach unten nicht über die Brustflosse hinaus. Kleiner dunkler Fleck am Auge. Purpurne Variante weniger kontrastreich.
GRÖSSE 35 cm
BIOLOGIE In Lagunen und Außenriffen, 2–80 m. Einzeln, nicht scheu. Ruht bewegungslos auf Korallen oder Felsgrund. Frisst wirbellose Bodentiere.
VORKOMMEN Östlicher Indik bis SW-Japan, Philippinen, Neukaledonien und Tonga.

Mittelstreifen-Barbe
—Upeneus tragula

Rötlich brauner, oft unterbrochener Seitenstreifen. Schwanzflosse mit dunklen Streifen.
GRÖSSE 30 cm
BIOLOGIE Auf sandigen bis schlammigen Arealen, oft in trüben Lagunen, Buchten und geschützten Außenriffen, 1–20 m. Streift einzeln oder in kleinen Trupps umher auf der Suche nach bodenlebenden Wirbellosen.
VORKOMMEN Rotes Meer und Ostafrika bis Südjapan, Vanuatu und Neukaledonien.

Mittelstreifen-Barben können rasch ihre Färbung ändern von blassbeige (Bild oben) nach kräftigrot (Bild unten).

Indischer Rippen-Falterfisch — *Chaetodon trifasciatus*

Basis der Schwanzflosse orange. Beim sehr ähnlichen *C. lunulatus* ist sie blassbläulich.

GRÖSSE 15 cm

BIOLOGIE In korallenreichen Lagunen und geschützten Außenriffen, 2–20 m. Durchstreift paarweise ein Heimrevier, das aggressiv verteidigt wird. Frisst ausschließlich Korallenpolypen, darunter besonders von Pocillopora-Korallen.

VORKOMMEN Ostafrika bis Golf von Bengalen und Bali.

FALTERFISCHE — CHAETODONTIDAE

Falterfische, es gibt weltweit etwa 120 Arten, sind durchweg tagaktiv. Ihr hoher, seitlich stark abgeflachter, nahezu scheibenförmiger Körper ist ideal für geschicktes Manövrieren zwischen den Korallen. Die Nacht verbringen sie versteckt zwischen Korallenästen und den Spalten des Riffs. Viele leben in Paaren, einige dauerhaft, anderen weniger fest, sie schwimmen öfter auch einzeln. Manche Arten bilden große Ansammlungen oder Schwärme, wohl als Schutz vor Räubern, da sie im freien Wasser vor dem Riff nach Zooplankton schnappen. Die meisten ernähren sich jedoch von bodenlebenden Riffbewohnern. Manche sind Spezialisten und zupfen vorwiegend Polypen von Stein- oder von Weichkorallen ab, andere mit größerem Nahrungsspektrum fressen Kleinkrebse, Würmer, Fischeier und Fadenalgen. Zum Sozialverhalten gehört das Besetzen von Heimrevieren und deren Verteidigung gegenüber Artgenossen. Dies kann sehr vehement erfolgen, beschränkt sich jedoch meist auf ritualisierte Verhaltensweisen. Viele Jungfische, auch einige Erwachsene, tragen im hinteren Körperbereich Augenflecken. Auch ist das echte Auge häufig durch einen dunklen Streifen getarnt. Beides soll wohl Raubfische irritieren.

Pazifischer Rippen-Falterfisch
—Chaetodon lunulatus

Orangerote Afterflosse, Ansatz der Schwanzflosse weißlich bis hell bläulich. Sehr ähnlich: *C. trifasciatus* mit orange Schwanzflossenbasis
GRÖSSE 15 cm
BIOLOGIE Bevorzugt korallenreiche Küstenriffe und Lagunen, 2–20 m. Schwimmt paarweise durch ein Heimrevier, frisst ausschließlich Korallenpolypen.
VORKOMMEN NW-Australien bis Südjapan, Hawaii und Frz.-Polynesien.

Panda-Falterfisch
—Chaetodon adiergastos

Dunkelgraue Diagonalstreifen, ovaler, schwarzer »Panda«-Fleck ums Auge, kleiner schwarzer Stirnfleck.
GRÖSSE 16 cm
BIOLOGIE Bewohnt neben korallenreichen Außenriffen gebietsweise auch leicht trübe, korallenarme Küstenriffe, 3–25 m. Meist paarweise, gelegentlich auch in Gruppen
VORKOMMEN Malaysia und Java bis Philippinen, SW-Japan und NW-Australien.

Vagabund-Falterfisch
—Chaetodon vagabundus

Schwarzer Querstreifen am hinteren Körperrand reicht nicht ganz hinein in die hintere Rückenflosse.
GRÖSSE 23 cm
BIOLOGIE In Küsten- und Außenriffen, auch in trüben Wasser mit versandeten Arealen, 1–30 m. Häufig paarweise. Frisst Borstenwürmer, Anemonen, Korallenpolypen und Algen.
VORKOMMEN Ostafrika bis SW-Japan, Mikronesien und Frz.-Polynesien.

Schwarzflossen-Falterfisch
—*Chaetodon decussatus*

Schwarzer Streifen bedeckt hintere Rückenflosse.
GRÖSSE 20 cm
BIOLOGIE In korallenreichen Riffen sowie in versandeten, trüben Arealen mit Geröll und Fels, 1–30 m. Juvenile einzeln, Adulte meist in Paaren und mit Heimrevier. Frisst vorwiegend Korallenpolypen und Algen.
VORKOMMEN Oman, Malediven, Sri Lanka und Andamensee bis Bali, Timor und NW-Australien.

Sparren-Falterfisch
—*Chaetodon trifacialis*

Winkelförmige Streifen. Schwanz schwarz mit gelben Rand.
GRÖSSE 18 cm
BIOLOGIE In korallenreichen Riffen, 2–30 m. Einzeln oder paarweise. Sehr territorial, verteidigt Revier gegenüber Artgenossen und anderen korallenfressenden Falterfischen. Oft bei Geweih- oder Tischkorallen, frisst deren Polypen und Schleim.
VORKOMMEN Rotes Meer bis Südafrika, Südjapan, Hawaii und Frz.-Polynesien.

Fähnchen-Falterfisch
—*Chaetodon auriga*

Hinterkörper gelb, Rückenflosse mit Filament. Im Roten Meer ohne schwarzem Fleck in Rückenflosse.
GRÖSSE 23 cm
BIOLOGIE Über Korallen-, Geröll- oder Algengründe in Korallenriffen, 1–40 m. Häufig, nicht scheu. Einzeln, paarweise oder in kleinen Gruppen. Zupft kleine Stückchen von Anemonen, Korallenpolypen, Borstenwürmern und Algen ab.
VORKOMMEN Rotes Meer, Ostafrika bis S-Japan, Hawaii und Frz.-Polynesien.

Schwarzrücken-Falterfisch —*Chaetodon melannotus*

Rücken und Schwanzwurzel schwarz. Ähnlich: *C. ocellicaudus*, mit isoliert stehendem Schwanzstil-Fleck.

GRÖSSE 15 cm

BIOLOGIE In korallenreichen Riffen, Lagunen, Buchten und Außenriffen, 1–20 m. Schwimmt einzeln oder paarweise durch ein großes Heimrevier. Frisst Polypen von Stein- und Weichkorallen.

VORKOMMEN Rotes Meer und Ostafrika bis Südjapan, Mikronesien und Samoa.

Schwanzfleck-Falterfisch —*Chaetodon ocellicaudus*

Deutlich abgesetzter schwarzer Fleck auf dem Schwanzstiel. Ähnlich: *C. melannotus*, schwarzer Fleck verschmilzt jedoch mit schwarzem Rückenbereich.

GRÖSSE 14 cm

BIOLOGIE In korallenreichen Lagunen, häufiger jedoch an Außenriffhängen und in Kanälen, 3–50 m. Streift meist paarweise umher, ernährt sich von Stein- und Weichkorallenpolypen.

VORKOMMEN Malaysia bis Philippinen, Palau, Neuguinea und GBR.

Tüpfel-Falterfisch —*Chaetodon guttatissimus*

Blass cremefarben mit zahlreichen dunklen Punkten, Rückenflosse mit gelbem Rand.

GRÖSSE 12 cm

BIOLOGIE Bewohnt Lagunen und Außenriffe, 3–30 m. Einzeln oder in Paaren, ernährt sich vorwiegend von Korallenpolypen, Borstenwürmern und Algen.

VORKOMMEN Ostafrika bis Malediven, Christmas I., Bali und Andamanensee.

Gepunkteter Falterfisch
—Chaetodon citrinellus

Afterflosse mit schwarzem Randsaum.
GRÖSSE 13 cm
BIOLOGIE In Küsten- und Außenriffen, gern in geringen Tiefen und in offenen Arealen mit verstreutem Korallenbewuchs, 1–30 m. Meist paarweise, frisst Korallenpolypen, wirbellose Kleintiere und Algen.
VORKOMMEN Ostafrika bis Südjapan, Hawaii, Marquesa I./Frz.-Polynesien.

Günthers Falterfisch
—Chaetodon guentheri

Zahlreiche in Reihen angeordnete dunkle Punkte. Gelber Bereich am Hinterkörper bis über den Rücken.
GRÖSSE 14 cm
BIOLOGIE Bevorzugt an korallenreichen Außenriffhängen, auch in Felsriffen, 3 bis über 40 m.
VORKOMMEN Bali bis SW-Japan, Neuguinea und GBR.

Punktstreifen-Falterfisch
—Chaetodon punctatofasciatus

Dunkle Querstreifen in oberer Körperhälfte, viele dunkle Punkte im Bereich der Schwanzbasis.
GRÖSSE 12 cm
BIOLOGIE Bevorzugt klare, korallenreiche Lagunen und Außenriffe, 1–40 m. Meist in Paaren. Frisst Fadenalgen, Korallenpolypen und bodenlebende Wirbellose.
VORKOMMEN Christmas I. und Rowley Shoals bis SW-Japan, Line I. und GBR.

Halsband-Falterfisch —*Chaetodon collare*

Dunkel grau-olivgrün, weißes »Halsband«, Adulte mit roter Schwanzbasis.

GRÖSSE 16 cm

BIOLOGIE An Küsten- und korallenreichen Außenriffen, 2–20 m. Paarweise oder in kleinen Gruppen. Nicht scheu. Frisst Korallenpolypen und Borstenwürmer, gelegentlich auch Algen.

VORKOMMEN Golf von Aden, Golf von Oman und Malediven bis Ostindonesien und Philippinen.

MITTE Halsband-Falterfische schweben tagsüber häufig in weithin sichtbaren kleinen bis größeren, inaktiven Ansammlungen vor Korallenköpfen.

Schwarzstreifen-Falterfisch —*Chaetodon meyeri*

Bläulich weiß mit schwarzen gekurvten Streifen.

GRÖSSE 18 cm

BIOLOGIE Lebt in korallenreichen Lagunen und Außenriffen, 2–25 m. Adulte schwimmen gewöhnlich in Paaren durch ihr Heimrevier. Juvenile meist einzeln und in Geweihkorallen. Ernährt sich ausschließlich von Korallenpolypen.

VORKOMMEN Ostafrika, Malediven, Golf von Bengalen bis Philippinen, SW-Japan, Line I. und GBR.

Orangestreifen-Falterfisch
—Chaetodon ornatissimus

Meist sechs orangefarbene Diagonalstreifen, schwarzer Streifen in Schwanzflosse.
GRÖSSE 20 cm
BIOLOGIE Häufig an Außenriffhängen, seltener auch in Lagunen, 1–40 m. Jungtiere einzeln und meist zwischen Astkorallen anzutreffen. Adulte streifen paarweise durch ihr Heimrevier. Frisst Korallenpolypen und -schleim.
VORKOMMEN Malediven bis SW-Japan, Hawaii und Frz.-Polynesien.

Andaman-Falterfisch
—Chaetodon andamanensis

Gelb mit schwarzem Augenstreifen, schwarzem Fleck auf der Schwanzwurzel.
GRÖSSE 15 cm
BIOLOGIE Bewohnt Küsten- und Außenriffe, 8–40 m. Diese Art wurde früher als eine lokale Variante des Azurfleck-Falterfisches (C. plebeius) in der Andamanensee aufgeführt, welcher der blaue Fleck fehlt. Es handelt sich jedoch um eine eigenständige Art.
VORKOMMEN Malediven, Sri Lanka und Andamanensee bis Sumatra.

Gelbkopf-Falterfisch
—Chaetodon xanthocephalus

Schnauze, Kehle, Rücken- und Afterflosse gelborange.
GRÖSSE 20 cm
BIOLOGIE In flachen, korallenreichen Riffen ebenso wie in Felsarealen mit Algenbewuchs, 2–25 m. Kaum scheu. Durchstreift oft einzeln, teils auch paarweise das Riff.
VORKOMMEN Ostafrika bis Mauritius, Chagos, Malediven und Sri Lanka.

Blaustirn-Falterfisch
— Chaetodon semeion

Blaue Stirn. Rückenflosse mit Filament.

GRÖSSE 24 cm

BIOLOGIE In Lagunen und Außenriffen mit reichem Korallenbewuchs, 2–50 m. Nicht häufig. Scheu. Schwimmt gewöhnlich paarweise durchs Riff, gelegentlich auch in kleinen Gruppen. Frisst wirbellose Kleintiere des Bodens.

VORKOMMEN Malediven bis SW-Japan, Mikronesien und Frz.-Polynesien.

Bennetts Falterfisch
— Chaetodon bennetti

Blau umrandeter schwarzen Fleck. 2 blaue Diagonalstreifen.

GRÖSSE 18 cm

BIOLOGIE Bevorzugt korallenreiche Lagunen und Außenriffe, 3–30 m. Einzeln oder paarweise. Frisst Korallenpolypen und andere wirbellosen Bodentieren. Jungtiere oft zwischen den Ästen von Acropora-Geweihkorallen.

VORKOMMEN Ostafrika, Malediven bis Südjapan, Neuguinea und Pitcairn.

Doppelsattel-Falterfisch
— Chaetodon ulietensis

Hinten gelb mit schwarzem Schwanzwurzel-Fleck. 2 dunkle, diffuse Sattelflecken.

GRÖSSE 15 cm

BIOLOGIE Bewohner korallenreicher Lagunen und Außenriffe, 2–30 m. Lebt einzeln, in Paaren oder kleinen Gruppen. Frisst verschiedene Kleintiere und Pflanzenmaterial.

VORKOMMEN Cocos Keeling und Malaysia bis Südjapan, Mikronesien und Frz.-Polynesien.

Gestreifter Riesen-Falterfisch —*Chaetodon lineolatus*

Bogenförmiges schwarzes Band von Rückenmitte bis zum Ansatz der Afterflosse.
GRÖSSE 30 cm
BIOLOGIE Größter Falterfisch. In korallenreichen Lagunen und Außenriffen, 2 bis über 50 m (170 m). Einzeln oder in Paaren, beansprucht große Heimreviere. Frisst vorwiegend Korallenpolypen, Anemonen, wirbellose Kleintiere und Algen.
VORKOMMEN Rotes Meer und Ostafrika bis Südjapan, Mikronesien und Frz.-Polynesien.

Tränentropfen-Falterfisch —*Chaetodon unimaculatus*

Weiß mit gelbem Rücken und schwarzem, tränenförmigen Fleck, Schwanzflosse weißlich bis transparent.
GRÖSSE 20 cm
BIOLOGIE In klaren Lagunen und Außenriffen, 5–60 m. Einzeln oder in kleinen, lockeren Gruppen. Frisst Polypen von Stein- und Weichkorallen, Borstenwürmer, Kleinkrebse und Fadenalgen.
VORKOMMEN Indonesien und Philippinen bis SW-Japan, Hawaii und Frz.-Polynesien.

Indischer Tränentropfen-Falterfisch —*Chaetodon interruptus*

Gelb mit schwarzem, tränenförmigen Fleck, Schwanzflosse weißlich bis transparent.
GRÖSSE 20 cm
BIOLOGIE Korallenreiche Lagunen und Außenriffe, 10–40 m. Einzeln, paarweise oder in kleinen Gruppen. Frisst Stein- und Weichkorallen, dazu Borstenwürmer, kleine Krebstiere und Fadenalgen.
VORKOMMEN Ostafrika bis Andamanensee und Sumatra.

Malaiischer Falterfisch —*Chaetodon speculum*

Gelb mit schwarzer Augenbinde und großem schwarzen Fleck auf Rückenmitte. Gelbe Schwanzflosse mit transparentem Endsaum.
GRÖSSE 18 cm
BIOLOGIE In klaren Lagunen und Außenriffen mit reichem Korallenbewuchs, 3–30 m. Weniger häufige Art, streift meist einzeln durchs Riff. Ernährt sich von Korallenpolypen und wirbellosen Bodentieren.
VORKOMMEN Malaysia und Christmas I. bis SW-Japan, Neuguinea und Tonga.

Keilfleck-Falterfisch —*Chaetodon falcula*

Zwei große, keilförmige schwarze Sattelflecken. Schwanzbasis mit schwarzem Streifen.
GRÖSSE 20 cm
BIOLOGIE In korallenreichen Lagunen und Außenriffen, oft im Bereich von Riffkante und oberem Riffhang, 1–15 m. Meist paarweise, teils auch in kleinen Gruppen. Wenig scheu. Frisst vorwiegend wirbellose Kleintiere.
VORKOMMEN Ostafrika bis Mauritius, Chagos, Malediven, Sri Lanka und Andamanensee.

Azurfleck-Falterfisch —*Chaetodon plebeius*

Länglicher blauem Seitenfleck. Augenfleck auf Schwanzwurzel.
GRÖSSE 15 cm
BIOLOGIE Flache Lagunen, Küsten- und Außenriffe, 2–15 m. Frisst vorwiegend Polypen von Acropora-Korallen, pickt gelegentlich auch Parasiten von der Haut anderer Fische. Meist paarweise. Jungtiere zwischen ästigen Korallen.
VORKOMMEN Andamanensee bis SW-Japan, Palau, Neuguinea, Fidschi und Tonga.

Kleins Falterfisch
—Chaetodon kleinii

Schwarze Lippen, gelbe Schwanzflosse mit transparentem Hinterrand.
GRÖSSE 14 cm
BIOLOGIE In Fels- und Korallenriffen, 3–60 m. Einzeln, paarweise oder in lockeren Gruppen bis über zwei Dutzend Tieren. Frisst Polypen von Weichkorallen (besonders Sarcophyton und Litophyton), Algen, Zooplankton und wirbellose Kleintiere des Bodens.
VORKOMMEN Ostafrika und Malediven bis SW-Japan, Hawaii und Samoa.

Indischer Baroness-Falterfisch
—Chaetodon triangulum

Schwarzes Dreieck in Schwanzflosse. Ähnlich: *C. baronessa* mit graugelblichem Schwanz.
GRÖSSE 15 cm
BIOLOGIE In Lagunen und Außenriffen, 3–25 m. Territorial, meist bei Acropora-Tischkorallen, ernährt sich vorwiegend von deren Polypen. Juvenile einzeln. Adulte paarweise und wenig scheu.
VORKOMMEN Madagaskar bis Malediven, Golf von Bengalen, Andamanensee und Java.

Mondsichel-Falterfisch
—Chaetodon lunula

Schwarze Augenmaske, weißes Stirnband, schwarzer Fleck am Schwanzansatz.
GRÖSSE 20 cm
BIOLOGIE In Lagunen und Außenriffen, häufig an exponierten Riffhängen, 1–30 m. Meist paarweise, tagsüber auch in größeren, inaktiven Ansammlungen. Frisst Korallenpolypen, Algen, wirbellose Kleintiere, zupft auch Tentakel von Röhrenwürmern.
VORKOMMEN Ostafrika bis SW-Japan, Hawaii, Galapagos und Ducie I.

Großschuppen-Falterfisch
—Chaetodon rafflesi

Gelb mit Netzmuster aus grauen Linien, blaue Stirn.
GRÖSSE 15 cm
BIOLOGIE Vorwiegend in korallenreichen Arealen von Lagunen, geschützten Innen- und Außenriffen, 2–15 m. Nicht häufig, streift teils einzeln, oft paarweise durch das Riff und frisst neben Borstenwürmern und Anemonen auch Polypen von Stein- und Weichkorallen.
VORKOMMEN Sri Lanka bis Südjapan, Neuguinea und Frz.-Polynesien.

Sattelfleck-Falterfisch
—Chaetodon ephippium

Großer, von einem weißen Streifen abgesetzter schwarzer Fleck am oberen Hinterkörper.
GRÖSSE 23 cm
BIOLOGIE In korallenereichen Lagunen und Außenriffen, bis 30 m. Streift einzeln, in Paaren oder kleinen Gruppen durch das Riff. Zu seiner Nahrung gehören wirbellose Kleintiere, Schwämme, Korallenpolypen, Fischeier und Fadenalgen.
VORKOMMEN Sri Lanka und Cocos Keeling bis SW-Japan, Hawaii und Frz.-Polynesien.

Madagaskar-Falterfisch
—Chaetodon madagascariensis

Winkelmuster. Schwarzer, weiß umrandeter Stirnfleck.
GRÖSSE 14 cm
BIOLOGIE Bevorzugt korallenreiche Außenriffe und Lagunen, 3–35 m. Gewöhnlich paarweise. Frisst wirbellose Bodentiere und Algen.
VORKOMMEN Ostafrika, Madagaskar, Maskarenen bis Chagos, Malediven, Seychellen, Sri Lanka, Andamanensee und Christmas I.

Achtbinden-Falterfisch
—*Chaetodon octofasciatus*

Schwarze Querstreifen. Farbvariante mit weißlicher Grundfärbung.
GRÖSSE 12 cm
BIOLOGIE In korallenreichen Lagunen und geschützten Küstenriffen, auch in trübem Wasser, 3–20 m. Juvenile gruppenweise zwischen ästigen Acropora-Korallen, Adulte meist paarweise. Frisst ausschließlich Korallenpolypen.
VORKOMMEN Malediven, Andamanensee bis SW-Japan, Palau und Salomonen.

Gelber Pyramiden-Falterfisch
—*Hemitaurichthys polylepis*

Weiße pyramidenförmige Fläche und zwei gelbe Sattelflecken am Rücken.
GRÖSSE 18 cm
BIOLOGIE Bevorzugt strömungsexponierte Außenriffhänge, 3–50 m. Meist in großen Ansammlungen und oft etliche Meter vom Riff entfernt, um im freien Wasser Zooplankton zu schnappen.
VORKOMMEN Cocos Keeling und Christmas I. bis SW-Japan, Hawaii und Pitcairn.

Schwarzer Pyramiden-Falterfisch
—*Hemitaurichthys zoster*

Breites weißes Mittelband, Vorder- und Hinterkörper braun bis schwärzlich.
GRÖSSE 16 cm
BIOLOGIE An strömungsreichen Außenriffhängen und Riffkanälen, 1–40 m. Wenig scheu. Oft in großen Ansammlungen an Drop-off-Kanten und vor Steilhängen. Erbeutet im Freiwasser Zooplankton.
VORKOMMEN Ostafrika bis Mauritius, Malediven bis Andamanensee und W-Sumatra.

Röhrenmaul-Pinzettfisch
—*Forciper flavissimus*

Lange Schnauze, weiße Brust ohne schwarze Punkte.
GRÖSSE 22 cm
BIOLOGIE Bevorzugt an Außenriffen, 2–114 m. Häufig. Hat von allen Falterfischen das größte Verbreitungsgebiet. Einzeln, paarweise oder in kleinen Gruppen. Frisst Kleinkrebse, zupft auch Füßchen von Seesternen, Greifärmchen von Seeigeln und Tentakeln von Borstenwürmern ab.
VORKOMMEN Rotes Meer und Ostafrika bis SW-Japan, Mittelamerika und Osterinseln.

Langmaul-Pinzettfisch
—*Forcipiger longirostris*

Extrem lange Röhrenschnauze, weiße Brust mit schwarzen Punkten.
GRÖSSE 22 cm
BIOLOGIE An korallenreichen Außenriffen, bevorzugt an steilen Hängen, 5–60 m. Nicht häufig, schwimmt einzeln oder paarweise durchs Riff und frisst sehr kleine Wirbellose, besonders Krebstierchen, die er im Ganzen mit dem Röhrenmaul einsaugt.
VORKOMMEN Ostafrika bis SW-Japan, Hawaii und Frz.-Polynesien.

Fünfbinden-Falterfisch
—*Parachaetodon ocellatus*

Fünf dunkle bis orange-braune Querbinden und ein Fleck oben in der vorletzten Querbinde.
GRÖSSE 18 m
BIOLOGIE Bevorzugt geschützte, auch versandete Küstenriffe. 5–50 m. Einzeln oder paarweise, Adulte gelegentlich auch in Gruppen.
VORKOMMEN Indien, Sri Lanka bis SW-Japan, Philippinen, Fidschi und Ostaustralien.

Doppelaugen-Coradion
—*Coradion melanopus*

Je ein Augenfleck in hinterer Rücken- und in Afterflosse.
GRÖSSE 15 cm
BIOLOGIE In Küsten- und Außenriffen, meist an Riffhängen in 10–30 m. Schwimmt oft paarweise und in der Nähe von Schwämmen, von denen er frisst.
VORKOMMEN Bali und Borneo bis Philippinen und Neuguinea.

Augenfleck-Coradion
—Coradion chrysozonus

Zwei breite, kupferbraune Querbänder hinterm Kopf, schwarzer Augenfleck in hinterer Rückenflosse, schwarzer Fleck an der Schwanzbasis.
GRÖSSE 15 cm
BIOLOGIE In Küstenriffen mit mehr oder weniger Korallenbestand, auch in Fels- und Geröllarealen, 3–60 m. Ernährt sich von Schwämmen.
VORKOMMEN Andamanensee und NW-Australien bis SW-Japan, Philippinen, Salomonen und GBR.

Kupferstreifen-Pinzettfisch
—Chelmon rostratus

Lange Röhrenschnauze, Augenfleck in hinterer Rückenflosse.
GRÖSSE 20 cm
BIOLOGIE An Küsten- und Innenriffen, auch in sandig-schlicken Bereichen mit trübem Wasser, 1–25 m. Territoriale Art. Einzeln oder paarweise. Frisst wirbellose Kleintiere, die mit der Röhrenschnauze auch aus kleinen Spalten aufgepickt werden.
VORKOMMEN Andamanensee und NW-Australien bis SW-Japan, Philippinen, PNG und GBR.

Schwarm-Wimpelfisch
—Heniochus diphreutes

Vorgewölbte Brust. Ähnlich: *H. acuminatus*, Brust nicht vorgewölbt, Schnauze etwas länger.
GRÖSSE 20 cm
BIOLOGIE Im Freiwasser an Außenriffhängen, 5–200 m. Bevorzugt Areale mit aufsteigendem Tiefenwasser und Strömungskanäle. Oft deutlich über oder vor dem Riff im Freiwasser, wo er nach Zooplankton schnappt. Jungtiere leben riffnäher und können sich auch als Putzerfische betätigen.
VORKOMMEN Rotes Meer und Ostafrika bis Südjapan, Hawaii, Australien und Vanuatu.

UNTEN Diese Art bildet meist große Schulen, die zum Teil bis tausende Tiere umfassen und im Freiwasser am Riff entlang ziehen.

Malaiischer Wimpelfisch
—Heniochus singularius

Horn auf der Stirn, weißer Ring um Schnauze, dunkle Afterflosse.
GRÖSSE 25 cm
BIOLOGIE In Lagunen und Außenriffen, häufig auch an Wracks, 2–50 m. Scheu und nicht häufig. Juvenile oft einzeln, Adulte meist in Paaren, oft erst unterhalb etwa 15 m Tiefe. Ernährt sich von Korallenpolypen, wirbellosen Bodentieren und Algen.
VORKOMMEN Malediven und NW-Australien bis SW-Japan, Mikronesien und Samoa.

Gemeiner Wimpelfisch
—Heniochus acuminatus

Brust nicht vorgewölbt. Ähnlich: *H. diphreutes* (vorgewölbte Brust, kürzere Schnauze).
GRÖSSE 25 cm
BIOLOGIE In Lagunen und Außenriffhängen, 2–75 m. Jungtiere meist einzeln, Adulte oft paarweise, selten in kleinen Gruppen. Gewöhnlich nah am Riff. Frisst Zooplankton und wirbellose Bodentiere. Jungtiere betätigen sich gelegentlich als Putzerfische.
VORKOMMEN Arabischer Golf und Ostafrika bis Philippinen und Frz.-Polynesien

Phantom-Wimpelfisch
—Heniochus pleurotaenia

Weißer Streifen in Körpermitte, Stirnhöcker, ein Paar Hörnchen über den Augen. Ähnlich: *H. varius*, ohne weißen Mittelstreifen.
GRÖSSE 17 cm
BIOLOGIE Korallenreiche Lagunen, 1–25 m. Paarweise (häufig in Indonesien) oder in Ansammlungen, wie es zum Beispiel auf den Malediven oft der Fall ist.
VORKOMMEN Malediven und Sri Lanka bis Golf von Bengalen, Andamanensee und Java.

Masken-Wimpelfisch
—Heniochus monoceros

Das schwarze Band beginnt hinter dem Wimpel.
GRÖSSE 3 cm
BIOLOGIE Bewohnt korallenreiche Lagunen und Außenriffe, gelegentlich auch in abgestorbenen Riffarealen anzutreffen, 2–25 m. Schwimmt paarweise oder in kleinen Gruppen. Ernährt sich von wirbellosen Bodentieren wie Borstenwürmern.
VORKOMMEN Ostafrika bis SW-Japan und Frz.-Polynesien.

Arabischer Kaiserfisch
— Pomacanthus maculosus

Bläulichweißer Schwanz, gelber Seitenfleck reicht nicht in die Rückenflosse.
GRÖSSE 50 cm
BIOLOGIE In korallenreichen Außenriffen ebenso wie in trüben Buchten, 2–60 m. Meist Einzelgänger, schwimmt gelegentlich auch paarweise. Wenig scheu. Zu seiner Nahrung gehören Schwämme, Lederkorallen und Algen.
VORKOMMEN Rotes Meer, Arabischer Golf und Golf v. Oman bis Seychellen.

KAISERFISCHE — POMACANTHIDAE

Alle Kaiserfische besitzen einen kräftigen Stachel am Vorkiemendeckel und sind damit sicher von ähnlichen Falterfischen zu unterscheiden. Als protogyne Folgezwitter werden Kaiserfische zunächst als Weibchen geschlechtsreif und vollziehen später in ihrem Leben einen Geschlechtswechsel zum Männchen. Sie leben in Haremsgruppen, in denen je nach Art auf das Männchen zwei bis acht Weibchen kommen. Sie beanspruchen ein Revier, das bei den Centropyge-Arten nur wenige, bei Pomacanthus-Arten dagegen über 1000 Quadratmeter groß sein kann. Bei den Pomacanthus-Arten besitzen die Jungtiere ein von den Erwachsenen völlig abweichendes Farbkleid: So sind die indopazifischen Pomacanthus-Jungfische alle dunkelblau mit weißem Linienmuster. Zur Nahrung der meisten Kaiserfische gehören Schwämme, Seescheiden, Lederkorallen und andere weiche Wirbellose sowie Algen und Fischeier. Geniacanthus-Arten dagegen ernähren sich von Zooplankton und Centropyge-Arten von Fadenalgen und wirbellosen Kleintieren.

Imperator-Kaiserfisch
—Pomacanthus imperator

Abwechselnd gelbe und blaue Seitenstreifen.
GRÖSSE 40 cm
BIOLOGIE In korallenreichen Lagunen und Außenriffen, 3–70 m. Besetzt große Heimreviere und bildet Harems, schwimmt jedoch meist einzeln oder paarweise. Frisst Schwämme, Seescheiden und Nesseltiere.
VORKOMMEN Rotes Meer und Ostafrika bis SW-Japan, Mikronesien, Hawaii und Frz-.Polynesien.

MITTE Wie bei allen indopazifischen *Pomacanthus*-Arten zeigen auch die Jungtiere des Imperator-Kaiserfisches ein von den Erwachsenen völlig abweichendes Farbkleid mit charakterstischem Blau-Weiß-Muster.

Koran-Kaiserfisch
—Pomacanthus semicirculatus

Über dem Stachel am Vorkiemendeckel ein gekrümmter und ein gerader blauer Strich.
GRÖSSE 35–40 cm
BIOLOGIE Adulte in korallenreichen, geschützten Riffen, 3–40 m. Gewöhnlich einzeln. Zu seiner Nahrung gehören Schwämme und Seescheiden.
VORKOMMEN Ostafrika bis SW-Japan, Palau, GBR und Fidschi.

Ring-Kaiserfisch
—*Pomacanthus annularis*

Blauer Schläfenring, gebogene blaue Seitenstreifen.
GRÖSSE 45 cm
BIOLOGIE Bevorzugt Küstenriffe mit mäßigem Korallenwuchs oder Felsareale, oft in trübem Wasser, 5–45 m. Adulte häufig paarweise, sonst einzeln. Hält sich gern im Bereich von Höhlungen und an Wracks auf. Frisst Schwämme und Seescheiden.
VORKOMMEN Ostafrika bis SW-Japan, Philippinen und Salomonen.

Traum-Kaiserfisch
—*Pomacanthus navarchus*

Blaue Brustflosse, gelber Schwanz. Davor ein dunkelblauer Bereich, der sich u-förmig über Afterflosse und Bauch bis zur Stirn erstreckt.
GRÖSSE 25 cm
BIOLOGIE In klaren Lagunen und Außenriffen, 3–40 m. Meist einzeln, oft in Verstecknähe. Relativ scheu. Zu seiner Nahrung gehören Schwämme und Seescheiden.
VORKOMMEN Indonesien bis Philippinen, Palau, Yap, Salomonen und GBR.

Gelbmasken-Kaiserfisch
—*Pomacanthus xanthometopon*

Kopf blau mit gelber Augenmaske. Dunkler Fleck hinten in der Rückenflosse.
GRÖSSE 38 cm
BIOLOGIE Bewohnt korallenreiche Lagunen und Außenriffhänge, 5–35 m. Meist einzeln, teils auch paarweise. Frisst Schwämme und Seescheiden.
VORKOMMEN Malediven bis Indonesien, SW-Japan, westliches Mikronesien, GBR und Vanuatu.

Sechsstreifen-Kaiserfisch —*Pomacanthus sexstriatus*

Dunkler Kopf mit weißem Querstreifen hinterm Auge. Dunkle Querstreifen an der Seite.

GRÖSSE 46 cm

BIOLOGIE In Lagunen und Außenriffhängen, sowohl in klaren korallenreichen als auch trüberen Bereichen mit Korallen-Geröll-Mischgrund, 1–60 m. Häufig paarweise, auch einzeln. Beansprucht ein großes Heimrevier.

VORKOMMEN Malaysia, Indonesien bis SW-Japan, Palau und Yap, Salomonen und GBR.

Pfauenaugen-Kaiserfisch —*Pygoplites diacanthus*

Gelborange mit hellblauen, dunkel gerandeten Querstreifen.

GRÖSSE 25 cm

BIOLOGIE Bewohner von korallenreichen Lagunen und Außenriffen, 1–80 m. Gewöhnlich einzeln oder paarweise. Häufig, aber scheu, flüchtet vor Tauchern schnell in Spalten und Löchern. Frisst Schwämme und Seescheiden.

VORKOMMEN Rotes Meer und Ostafrika bis SW-Japan, Mikronesien und Frz.-Polynesien.

Dreipunkt-Kaiserfisch —*Apolemichthys trimaculatus*

Leuchtend gelb. Blaue Lippen. Zwei schwarze Flecken auf der Stirn. Grauer Schläfenfleck. Analflosse mit breitem schwarzem Randsaum.

GRÖSSE 25 cm

BIOLOGIE Oft an Außenriffhängen und in klaren Lagunen, 3–50 m. Einzeln oder paarweise, öfter auch in kleinen Gruppen anzutreffen. Relativ scheu. Ernährt sich vorwiegend von Schwämmen und Seescheiden.

VORKOMMEN Ostafrika, Malediven bis SW-Japan und Samoa.

Indischer Rauchkaiser
— Apolemichthys xanthurus

Gelbe Schwanzflosse. Kleiner gelber Fleck oberhalb des Kiemendeckels. Rückenflosse mit weißem Randsaum.
GRÖSSE 15 cm
BIOLOGIE Bewohnt korallenreiche Areale, gebietsweise auch in Felsarealen anzutreffen, 5–25 m. Einzeln oder paarweise. Scheu.
VORKOMMEN Réunion, Mauritius und Rodrigues bis Malediven, Sri Lanka, Indien und Andamanensee.

Blaugelber Zwergkaiser
— Centropyge bicolor

Vorderkörper und Kopf gelb mit blauem Sattel über den Augen. Hinterkörper blau. Schwanz gelb.
GRÖSSE 15 cm
BIOLOGIE Bewohnt Lagunen und Außenriffe, in korallenreichen Riffarealen ebenso wie über Fels- und Geröllarealen, 5–25 m. Einzeln, paarweise oder in kleinen Gruppen.
VORKOMMEN Malaysia bis SW-Japan, Phoenix-I. und Samoa.

Zweidorn-Zwergkaiser
— Centropyge bispinosus

Flanken mit orangem Bereich und blauen Querstreifen. Das Ausmaß des Orangeanteils ist äußerst variabel.
GRÖSSE 10 cm
BIOLOGIE Bewohnt korallenreiche Lagunen und Außenriffhänge, 5–50 m. Gebietsweise auch in Mischzonen mit Seegras, Korallenblöcken und Gestein. Gebietsweise häufig, jedoch scheu und meist in Versiecknähe.
VORKOMMEN Ostafrika bis SW-Japan, Mikronesien und Frz.-Polynesien.

Orangestreifen-Zwergkaiser
—Centropyge eibli

Dünne orangefarbene Querstreifen. Schwanz schwarz mit blauem Saum am Hinterrand. Orangener Augenring.

GRÖSSE 11 cm

BIOLOGIE Bewohnt korallenreiche Areale in Lagunen und geschützten Außenriffen, 3–25 m. Sehr ähnlich Acanthurus tristis. Hybridisiert mit C. vroliki.

VORKOMMEN Sri Lanka, Andamanensee und Indonesien bis NW-Australien.

Zebra-Zwergkaiser
—Paracentropyge multifasciata

Breite schwarze Querstreifen. Zwischenräume weiß mit je einer feinen, schwach gelblichen Linie.

GRÖSSE 11 cm

BIOLOGIE Bevorzugt steile Außenriffhänge, 10–70 m. Einzeln, gelegentlich auch in kleinen Gruppen. Meist bei Höhlen, Überhängen oder anderen Unterschlüpfen. Scheue Art.

VORKOMMEN Cocos Keeling bis SW-Japan, Philippinen, PNG, GBR und Frz.-Polynesien.

Brauner Zwergkaiser
—Centropyge multispinis

Dunkelbraun. Feine, dunkle Querstreifen. Anal- und Bauchflossen mit hellblauem Rand.

GRÖSSE 10–14 cm

BIOLOGIE In Lagunen und geschützten Außenriffen, über Korallen- und Geröllgrund, 1–30 m. Hat kleine Reviere, in denen er Fadenalgen abweidet. Scheu, flüchtet schnell in Verstecke.

VORKOMMEN Rotes Meer, Südoman und Ostafrika bis Mauritius, Malediven und Andamanensee.

Schlüsselloch-Zwergkaiser
—Centropyge tibicen

Dunkelblau (Juvenile fast schwarz) mit einem großen weißen Seitenfleck. Afterflosse mit breitem, gelbem Randsaum.

GRÖSSE 18 cm

BIOLOGIE In Lagunen und Außenriffen, auf Korallen- und Geröllarealen, 3–35. Einzeln oder in kleinen Gruppen.

VORKOMMEN Malaysia, Christmas I. bis SW-Japan, Palau und Yap, PNG und Neukaledonien.

Perlschuppen-Zwergkaiser
— Centropyge vroliki

Blassgrau, am Hinterkörper fließender Übergang zu Schwarz. Schwanzflosse mit feinem blauem Randsaum. Kiemendeckel mit kurzem orangebraunem Strich.
GRÖSSE 10–12 cm
BIOLOGIE Bewohnt geschützte, korallenreiche Außenriffe und Lagunen, 3–25 m. Einzeln oder in kleinen, lockeren Gruppen.
VORKOMMEN Christmas I. und Bali bis SW-Japan, Marshall I. und Vanuatu.

Zinn-Kaiserfisch
— Chaetodontoplus dimidiatus

Unterer Körperbereich schwarz, außer dem Kopf. Ansonsten sehr ähnlich wie *C. melanosoma*.
GRÖSSE 22 cm
BIOLOGIE Bewohnt Fels- und Korallenriffe, 3–35 m.
VORKOMMEN Indonesien, Philippinen bis SW-Japan.

Schwarzsamt-Kaiserfisch
— Chaetodontoplus melanosoma

Adulte: Gelber Saum entlang gesamter Schwanzflosse sowie Hinterrand von Rücken- und Afterflosse. Juvenile mit weißer Binde am Kopf.
GRÖSSE 18 cm
BIOLOGIE Bewohnt Fels- und Korallenriffe, 3–30 m. Zur Nahrung gehören Schwämme und Seescheiden.
VORKOMMEN Andamanensee, Indonesien, PNG, Philippinen bis SW-Japan.

Mond-Kaiserfisch
— Chaetodontoplus mesoleucus

Gelber Schwanz, schwarzer Augenstreifen, blaue Lippen.
GRÖSSE 18 cm
BIOLOGIE Bewohnt korallenreiche, geschützte Riffe, 3–20 m. Schwimmt meist paarweise. Ernährt sich von Schwämmen und Seescheiden sowie Fadenalgen.
VORKOMMEN Malaysia, Indonesien, bis SW-Japan, Nordaustralien, PNG und Salomonen.

Rotmeer-Lyrakaiser
—*Genicantus caudovittatus*

Männchen mit Zebramuster.
GRÖSSE 20 cm
BIOLOGIE Bewohner korallenreicher Außenriffhänge, meist unterhalb 25 m. Gewöhnlich in Haremsgruppen aus einem Männchen und 5 bis 9 Weibchen in einem etwa 25 qm großen Revier. Schnappt Zooplankton. Die Männchen steigen deutlich höher ins Wasser als die Weibchen.
VORKOMMEN Rotes Meer bis Malediven und Ostafrika südlich bis Mosambik.

MITTE OBEN Weibchen: Schwanzflosse unten und oben mit je einem schwarzen Streifen.

Lamarcks Kaiserfisch
—*Genicanthus lamarck*

Beide Geschlechter mit schwarzem Streifen in der Rückenflosse. Männchen mit blassgelbem Stirnfleck.
GRÖSSE 25 cm
BIOLOGIE Bewohnt korallenreiche Außenriffhänge, 10–50. Lebt in kleinen Harems. Ernährt sich von Zooplankton im mittleren Freiwasser.
VORKOMMEN Malaysia und Indonesien bis SW-Japan, GBR und Vanuatu.

UNTEN Beim Weibchen biegt der obere Seitenstreifen ab und zieht sich bis in die gesamte Unterseite der Schwanzflosse.

Indopazifik-Sergeant
—*Abudefduf vaigiensis*

Fünf dunkle Querbinden, Rücken oft gelblich.
GRÖSSE 20 cm
BIOLOGIE An oberen Rändern von Fels- und Korallenriffen. 0,5–12 m. In lockeren Gruppen bis großen Ansammlungen im riffnahen Freiwasser Zooplankton schnappend, frisst auch Aufwuchsalgen. Bewacht und pflegt die auf festen Grund abgelegten Eier.
VORKOMMEN Rotes Meer, Ostafrika bis Südjapan, Mikronesien, GBR und Frz.-Polynesien.

RIFFBARSCHE—POMACENTRIDAE

Diese große, weltweit über 320 Arten (davon drei Viertel im Indopazifik) zählende Familie besiedelt vor allem tropische Gewässer. Mit ihrer hohen Arten- und Individuenzahl in jedem Korallenriff spielt sie eine bedeutende Rolle in der Riffgemeinschaft. Einige ernähren sich von Plankton (z. B. *Abudefduf*, *Chromis*, *Dascyllus*), andere von Algen (z. B. alle Stegastes, einige Abudefduf). Es gibt auch Allesfresser, wie z. B. viele Pomacentrus. Die meisten Arten bleiben mit weniger als zehn Zentimeter Länge recht klein. Zum typischen Brutverhalten von Riffbarschen gehört, zunächst eine ausgewählte Fläche auf festem Untergrund penibel zu säubern. Je nach Art werden darauf bis über tausend klebrige Eier abgelegt. Das Gelege wird bis zum Schlüpfen der Brut bewacht und mit sauerstoffreichem Wasser befächelt.

Scherenschwanz-Sergeant
—Abudefduf sexfasciatus

Schwanz mit schwarzen Randstreifen.
GRÖSSE 19 cm
BIOLOGIE Am oberen Hangbereich von Lagunen und Außenriffen, 0,5–15 m. Häufig, kaum scheu. In teils großen Ansammlungen über oder im freien Wasser vor dem Riff. Frisst vorwiegend Zooplankton, daneben gelegentlich auch Aufwuchsalgen.
VORKOMMEN Rotes Meer und Ostafrika bis Südjapan, Mikronesien und GBR.

Goldener Riffbarsch
—Amblyglyphidodon aureus

Meist einheitlich gelb.
GRÖSSE 14 cm
BIOLOGIE Bevorzugt steile Außenriffhänge, 3–35 m. Schnappt nach Zooplankton. Jungtiere oft bei großen Gorgonien oder Büschen Schwarzer Korallen. Die Eier werden häufig an Peitschenkorallen abgelegt.
VORKOMMEN Andamanensee, Cocos Keeling und NW-Australien bis SW-Japan, Marshall I. und Fidschi. Größere Tiere haben häufig ausgedehnte bläuliche Partien.

Geweihkorallen-Sergeant *—Amblyglyphidodon curacao*

Seitenmitte oft gelblich, drei unregelmäßige grüne Querstreifen.

GRÖSSE 11 cm

BIOLOGIE Korallenreiche Lagunen, Buchten und Außenriffe, 1–20 m. Meist in Gruppen oder großen Ansammlungen, schnappt im Freiwasser nach Zooplankton, ernährt sich daneben auch von fädigen Aufwuchsalgen.

VORKOMMEN Malaysia und Singapore bis SW-Japan, Mikronesien, Samoa, NW-Australien und GBR.

Gelbseiten-Demoiselle *—Amblyglyphidodon flavilatus*

Grauer Vorder-, blassgelber Hinterkörper

GRÖSSE 10 cm

BIOLOGIE Bewohnt geschützte Außen- und Fleckriffe mit reichem Korallenbestand, 3–20 m. Schwimmt einzeln oder in kleinen, lockeren Gruppen, oft auch zusammen mit der Weißbauch-Demoiselle, ein Stück über dem Riff im freien Wasser, um Zooplankton zu schnappen.

VORKOMMEN Rotes Meer und Golf von Aden.

Weißbauch-Demoiselle *—Amblyglyphidodon indicus*

Oberseite blaugrünlich, fließender Übergang zur weißlichen Bauchseite.

GRÖSSE 13 cm

BIOLOGIE Klare, korallenreiche Lagunen und geschützte Außenriffe, 2–35 m. Häufig und nicht scheu. Schwimmt einzeln oder in kleinen Gruppen etwas über dem Riff und schnappt nach Zooplankton und driftendem organischem Material.

VORKOMMEN Rotes Meer bis Madagaskar, Chagos und Andamanensee.

Gelbbauch-Demoiselle *—Amblyglyphidodon leucogaster*

Gelbe Bauchflossen.
GRÖSSE 13 cm
BIOLOGIE In klaren Lagunen und Außenriffen, 3–45 m. Einzeln oder in kleinen, lockeren Gruppen, ernährt sich von Zooplankton. Wenig scheu.
VORKOMMEN Nordsumatra bis SW-Japan, Vanuatu und GBR.

Schwarzstreifen-Demoiselle *—Amblypomacentrus breviceps*

Dunkler Augenstreifen. Zwei dunkle Sattelflecken, verbunden durch dunkle Rückenflosse.
GRÖSSE 8 cm
BIOLOGIE In Lagunen und Küstenriffen, 2–35 m. Auf Sand-, Geröll- und Schlickböden. Oft in kleinen lockeren Gruppen.
VORKOMMEN Indonesien bis Philippinen, Salomonen und GBR.

Indischer Zweifarben-Chromis *—Chromis dimidiata*

Markante Färbung, nur von pazifischen Schwesterart (C. iomelas, GBR bis Fidschi) äußerlich nicht zu unterscheiden.
GRÖSSE 7 cm
BIOLOGIE In Lagunen und Außenriffen, 1–36 m. Meist in Gruppen oder großen Ansammlungen an Riffkanten oder exponierten Riffpfeilern. Schnappt Zooplankton im freien Wasser. Kaum scheu.
VORKOMMEN Rotes Meer und Ostafrika bis Thailand, Java und Christmas I.

Zweistreifen-Chromis
—Chromis opercularis

Dicht beisammen je ein schwarzer Fleck am Kiemendeckel und an der Brustflossenbasis.
GRÖSSE 16 cm
BIOLOGIE Bevorzugt Außenriffhänge, 8–40 m. Gewöhnlich in lockeren Gruppen. Ersetzt durch C. xanthura ab Cocos Keeling bis Westpazifik.
VORKOMMEN Ostafrika bis Andamanensee und Java.

Pemba-Chromis
—Chromis pembae

Braun mit weißem oder gelblichem Schwanz. Rücken- und Afterflosse überwiegend schwarz.
GRÖSSE 13 cm
BIOLOGIE In Fels- und Korallenriffen, 3–50 m. Bevorzugt steile Riffhänge, wo er in kleinen Ansammlungen ein Stück über dem Grund im freien Wasser nach Zooplankton schnappt. Kaum scheu.
VORKOMMEN Rotes Meer, Oman und Ostafrika bis Seychellen und Chagos.

Blaugrüner Chromis
—Chromis viridis

Metallisch blaugrün.
GRÖSSE 9 cm
BIOLOGIE Bevorzugt korallenreiche Küstenriffe und Buchten, 1–15 m. Meist in Gruppen über ästigen Korallen (Acropora). Flüchtet bei Beunruhigung sofort zwischen die Korallenäste.
VORKOMMEN Rotes Meer und Ostafrika bis SW-Japan und Frz.-Polynesien.

Metall-Chromis
—Chromis xanthura

ADULTE Dunkelmetallisch schwarzgrau mit dunkelrandigen Schuppen. Schwanzbasis und -flosse weiß.
GRÖSSE 15 cm
BIOLOGIE Bevorzugt steile Außenriffe, 3–40 m. Gewöhnlich in lockeren Gruppen.
VORKOMMEN Cocos Keeling bis SW-Japan, Line I. und Pitcairn.

MITTE OBEN Juvenile sind silbriggrau bis blausilbrig mit gelber Rücken-, After- und Schwanzflosse. Sie sind häufig vor Weichkorallen und Gorgonien anzutreffen.

Gelbschwanz-Demoiselle
—Chrysiptera parasema

Leuchtend blau, Schwanzstiel und -flosse gelb.
GRÖSSE 6–7 cm
BIOLOGIE Bevorzugt geschützte, korallenreiche Riffe, 1–15 m. Sucht bei Beunruhigung Schutz zwischen Korallenästen.
VORKOMMEN Java und Borneo bis Philippinen.

Königs-Demoiselle
—Chrysiptera rex

Kopf bläulichgrau, nach hinten hin weißlichbeige bis blass gelblich. Sehr kleiner dunkler Ohrfleck.
GRÖSSE 7–8 cm
BIOLOGIE Bevorzugt an Außenriffen und Riffkanälen, 1–6 m. Eine relative unscheinbare Demoiselle, einzeln oder in kleinen Gruppen anzutreffen. Ernährt sich vorwiegend von Algen.
VORKOMMEN Indonesien (Bali) und Philippinen bis SW-Japan, Palau, Neukaledonien und Vanuatu.

Rollands Demoiselle
— Chrysiptera rollandi

Färbung variabel mit diagonaler Farbaufteilung: oberer Vorderkörper meist sehr dunkel bis blauschwarz, nach hinten weißlich bis gelblich. Oft mit blauen Stirnstreifen. Immer mit langen, weißen Bauchflossen.
GRÖSSE 5–6 cm
BIOLOGIE In Lagunen und Außenriffen, über Korallen- und Geröllgrund, 2–35 m.
VORKOMMEN Andamanensee bis Philippinen, Palau und Neukaledonien.

Talbots Demoiselle
— Chrysiptera talboti

Vorderkopf und Nacken gelb. Schwarzer Fleck an mittlerer Basis der Rückenflosse.
GRÖSSE 6 cm
BIOLOGIE Korallenreiche Areale von Lagunen und Außenriffen, 5–35 m. Einzeln oder in kleinen Gruppen. Ernährt sich von Zooplankton.
VORKOMMEN Andamanensee bis Philippinen, Palau, GBR und Fidschi.

Dreibinden-Preußenfisch
— Dascyllus aruanus

Drei schwarze Binden, schwarze Bauchflossen.
GRÖSSE 8 cm
BIOLOGIE Flache Lagunen, geschützte Fleckriffe und Buchten, 0,5–20 m. Hält sich in losen Gruppen dicht über Astkorallen wie Acropora und Pocillopora auf und schnappt Zooplankton aus dem Wasser. Flüchtet bei Beunruhigung sofort zwischen die Korallenäste.
VORKOMMEN Rotes Meer und Ostafrika bis SW-Japan, Mikronesien, Line I. und Frz.-Polynesien.

Arabischer Preußenfisch
—Dascyllus marginatus

Rückenflosse mit schwarzem Rand.
GRÖSSE 6 cm
BIOLOGIE An geschützten Fleck- und Saumriffen, 1–15 m. In kleinen Gruppen über Astkorallen, z. B. Acropora oder Stylophora. Flüchtet bei geringster Beunruhigung sofort zwischen die Korallenzweige. Schnappt dicht über der Koralle nach Zooplankton aus dem Wasser.
VORKOMMEN Rotes Meer bis Golf von Oman.

Netz-Preußenfisch
—Dascyllus reticulatus

Am Schwanzbereich meist leicht bräunlichgrau.
GRÖSSE 8 cm
BIOLOGIE In Lagunen und Außenriffen, 1–50 m. In kleinen bis großen Gruppen über ästige Korallen, mit denen sie eng assoziiert sind und zwischen deren Äste sie bei Gefahr flüchten.
VORKOMMEN Cocos Keeling bis SW-Japan, Mikronesien, Line I., Samoa und Ostaustralien.

Dreifleck-Preußenfisch
—Dascyllus trimaculatus

Kann Färbung sekundenschnell nach hellgrau oder schwarzbraun verändern.
GRÖSSE 14 cm
BIOLOGIE In Fels- und Korallenriffen, 1-30 m. Meist in kleinen Gruppen. Juvenile häufig bei Wirtsanemonen von Anemonenfischen, werden wie diese nicht genesselt.
VORKOMMEN Rotes Meer, Ostafrika bis Südjapan, Line I. und Pitcairn.

Honigkopf-Riffbarsch
—Dischistodus prosopotaenia

Hell- bis goldbraun, mittig unterbrochen von breiter weißer Binde. Schwarzer Achselfleck. Feine blaue Kopflinien.
GRÖSSE 18 cm
BIOLOGIE In Lagunen, geschützte Küsten- und Fleckriffe, 2–12 m. Bevorzugt über korallennahen Sandschlickböden. Männchen bewachen und pflegen die abgelegten Eier.
VORKOMMEN Andamanensee bis SW-Japan, Philippinen, GBR und Vanuatu.

Cross Riffbarsch
—Neoglyphidodon crossi

Juvenile (Foto) orange mit blauer, V-förmiger Stirnmarkierung und blauem Seitenstreifen. Adulte einheitlich dunkelbraun mit goldener Iris.
GRÖSSE 13 cm
BIOLOGIE Geschützte Fels- und Korallenriffe, Lagunen und Buchten, 1–10 m.
VORKOMMEN Bali, Komodo, Flores bis Sulawesi, Molukken und Raja Ampat.

Gelbschwanz-Riffbarsch
—Neoglyphidodon nigroris

Adulte mit dunklem Streifen auf Kiemendeckel und blass-dunklem Streifen unterm Auge. Hinterkörper und Schwanz gelb. Juvenile gelb mit zwei schwarzen Streifen.
GRÖSSE 11–13 cm
BIOLOGIE In korallenreichen Lagunen und Außenriffhängen, 2–25 m. Frisst Zooplankton und Algen.
VORKOMMEN Andamanensee bis SW-Japan, Palau, Vanuatu und GBR.

Chinesische Demoiselle —*Neopomacentrus bankieri*

Grau, Schwanz und Hinterrand von Rücken- und Analflosse gelb. Schwarzer Punkt an oberer Brustflossenbasis.

GRÖSSE 7–8 cm

BIOLOGIE Bewohnt Fels- und Korallenriffe, 3–13 m. Über Korallen-, Geröll und Sandarealen.

VORKOMMEN Javasee bis Südchina, PNG und GBR.

Königliche Demoiselle —*Neopomacentrus cyanomos*

Dunkelbraun, Hinterrand von Schwanz-, Rücken- und Analflosse gelb. Leuchtend gelber bis weißer Fleck an hinterer Basis der Rückenflosse.

GRÖSSE 10 cm

BIOLOGIE Bevorzugt geschützte Küstenriffe und Buchten, 5–20 m. Gewöhnlich in kleinen Gruppen unweit von Korallenformationen. Schnappt nach Zooplankton im Wasser.

VORKOMMEN Rotes Meer, Oman und Ostafrika bis SW-Japan, Salomonen, Vanuatu und GBR.

Dicks Riffbarsch —*Plectroglyphidodon dickii*

Schwarzes Querband vor weißem Schwanz.

GRÖSSE 11 cm

BIOLOGIE In korallenreichen, klaren Lagunen und Außenriffen, 1–12 m. Hält sich gewöhnlich dicht vor Astkorallen (z. B. Acropora und Pocillopora) auf. Territorial. Weidet Fadenalgen ab, frisst auch wirbellose Kleintiere und gelegentlich kleine Fische.

VORKOMMEN Ostafrika bis SW-Japan, Line I. und Frz.-Polynesien.

Juwelen-Riffbarsch —*Plectroglyphidodon lacrymatus*

Grünbraun bis braun mit blauen Punkten. Gelbe Iris.

GRÖSSE 11 cm

BIOLOGIE In klaren Lagunen und Außenriffen, 1–40 m. Sehr territorial, verteidigt aggressiv ein kleines Revier, in dem Fadenalgen auf Hartsubstrat wachsen. Unerschrocken auch gegenüber Tauchern. Frisst neben Algen aus »seinem Garten« auch wirbellose Kleintiere und Fischeier.

VORKOMMEN Rotes Meer und Ostafrika bis SW-Japan, Marshall I. und Frz.-Polynesien.

Ambon-Demoiselle —*Pomacentrus amboiensis*

Färbung variabel. Meist heller Grund mit blassen, leicht welligen gelblichen oder blau-grünlichen Querlinien. Wangen und Schnauze mit sehr blassen hellbläulichen Markierungen. Juvenile mit Augenfleck hinten in der Rückenflosse.

GRÖSSE 10 cm

BIOLOGIE Bevorzugt geschützte Riffe mit Korallen-Sand-Mischzonen, 2–40 m.

VORKOMMEN Andamanensee bis SW-Japan, Mikronesien und Fidschi.

Goldbauch-Demoiselle —*Pomacentrus auriventris*

Kopf und Oberkörper metallischblau. Hinterkörper und Bauchseite bis zu den Brustflossen gelb.

GRÖSSE 7 cm

BIOLOGIE Meist dicht über Geröllgrund von Lagunen und Außenriffen, 2–15 m. Teils einzeln, häufig jedoch in kleinen lockeren Gruppen. Oft auch zusammen mit der Neon-Demoiselle.

VORKOMMEN Christmas I., Bali und Borneo bis Mikronesien und Salomonen.

Rotstirn-Demoiselle
—*Pomacentrus bankanensis*

Färbung variabel. Meist Stirn und Rücken rot mit blauen Streifen, Augenfleck hinten in der Rückenflosse. Weißlicher Schwanz.
GRÖSSE 10 cm
BIOLOGIE In Lagunen und geschützten Außenriffen, 1–12 m. Meist über Korallen-Geröll-Mischzonen. Ernährt sich von Algen, daneben auch von Zooplankton.
VORKOMMEN Andamanensee und Christmas I. bis SW-Japan, Palau und Yap, Australien und Fidschi.

Zitronen-Demoiselle
—*Pomacentrus moluccensis*

Leuchtend gelb. Schnauze und Wangen mit blass hellblauen Markierungen (teils schlecht erkennbar).
GRÖSSE 7 cm
BIOLOGIE An klaren Lagunen- und Außenriffen, 1–15 m. Oft in kleinen, lockeren Gruppen vor Korallenformationen. Frisst Zooplankton und Algen.
VORKOMMEN Andamanensee bis Rowley Shoals, SW-Japan, Palau, Yap und Fidschi.

Schwefel-Demoiselle
—*Pomacentrus sulfureus*

Durchgehend gelb bis auf einen schwarzen Fleck am Brustflossenansatz.
GRÖSSE 11 cm
BIOLOGIE An korallenreichen, geschützten Fleck- und Saumriffen, 1–12 m. Einzeln oder in lockeren Gruppen nahe bei Korallenstöcken, gern auch bei Feuerkorallen. Gebietsweise häufig.
VORKOMMEN Rotes Meer und Ostafrika bis Mauritius und Seychellen.

Prinzessinnen-Demoiselle
—*Pomacentrus vaiuli*

Färbung variabel von bläulich bis bräunlich. Blaue Punkte und Linien am Kopf und feine blaue Punktreihen an der Seite. Blau- bis weißrandiger, schwarzer Augenfleck hinten in der Rückenflosse.
GRÖSSE 10 cm
BIOLOGIE Bewohnt Lagunen und Außenriffe, 1–40 m. Gebietsweise häufig, ernährt sich von Fadenalgen und wirbellosen Kleintieren.
VORKOMMEN Bali und Rowley Shoals bis SW-Japan, Mikronesien, Samoa.

Rosa Anemonenfisch
—*Amphiprion peridaraion*

Rosa bis orange, Rückenstreifen und schmaler Kopfstreifen.
GRÖSSE 10 cm
BIOLOGIE Lagunen und Außenriffe, 3–20 m. Bewohnt meist die Prachtanemone *Heteractis magnifica*, seltener mit drei weiteren Wirtsanemonen zusammen.
VORKOMMEN Teile Malaysias und Sumatras, Golf von Thailand bis SW-Japan (Ryukyu-Inseln), Cocos Keeling, NW-Australien, Mikronesien und Neukaledonien.

ANEMONENFISCHE—AMPHIPRIONINAE

Alle Arten dieser Unterfamilie der Riffbarsche leben in enger Symbiose mit Meeresanemonen, ohne die sie leichte Beute für zahlreiche Fressfeinde wären. Durch zunächst vorsichtigen Kontakt haben sie schon als Jungfisch einen Nesselschutz erworben. In kurzen Abständen baden sie in dem mit Nesselkapseln bewehrten Tentakelwald, verbringen darin auch die Nacht und verteidigen ihre Anemone energisch gegen Fische, die an den Tentakeln fressen würden. Das größte und sozial dominante Tier in einer Anemone ist stets ein Weibchen – das nächstkleinere ein Männchen. Die beiden bilden ein dauerhaftes Paar. Stirbt das Weibchen, vollzieht das ranghöchste Männchen innerhalb etwa einer Woche einen Geschlechtswechsel und wird zum dominanten Weibchen.

Weißrücken-Anemonenfisch
—*Amphiprion akallopisos*

Schmaler, weißer Rückenstreifen reicht vom Schwanz bis zur Stirn, nicht bis zur Lippe.
GRÖSSE 10 cm
BIOLOGIE In Lagunen und Außenriffen, 2–25 m. Vergesellschaftet mit den Anemonen *Heteractis magnifica* und *Stichodactyla mertensii.*
VORKOMMEN Ostafrika (Horn von Afrika bis Komoren und Madagaskar), Seychellen, Westküste Thailands bis Sumatra, Java und Bali.

Glühkohlen-Anemonenfisch
—*Amphiprion ephippium*

Orangerot mit unterschiedlich großem, schwarzen Bereich am Hinterkörper.
GRÖSSE 12 cm
BIOLOGIE Bewohnt geschützte Küstenriffe und Buchten, 2–15 m. Sehr häufig in der Blasenanemone *Entacmaea quadricolor*, daneben auch in der Leder-Anemone *Heteractis crispa*.
VORKOMMEN Andamensee, Westmalaysia, Sumatra und Java.

Fidschi-Anemonenfisch
—*Amphiprion barberi*

Körper und Flossen rotorange, am Rücken meist etwas dunkler. Ein weißer Kopfstreifen.
GRÖSSE 13 cm
BIOLOGIE In Lagunen und Außenriffen, 2–10 m. Erst 2008 von Allen, Drew und Kaufmann beschriebene Art. Im Verbreitungsgebiet regelmäßig vorkommend. Mit Anemonen *E. quadricolor* und *H. crispa.* Gewöhnlich in Gruppen, meist ein kleines Stück über ihre Anemonen schwimmend.
VORKOMMEN Fidschi, Tonga und Samoa.

Orangener Anemonenfisch
—Amphiprion sandaracinos

Breiter weißer Rückenstreifen, reicht von der Oberlippe bis zur Schwanzwurzel.

GRÖSSE 13 cm

BIOLOGIE Lagunen und Außenriffe, 3–20 m. Vergesellschaftet mit zwei Anemonenarten, meist in Mertens Anemone (*Stichodactyla mertensii*), seltener mit Leder-Anemone (*Heteractis crispa*).

VORKOMMEN Sumatra über NW-Australien bis SW-Japan, Philippinen und Salomonen.

Schwarzflossen-Anemonenfisch
—Amphiprion melanopus

Rot-Orange, am Hinterkörper großer schwarzer Bereich, der auch bis zum Kopfstreifen reichen kann.

GRÖSSE 13 cm

BIOLOGIE In Lagunen und Außenriffen, 1–18 m. Lebt mit drei Anemonenarten zusammen *Heteractis magnifica, H. crispa und Entamaea quadricolor.*

VORKOMMEN Bali und Ostkalimantan bis Philippinen, Marshall-I., Fidschi und Gesellschafts-I. in Frz.-Polynesien.

Rotmeer-Anemonenfisch
—*Amphiprion bicinctus*

Grundfärbung variabel, gelb bis dunkelbraun, zwei weiße bis bläulich-weiße Streifen.

GRÖSSE 14 cm

BIOLOGIE An Saum- und Fleckriffen, Buchten und Außenriffen, 0,5–30 m. Häufig. Lebt mit fünf Anemonenarten zusammen *Heteractis magnifica, H. crispa, H. aurora, Entamaea quadricolor* und *Stichodactyla gigantea.*

VORKOMMEN Rotes Mehr, Golf von Aden und Chagos-Inseln.

Clarks Anemonenfisch
—*Amphiprion clarkii*

Viele Varianten der Grundfärbung von fast gänzlich orangefarben oder schwarz, sowie weiße, gelbe, orange oder schwarze Schwanzflosse (selten).

GRÖSSE 14 cm

BIOLOGIE Lagunen und Außenriffe, 1–55 m. Kommt vor in allen zehn Anemonenarten, die als Wirte für Anemonenfische bekannt sind. Hat von allen Anemonenfischen das größte Verbreitungsgebiet.

VORKOMMEN Arabischer Golf über Malediven bis Südjapan, Fidschi und Neukaledonien.

Blaubinden-Anemonenfisch
—*Amphiprion chrysopterus*

Körper überwiegend braun bis schwarz. Zwei weiße bis bläulich-weiße Streifen, der vordere breiter als der hintere. Flossen orange, Schwanzflosse jedoch oft weißlich. Farbvariante in Melanesien mit schwarzen Anal- und Bauchflossen.

GRÖSSE 15 cm

BIOLOGIE Lebt mit sechs Anemonenarten zusammen.

VORKOMMEN Mikronesien, Philippinen, PNG, Salomonen, NO-Australien, Fidschi, Samoa bis Frz.-Polynesien.

Malediven-Anemonenfisch
—*Amphiprion nigripes*

Schmaler weißer Kopfstreifen, After- und Bauchflossen schwarz.
GRÖSSE 11 cm
BIOLOGIE Lagunen- und Außenriffe, 1–25 m. Hat ein sehr kleines Verbreitungsgebiet. Lebt ausschließlich mit der Anemone *Heteractis magnifica* zusammen. Häufig in größeren Gruppen.
VORKOMMEN Malediven, Sri Lanka.

Sattelfleck-Anemonenfisch
—*Amphiprion polymnus*

Breiter Kopfstreifen, zweiter Streifen sattelförmig und nach hinten in die Rückenflosse ziehend. Schwanzflosse schwarz mit
weißen Randbereichen.
GRÖSSE 12 cm
BIOLOGIE Lebt mit zwei Anemonenarten zusammen, meist in Haddons Anemone auf Sandgrund anzutreffen.
VORKOMMEN Golf von Thailand bis SW-Japan, Nordaustralien und Salomonen.

Sebae-Anemonenfisch
—*Amphiprion sebae*

Breiter Kopfstreifen, zweiter Streifen breit und nach hinten in die Rückenflosse ziehend. Schwanzflosse ganz oder teilweise gelb.
GRÖSSE 14 cm
BIOLOGIE In Lagunen, Buchten und Außenriffen, 2–35 m. Bewohnt Haddons Anemone *(Stichodactyla haddoni)*, oft auf Sand- oder Geröllgrund.
VORKOMMEN Golf v. Aden und Golf v. Oman bis Sri Lanka, Malediven und Java.

Orange-Ringel-Anemonenfisch —*Amphiprion ocellaris*

Drei weiße Streifen, der mittlere mit Ausbuchtung nach vorne.
GRÖSSE 9 cm
BIOLOGIE Lagunen, Küsten- und geschützte Außenriffe, 1–15. Oft in kleinen Gruppen auf einer Anemone. Bewohnt die drei Anemonen *Heteractis magnifica, Stichodactyla gigantea* und *S. mertensii.*
VORKOMMEN Andamanensee und Nikobaren bis SW-Japan, Philippinen und NW-Australien.

Stachel-Anemonenfisch —*Premnas biacuelatus*

Leuchtend rot bis braunrot, große Weibchen meist dunkelrotbraun bis schwarzrot. Einziger Anemonenfisch mit Wangendornen.
GRÖSSE 8 cm (Männchen), 16 cm (Weibchen)
BIOLOGIE In Lagunen und geschützten Außenriffen, 1–18 m. Lebt ausschließlich zusammen mit der Blasenanemone *Entacmaea quadricolor.*
VORKOMMEN Burma, Thailand, Malaysia und Sumatra bis Philippinen, GBR und Vanuatu.

Weißkäppchen-Anemonenfisch —*Amphiprion leucokranos*

Orange bis gelblichbraun. Weißer Fleck auf dem Kopf (»Kappe«), weißer, leicht gebogener Wangenfleck und meist mit einem kleinen weißen Rückenfleck.
GRÖSSE 11 cm
BIOLOGIE Bewohnt Lagunen und Außenriffe, 2–10 m. Lebt zusammen mit Lederanemone *(H. crispa)*, Prachtanemone *(H. magnifica)* und Mertens-Anemone *(Stichodactyla mertensii).*
VORKOMMEN Nördliches PNG und Salomonen.

Napoleon-Lippfisch
—*Cheilinus undulatus*

TP blaugrün, mit Stirnhöcker. IP blasser und ohne Stirnhöcker.
GRÖSSE 2,3 m
BIOLOGIE Lagunen, Buchten und Außenriffe, 1–60 m. Nirgends häufig. Scheu, doch in Gebieten mit Gewöhnung an Taucher und ohne Fischereidruck teils sogar neugierig. Meist einzeln. Frisst hartschalige Wirbellose, wie Schnecken, Krebstiere, Seeigel und Seesterne (auch Dornenkronen), daneben auch Fischen, z. B. Kofferfische. Seine Beute findet er meist auf Geröll- und Sandflächen. Gebietsweise durch rücksichtlose Fischerei stark dezimiert. Teuerer Speisefisch und starke Nachfrage von SO-asiatischen Restaurants.
VORKOMMEN Rotes Meer und Ostafrika bis SW-Japan, Mikronesien, Neukaledonien und Frz.-Polynesien.

LIPPFISCHE—LABRIDAE

Diese große Familie umfasst über 500 Arten, die hinsichtlich ihrer Größe, Verhaltensweisen und Ernährung eine große Vielfalt zeigen. Alle haben eine charakteristische Schwimmweise: Der Vortrieb wird mit den Brustflossen erzeugt, die Schwanzflosse kommt nur bei hohen Geschwindigkeiten zum Einsatz, etwa bei der Flucht. Es sind tagaktive Fische, oft prächtig gefärbt, kleinere Arten dazu oft agile Schwimmer. Zur Nachtruhe graben sich vor allem kleine Arten in Sandboden ein, größere suchen meist schützende Unterschlüpfe auf.

Bei Lippfischen kommt protogynes Zwittertum vor: Weibchen wandeln sich mit dem Alter um in sogenannte Sekundärmännchen. Daneben gibt es Primärmännchen mit einer direkten Entwicklung vom Jungtier zum geschlechtsreifen Männchen. Alter und Geschlecht drücken sich häufig in unterschiedlicher Färbung aus. In diesem Zusammenhang spricht man bei Primärmännchen und -weibchen von Initialphase (IP) bzw. Initialfärbung (IF) und bei den meist besonders prächtig gefärbten Sekundärmännchen von Terminalphase (TP) bzw. Teminalfärbung (TF). Weicht das Farbkleid von Jungtieren deutlich von der Initialfärbung ab, spricht man von Juveniler Phase (JP).

Schneeflocken-Lippfisch
—Cheilinus chlororus

Färbung sehr variabel von hell graubräunlich bis grün mit roten Partien; gewöhnlich mit kleinen, in Längsreihen angeordneten weißen Pünktchen, dazu oft weiße, unregelmäßige Flecken entlang des Rückens.
GRÖSSE 36 cm
BIOLOGIE In Lagunen und Küstenriffen, 2–30 m. Meist in Mischzonen mit Sand, Geröll und Korallen. Schwimmt stets bodennah, frisst verschiedene wirbellose Bodentiere.
VORKOMMEN Ostafrika bis SW-Japan, Mikronesien und Frz.-Polynesien.

Besenschwanz-Lippfisch
—Cheilinus lunulatus

Ausgefranste Schwanzflosse. Gelber, dunkelrandiger Fleck auf Kiemendeckel. Gelbe Brustflosse.
GRÖSSE 50 cm
BIOLOGIE Meist an korallenreichen Rifffrändern über Zonen mit Sand- und Geröllflecken, 0,5–30 m. Vorsichtige, scheue Art. Frisst vorwiegend bodenlebende Wirbellose wie Krebse, Muscheln und Schnecken.
VORKOMMEN Rotes Meer und Golf von Aden.

Rotbrust-Lippfisch
—Cheilinus quinquecinctus

Große Adulte mit ausgefranstem Schwanz. Vom Mundwinkel zieht ein gegabelter weißer Streifen über Unter- und Oberkiefer. Sehr ähnlich: *C. fasciatus* ohne ausgefransten Schwanz.
GRÖSSE 36 cm
BIOLOGIE Bevorzugt in gemischten Korallen-, Sand- und Geröllzonen, 4–40 m. Relativ häufig und kaum scheu. Ernährt sich von wirbellosen Bodentieren.
VORKOMMEN Rotes Meer und Ostafrika bis Südwestjapan, Mikronesien, Australien und Fidschi.

Diamant-Junker
—Anampses caeruleopunctatus

TP mit gelbgrünem Querstreifen am Vorderkörper, IP mit Längsreihen kleiner blauer Punkte.
GRÖSSE 42 cm
BIOLOGIE Bewohner von klaren Außenriffen, 1–30 m. Meist in oberen Bereichen. Frisst Kleinkrebse, Borstenwürmer und Mollusken. Männchen einzeln und territorial. Weibchen in lockeren Haremsgruppen. Gräbt sich zur Nacht in Sandboden ein.
VORKOMMEN Rotes Meer und Ostafrika bis Südjapan, Line I, Frz.-Polynesien und Osterinseln.

Gelbschwanz-Junker
—Anampses meleagrides

IP mit in Längsreihen angeordneten weißen Punkten. Je einem Augenfleck hinten in Rücken- und Afterflosse.
GRÖSSE 22 cm
BIOLOGIE Bevorzugt gemischte Korallen-, Geröll-, und Sandareale, 3–60 m. Adulte Männchen meist einzeln, Jungtiere und Weibchen oft in kleinen, lockeren Gruppen. Frisst wirbellose Kleintiere des Bodens.
VORKOMMEN Rotes Meer und Ostafrika bis Südjapan, Mikronesien und Frz.-Polynesien.

Gelbbrust-Junker
—Anampses twistii

TP ohne, IP mit Augenflecken hinten in Rücken- und Afterflosse.
GRÖSSE 18 cm
BIOLOGIE In Lagunen, Buchten und Außenriffen, 2–30 m. Meist in Bereichen mit gemischten Korallen-, Geröll- und Sandflächen. Ernährt sich von wirbellosen Kleintieren des Bodens.
VORKOMMEN Rotes Meer und Ostafrika bis SW-Japan, Mikronesien und Frz.-Polynesien.

Zigarren-Lippfisch
—Cheilio inermis

Sehr lang gestreckt, Färbung variabel, braun, grün oder gelb.
GRÖSSE 50 cm
BIOLOGIE In geschützten Bereichen von Fels- und Korallenriffen oder über Seegras, 1–35 m. Scheu. Schwimmt gern zusammen mit Meerbarben und anderen Lippfischen, um von diesen aus dem Sand freigelegte Beutetiere zu schnappen. Zu seiner Nahrung gehören Weichtiere, Krebse (Krabben und Garnelen) und auch Seeigel. Generell scheu.
VORKOMMEN Rotes Meer und Ostafrika bis SW-Japan, Hawaii, Mikronesien und Polynesien.

MITTE UNTEN Terminalphase (großes Männchen), etwa 50 cm groß, mit prächtiger Färbung an den Flanken in Gelb, Orange, Schwarz und Weiß
UNTEN Initialphase (Weibchen)

Herzog-Lippfisch
—Bodianus anthioides

ADULTE Vorderkörper braunrot, Hinterkörper weiß mit rotbraunen Punkten.
GRÖSSE 21 cm
BIOLOGIE In tiefen Lagunen, Buchten und Außenriffen, 5–60 m. Adulte bei der Suche nach wirbellosen Bodentieren oft über Sand- und Geröllflächen des Riffs.
VORKOMMEN Rotes Meer und Ostafrika bis Südjapan, Line I. und Frz.-Polynesien.

MITTE OBEN Juvenile sind abweichend gefärbt. Sie stehen häufig dicht vor Gorgonien, Weichkorallen und Büschen Schwarzer Korallen.

Achselfleck-Schweinslippfisch
—Bodianus axillaris

ADULTE (TP) Je ein Augenfleck an der Brustflossenbasis (»Achsel«) und hinten an Rücken- und Afterflosse.
GRÖSSE 20 cm
BIOLOGIE Klare Lagunen, Buchten und Außenriffe, 3–40 m. Schwimmen einzeln und nah über den Grund. Adulte und Juvenile betätigen sich gelegentlich als Putzerfische.
VORKOMMEN Rotes Meer, Ostafrika und Südoman bis Südjapan, Mikronesien, Frz.-Polynesien und Pitcairn.

UNTEN Juvenile sind schwarz mit großen weißen Flecken. Sie sind gewöhnlich im Schutz von Höhlungen anzutreffen.

Schwarzband-Lippfisch
—Bodianus mesothorax

ADULTE (TP) Schwarzes, keilförmiges bis dreieckiges Band am Vorderkörper. Ähnlich B. axillaris (schwarze Flecken in Rücken- und Afterflosse).
GRÖSSE 20 cm
BIOLOGIE In korallenreichen Außenriffhängen, 5–30 m.
VORKOMMEN Christmas I. bis Südjapan, westl. Mikronesien, PNG und GBR.

MITTE OBEN Juvenile sind dunkel purpur mit großen gelben Flecken. Sie halten sich einzeln nahe von Verstecken wie Spalten und Überhängen auf.

Diana-Schweinslippfisch
—Bodianus diana

TP: Schwarzer Fleck an Schwanzwurzel. Rücken mit 4–5 weißen, Bauch- und Afterflosse mit roten Flecken.
GRÖSSE 25 cm
BIOLOGIE In Fels- und Korallenriffen, 3–50 m. Gebietsweise häufig, besonders an korallenreichen Hängen.
VORKOMMEN Rotes Meer und Ostafrika bis Südjapan, Mikronesien und Samoa.

UNTEN Juvenile mit vielen weißen Punkten und kurzen Strichen. Sie betätigen sich auch als Putzerfische und halten sich gerne bei Gorgonien auf.

Gomons Schweinslippfisch
—Bodianus dictynna

TP: Schwarzer Fleck an Schwanzwurzel, schwarze Flecken in Bauch und Afterflosse.

GRÖSSE 20 cm

BIOLOGIE Bevorzugt korallenreiche Außenriffhänge, 5–25 m. Schwimmt einzeln oder paarweise in Arealen mit gutem Korallenbewuchs. Frisst Wirbellose, wie Krebstiere, Muscheln und Schnecken.

VORKOMMEN Malaysia und Indonesien bis Philippinen, westliches Mikronesien, GBR, Samoa und Tonga.

MITTE OBEN Juvenile sind rotbraun mit vielen weißen Markierungen. Schwarze Flecken in den Flossen. Sie sind öfter bei Fächer-Gorgonien und Schwarzen Korallen anzutreffen.

Fahler Schweinslippfisch
—Bodianus neilii

Vorderkörper blass rötlichbraun, wird nach hinten kontinuierlich heller bis weiß. Länglicher roter bis rotschwärzlicher Fleck in der Rücken- und Afterflosse.

GRÖSSE 20 cm

BIOLOGIE Bewohnt Lagunen und flache Küstenriffe, gern auch Areale mit trübem Wasser und geringem Korallenbewuchs, 2–15 m. Einzelgänger, sucht den Boden nach Kleintieren ab.

VORKOMMEN Malediven, Sri Lanka und Andamanensee.

Blaukopf-Zwerglippfisch
—Cirrhilabrus cyanopleura

TP mit blauem Bereich am Vorderkörper, Schnauze und Stirn meist schmutziggrünlich, Bauchseite weißlich.

GRÖSSE 15 cm

BIOLOGIE In Lagunen und Außenriffen, in korallenreichen Arealen und über gemischten Korallen- und Geröllflächen, 2–30 m. Schwimmt häufig in kleinen Gruppen, frisst Zooplankton.

VORKOMMEN Andamanensee und Christmas I. SW-Japan, NW-Australien, PNG und GBR.

Lubbocks Lippfisch
—Cirrhilabrus lubbocki

TP mit gelben Brustflossen. Neben der abgebildeten gibt es eine Farbvariante mit gelbem Rücken und rötlicher Seite.
GRÖSSE 8 cm
BIOLOGIE Bevorzugt Außenriffe, über Korallen und Geröllgrund, 3–35 m. Einzeln, öfter auch in kleinen lockeren Gruppen, schnappt nach Zooplankton.
VORKOMMEN Ostindonesien, Philippinen, Palau.

Masken-Lippfisch
—Cirrhilabrus exquisitus

Schwarzer Fleck im oberen Bereich des Schwanzstiels.
GRÖSSE 12 cm
BIOLOGIE Bevorzugt Außenriffhänge, 5–35 m. Oft in strömungsexponierten Zonen, auch über Geröllflächen, schnappt nach Zooplankton.
VORKOMMEN Ostafrika bis Südjapan, Palau, GBR und Frz.-Polynesien, und Ducie I.

Schwarzstreifen-Junker
—Coris pictoides

Helle Bauch- und dunkle Rückenseite. Über dem Auge beginnend zieht eine dünne weiße Linie bis zum Schwanz.
GRÖSSE 12 cm
BIOLOGIE Bevorzugt über riffnahen Sand- und Geröllböden, 10–35 m. Schwimmt einzeln oder in kleinen Gruppen.
VORKOMMEN Malaysia und Indonesien bis Philippinen und SO-Australien.

Flecken-Junker
—Coris batuensis

TP: Obere Körperhälfte mit kurzen dunklen Querbändern. Kleiner schwarzer Achselfleck. Ein Augenfleck in der Mitte der Rückenflosse. IP mit drei Augenflecken in der Rückenflosse und roten Punkten am Kopf.
GRÖSSE 18 cm
BIOLOGIE In Lagunen und Außenriffen, 1–20 m. Einzelgänger, gewöhnlich dicht über Sand- und Geröllböden.
VORKOMMEN Ostafrika bis Südjapan, Mikronesien und Tonga.

Spiegelfleck-Junker
—Coris aygula

TP (Männchen, oben) mit Stirnhöcker und ausgefranstem Schwanz, olivgrün und meist mit weißlicher Querbinde. IP (Mitte) und Juvenile (unten) mit schwarzen Punkten am Vorderkörper, Juvenile zudem mit zwei Augenflecken in der Rückenflosse.

GRÖSSE 1 m

BIOLOGIE In Lagunen und Außenriffhängen, 2–40 m. Schwimmt einzeln, häufig in Riffbereichen mit gemischten Korallen-, Sand- und Geröllzonen. Ernährt sich von wirbellosen Bodentieren, besonders von hartschaligen, wie Muscheln, Schnecken, Seeigeln. Einsiedlerkrebse und Krabben, die er mit seinen Mahlzähnen im Schlund knackt.

VORKOMMEN Rotes Meer und Ostafrika bis Südjapan, Mikronesien, Line I., Frz.-Polynesien.

Gelbschwanz-Junker
—Coris gaimard

TP: Gelber Schwanz, an Schwanzbasis und Hinterkörper leuchtend blaue Punkte.

GRÖSSE 38 cm

BIOLOGIE In Lagunen und Außenriffen, 2–50 m. Schwimmt in der Nähe von Korallen bevorzugt über Sand- und Geröllböden. Ernährt sich vorwiegend von hartschaligen Wirbellosen wie Schnecken, Muscheln, Seeigeln, Krebsen.

VORKOMMEN Christmas I. und Bali bis Südjapan, Mikronesien, Hawaii und Frz.-Polynesien.

MITTE IP mit rötlichem Kopf. Dieses Exemplar ist bereits in der Umfärbung zum Männchen, erkennbar an der beginnenden Ausbildung des senkrechten grünlichen Streifens am Vorderkörper.

UNTEN Die Juvenile Phase ist rotorange mir weißen, schwarzrandigen Flecken.

Schwanzfleck-Junker
—Coris caudimacula

Weißlich mit oliv-rotbraunen, rechteckigen Flecken auf oberer Körperhälfte, Färbung blass bis kräftig.
GRÖSSE 20 cm
BIOLOGIE In Lagunen, Buchten und geschützten Außenriffen, 2–25 m. Bevorzugt über Sand- und Geröllflächen in Korallennähe. Einzeln und stets bodennah. Frisst hartschalige Bodentiere. Bei der Futtersuche oft begleitet von anderen Fischen.
VORKOMMEN Rotes Meer, Ostafrika und Golf v. Oman bis Bali und NW-Australien.

Königs-Junker
—Coris formosa

Männchen (TP) mit Querbändern. Weibchen (IP, Foto) mit schwarzen Punkten, Schwanzflosse rot im vorderen, semitransparent im hinteren Bereich.
GRÖSSE 60 cm
BIOLOGIE In korallenreichen, meist exponierten Riffen, 3–30 m. Einzeln, über Mischzonen mit Sand, Korallen und Geröll. Frisst hartschalige Wirbellose.
VORKOMMEN Südl. Rotes Meer, Ostafrika, Maskarenen, Seychellen, Chagos, Malediven und Sri Lanka.

Blauer Vogellippfisch
—Gomphosus caeruleus

Charakteristische Röhrenschnauze. Ähnlich: *G. varius*, jedoch mit abweichender Färbung.
GRÖSSE 28 cm
BIOLOGIE Bewohnt korallenreiche Lagunen, Buchten und Außenriffe, 1–35 m. Nicht selten, aber scheu und mit agiler, schneller Schwimmweise. Frisst wirbellose Kleintiere, kann diese mit seiner langen, schmalen Schnauze auch aus Zweigkorallen und engen Spalten aufpicken.
VORKOMMEN Rotes Meer bis Mauritius, Südafrika, Oman und Andamanensee.

MITTE UNTEN Männchen (TP)sind dunkelblau gefärbt und Einzelgänger.
UNTEN Weibchen (IP) sind bauchseitig gelblichbraun und schwimmen meist in kleinen Gruppen.

Stülpmaul-Lippfisch
—Epibulus insidiator

TP (Männchen) mit weißem Gesicht und orangefarbenem Nacken.

GRÖSSE 35 cm

BIOLOGIE Bewohnt korallenreiche Lagunen und Außenriffe, 2–40 m. Einzelgänger, ggf. in kleinen Haremsgruppen, relativ scheu. Ernährt sich von Garnelen, Krebsen und Fischen. Kann sein Stülpmaul blitzschnell röhrenförmig vorstrecken und so auch zwischen Korallen lebende Beutetiere einsaugen.

VORKOMMEN Rotes Meer und Ostafrika bis Südjapan, Mikronesien, Hawaii und Frz.-Polynesien.

MITTE OBEN IP (Weibchen) sind cremefarben bis dunkelbraun, nicht selten sieht man sie auch in einer leuchtend gelben Variante.

Blaugrüner Junker
—Halichoeres melanurus

TP (Männchen) mit großem, schwarzem Fleck am Hinterrand der Schwanzflosse, Kopf mit roten Streifen auf grünem bis bläulichem Grund.

GRÖSSE 12 cm

BIOLOGIE Bevorzugt geschützte Riffe, 1–15 m. Schwimmt einzeln oder in kleinen Gruppen. Ernährt sich von kleinen Wirbellosen wie Krebstierchen und Borstenwürmern.

VORKOMMEN Indonesien bis SW-Japan, Mikronesien, Samoa und GBR.

UNTEN IP mit Augenfleck an oberer Schwanzbasis, in der Rückenflosse mittig ein weiterer Augenfleck und vorn ein kleiner schwarzer Punkt. Sehr ähnlich ist die Initialphase von *H. richmondi*, *H. purpurascens* und *H. vrolikii* (Ind. Ozean).

Schachbrett-Junker
—Halichoeres hortulanus

Schachbrettartiges Muster, TP (Bild oben) mit einem, IP (Bild Mitte) mit zwei bis drei gelben Rückenflecken. Juvenile (Bild unten) mit abwechselnd silbrigweißen und schwarzen Bändern und Augenfleck mittig in der Rückenflosse.

GRÖSSE 27 cm

BIOLOGIE In klaren Lagunen und Außenriffen, 1–30 m. Agiler Schwimmer, tagsüber immer in Bewegung und nicht scheu. Männchen besetzen ein großes Revier. Ernährt sich von wirbellosen Kleintieren des Bodens, schwimmt häufig über Geröll und Sandflecken nahe bei Korallen.

VORKOMMEN Rotes Meer, Südoman und Ostafrika bis Südjapan, Mikronesien, Line I. und Frz.-Polynesien.

Nebel-Junker
—Halichoeres nebulosus

Komplexes Muster, Färbung variabel.
GRÖSSE 12 cm
BIOLOGIE In Fels- und Korallenriffen, 1–40 m. Scheu, stets dicht über dem Grund, auch auf algenbewachsenen Flächen und nahe bei Versteckmöglichkeiten. Wird daher trotz seiner Häufigkeit oft übersehen. Frisst wirbellose Bodentiere.
VORKOMMEN Rotes Meer, Südoman und Ostafrika bis Südjapan, Salomonen und Ostaustralien.

Zitronen-Junker
—Halichoeres chrysus

Zitronengelb. TP (Männchen) hat in der Rückenflosse einen schwarzen Fleck.
GRÖSSE 12 cm
BIOLOGIE Bevorzugt über Sand- und Geröllflächen an Riffkanten und -hängen, 2–60 m. Schwimmt meist in kleinen, lockeren Gruppen.
VORKOMMEN Christmas I. und Bali bis Südjapan, Marshall I., Salomonen, NW- und Ostaustralien.

MITTE UNTEN Initialphase mit zwei bis drei schwarzen Flecken in der Rückenflosse. Juvenile Phase mit drei schwarzen Flecken, davon der in der Rückenmitte als großer Augenfleck. Bei dem abgebildetem Tier ist der dritte, vordere Fleck wegen der in diesem Bereich angelegten Rückflosse nicht erkennbar.

Schmuck-Junker
—Halichoeres cosmetus

Bläulichgrün mit orangefarbenen Längsstreifen. Jungtiere (JP) und Weibchen (IP) mit zwei Augenflecken in der Rückenflosse.
GRÖSSE 13 cm
BIOLOGIE In Lagunen und Außenriffen, 3-30 m. Meist in Mischzonen aus Korallen, Gestein und Geröll.
VORKOMMEN Ostafrika, Mauritius, Seychellen, Malediven bis Andamanensee und Sumatra.

Blaukopf-Junker
—Halichoeres prosopeion

TP und IP: Kopf und Teile des Vorderkörpers graublau mit fließendem Übergang zum weißlich-gelben bis gelben Hinterkörper. Schwarzer Fleck vorn in der Rückenflosse.
GRÖSSE 13 cm
BIOLOGIE In Lagunen und Außenriffen mit reichem Korallenbewuchs, 2–40 m. Schwimmt einzeln oder in kleinen, lockeren Gruppen.
VORKOMMEN Indonesien bis SW-Japan, Palau, Samoa und SO-Australien.

MITTE Juvenile Phase mit dunklen Längsstreifen und schwarzem Fleck vorn in der Rückenflosse.

Richmonds Junker
—Halichoeres richmondi

TP: Schwanzflosse mit blauem Randsaum und blauen Längsstreifen. Kopf mit blauen Längsstreifen.
GRÖSSE 19 cm
BIOLOGIE Flache Lagunen, geschützte Riffkanäle und Küstenriffe, 2–15 m. Scheu, schwimmt einzeln oder in kleinen Gruppen.
VORKOMMEN Indonesien (Java) bis SW-Japan, Marshall I., PNG und Vanuatu.

Solor-Junker
—Halichoeres solorensis

TP (Foto): Kopf gelblichgrün mit blassem Streifenmuster. Körper malvefarbig bis grau.
GRÖSSE 18 cm
BIOLOGIE Lagunen und Küstenriffe, über Korallen sowie auf Sand- und Geröllzonen, meist in geringen Tiefen bis etwa 10 m. Weibchen oft in Gruppen. Ernährt sich von bodenlebenden Wirbellosen.
VORKOMMEN Indonesien bis Philippinen und Molukken.

Zweifarben-Bannerlippfisch
—Hemigymnus melapterus

Heller Vorder- und dunkel grünschwarzer Hinterkörper, große Adulte überwiegend olivgrün.
GRÖSSE 50 cm
BIOLOGIE Bewohnt Lagunen und geschützte Außenriffe, 1–30 m. Schwimmt bevorzugt über Mischzonen mit Korallen, Sand und Geröll auf der Suche nach hartschaligen Wirbellosen, von denen er sich vorwiegend ernährt.
VORKOMMEN Rotes Meer, Ostafrika bis Südjapan, Mikronesien und Frz.-Polynesien.

UNTEN Initialphase mit abweichendem, sehr kontrastreichem Farbkleid, dunkleren Augen und gelben Schwanz.

Bänder-Lippfisch
—Hemigymnus fasciatus

Breite dunkle Querstreifen.
GRÖSSE 50 cm
BIOLOGIE In Lagunen und Außenriffen, 1–25 m. Bevorzugt geschützte Riffe und Mischzonen mit Sand, Geröll und Korallen. Einzeln, gelegentlich in kleinen Gruppen. Frisst wirbellose Bodentiere, darunter Borstenwürmer, Krebse, Schlangensterne und Mollusken.
VORKOMMEN Ostafrika bis Südjapan, Mikronesien, Line I., Frz.-Polynesien und Ducie I.

Weißlinien-Lippfisch
—Labrichthys unilineatus

Dicke, fleischige Lippen., TP grünlich mit einem hellen, breiten Querstreifen hinterm Kopf.
GRÖSSE 17 cm
BIOLOGIE Bewohnt korallenreiche, geschützte Riffe, 1–20 m. Schwimmt stetig zwischen Korallen umher. Frisst Korallenpolypen, besonders von ästigen Formen wie Acropora-Korallen, zwischen denen er sich bei Beunruhigung auch zurückzieht.
VORKOMMEN Ostafrika bis SW-Japan, Mikronesien, Samoa und Australien.

MITTE UNTEN Die Intialphase ist schwarz mit einer weißen Längslinie. Wie die Adulten sind auch sie bereits sehr agile, unermüdliche Schwimmer.

Allens Lippfisch
—Labropsis alleni

TP: Kopf bräunlich, zur Körpermitte gelblich und zum Schwanz hin weiß werdend. Großer schwarzer, hell umrandeter Fleck an Brustflossenbasis. Jeweils ein kleinerer Fleck vorne in der Rückenflosse und bauchseitig oberhalb der Afterflosse.
GRÖSSE 10 cm
BIOLOGIE An korallenreichen Lagunen und Außenriffhängen, 4–50 m.
VORKOMMEN Indonesien bis Philippinen, Marshall I. und Salomonen.

Gestreifter Hechtlippfisch
—Hologymnus annulatus

TP: Dunkelgrün mit Querstreifung.
GRÖSSE 40 cm
BIOLOGIE Klare Lagunen, Buchten und geschützte Außenriffe, 5–35 m. Häufig in Arealen mit abwechselnden Korallen-, Geröll- und Sandflächen. Männchen (TP) durchstreifen ein großes Heimrevier. Frisst vorwiegend Fische, daneben auch kleine Krebstiere.
VORKOMMEN Rotes Meer und Ostafrika bis Südjapan. Line I. bis Frz.-Polynesien und Pitcairn.

MITTE OBEN Juvenile Phase, Länge ca.7 cm. Juvenile schwimmen einzeln und bodennah, oft über Sand und Geröll. Können leicht mit juvenilen Blaukopf-Torpedobarschen verwechselt werden.

Pastell-Hechtlippfisch
—Hologymnus doliatus

TP und IP mit vielen blauen Querstreifen. TP zusätzlich am Vorderkörper ein weißliches Querband.
GRÖSSE 38 cm
BIOLOGIE In Lagunen, Außenriffen und Buchten über Mischzonen aus Korallen, Sand und Geröll, 3–30 m. Männchen mit großem Revier und Haremsweibchen,.
VORKOMMEN Südl. Rotes Meer, Südoman und Ostafrika bis Südjapan, Mikronesien, Line I., Samoa und SO-Australien. Juvenile sind cremefarben mit 3 roten Längsstreifen. Sie halten sich häufig nah beieinander in kleinen Gruppen auf.

Zweifarben-Putzerlippfisch
—Labroides bicolor

Schnauze und Teile des Kopfes dunkelblau, Vorderköper schwarz mit abruptem Übergang zum blass gelblichen Hinterkörper. Juvenile schwarz mit gelben Rückenstreifen.
GRÖSSE 14 cm
BIOLOGIE Korallenriffe, 2–25/30 m.
VORKOMMEN Ostafrika bis Südjapan, Mikronesien, Line I. und Frz.-Polynesien.

Gewöhnlicher Putzerlippfisch
—Labroides dimidiatus

TP: bläulichweiß. Schwarzer, von Schnauze bis Schwanz zunehmend breiterer Längsstreifen.
GRÖSSE 12 cm
BIOLOGIE In allen Riff-Lebensräumen, 1–40 m. Betreibt Putzerstationen, lockt zahlreiche Fischarten mit auffälligem Wippschwimmen an. Ernährt sich ausschließlich von Hautparasiten, Schleim und Hautresten seiner Putzkunden. Adulte oft paarweise.
VORKOMMEN Rotes Meer, Arabischer Golf und Südafrika bis Südjapan und Frz.-Polynesien.

Brustfleck-Putzerlippfisch
—Labroides pectoralis

Kopf gelblich. Dunkler Längsstreifen wird zum Hinterkörper hin schwarz und bedeckt die gesamte Köperhöhe. Schwarzer Brustfleck.
GRÖSSE 8 cm
BIOLOGIE Bewohnt bevorzugt klare, korallenreiche Außenriffe, auch in Lagunen, 2–28 m. Ernährt sich wie andere Putzerlippfische von Hautparasiten anderer Fische.
VORKOMMEN Cocos Keeling und Christmas I. bis Südjapan, Mikronesien, Line I. und Pitcairn.

Arabischer Putzerlippfisch
—Larabicus quadrilineatus

Männchen dunkelblau, IP hell-dunkelbau gestreift und großer schwarzer Fleck in Schwanzflosse.
GRÖSSE 11 cm
BIOLOGIE In korallenreichen Buchten, Saum- und Fleckriffen, 0,5–20 m. Adulte sind territorial und fressen Korallenpolypen. Juvenile und Subadulte betätigen sich, meist in kleinen Gruppen, als Putzerfische, haben jedoch keine festen Stationen.
VORKOMMEN Rotes Meer und Golf von Aden.

Diamant-Lippfisch
—*Macropharyngodon bipartitus*

TP: Männchen mit grünen Streifen am Vorderkörper
GRÖSSE 13 cm
BIOLOGIE In Lagunen und Außenriffen unterhalb der Brandungszone, 2–30 m. Bevorzugt Mischzonen aus Sand, Geröll und Korallen. Schwimmt stets bodennah auf der Suche nach kleinen wirbellosen Kleintieren. Männchen sind territorial mit jeweils einem großen Revier und einem Harem aus mehreren Weibchen.
VORKOMMEN Unterart M. b. marisrubri im Roten Meer, Unterart M. b. bipartitus vom Oman bis Malediven, Mauritius und Südafrika.

MITTE OBEN IP: Weibchen rötlich mit weißen Punkten. Brust schwarz mit hellblauen Punkten oder Marmorierung.

Ornament-Lippfisch
—*Macropharyngodon ornatus*

IP: (Weibchen oberes Bild): Kopf orange bis rötlich mit kurzen, grünen, schwarzrandigen Streifen. Körper dunkel mit bläulichgrünen Punkten. TP (Männchen) sehr ähnlich, Kopf jedoch grünlicher, die Steifen und Körperpunkte bläulich.
GRÖSSE 12 cm
BIOLOGIE In Lagunen und geschützten Außenriffen, 3–30 m. Schwimmt einzeln oder in kleinen Gruppen, meist über Mischzonen aus Korallen, Sand und Geröll.
VORKOMMEN Sri Lanka, Anamanensee bis SW-Japan, Samoa und GBR.

UNTEN Juvenile (unteres Bild): Kopf mit weißer Grundfärbung und netzförmige orangefarbene Streifen. Körper schwarz mit Reihen großer weißer Flecken.

Schwarzer Leopard-Lippfisch
— Macropharyngodon meleagris

IP: schwarz mit sehr vielen kleinen weißen Punkten. Transparente Schwanz- und weißliche Rückenflosse. TP mit kurzen Kopfstreifen.

GRÖSSE 12 cm

BIOLOGIE Bewohnt gemischte Zonen aus Sand-, Geröll- und Korallengrund, 5–30 m. Einzeln oder in Kleingruppen aus wenigen Tieren. Kleine Jungtiere haben einen schwarzen Augenfleck hinten in der Rückenflosse.

VORKOMMEN Malediven, Andamanensee bis SW-Japan, SO-Australien und Samoa.

Zweistreifen-Höhlenlippfisch
— Wetmorella nogropinnata

Rot bis braunrot mit je einer gelben Binde hinterm Auge und an der Schwanzbasis.Rücken-, After- und Bauchflossen je mit einem weißrandigem schwarzen Fleck.

GRÖSSE 8 cm

BIOLOGIE In Lagunen und Außenriffhängen, 1–50 m. Lebt versteckt in Höhlen und Spalten. Zudem sehr scheu. Wird oft übersehen.

VORKOMMEN Rotes Meer bis SW-Japan und Pitcairn.

Brauner Bäumchenfisch
— Novaculichthys taeniourus

Weißer Querstreifen auf Schwanzwurzel.

GRÖSSE 30 cm

BIOLOGIE In Lagunen und Außenriffe, 2–45 m. Meist einzeln und über gemischten Sand-Korallen-Zonen in Riffnähe zu beobachten. Ernährt sich von wirbellosen Bodentieren und dreht, um diese aufzudecken, auch Geröll um.

VORKOMMEN Rotes Meer, Ostafrika, Südoman bis SW-Japan, Hawaii, Panama und Polynesien.

UNTEN Juvenile sind braun mit hellen Sprenkeln und ahmen in Färbung und Schwimmweise über den Boden driftenden Tang nach.

Pfauen-Schermesserfisch
—Iniistius pavo

TP (oberes Bild): hell gräulichblau mit kleinem, schwarzen Rückenfleck.

GRÖSSE 40 cm

BIOLOGIE Riffnahe, freie Sandflächen in Lagunen und an Außenriffen, 2–100 m. Adulte meist unterhalb 20 m Tiefe, einzeln oder in lockeren Gruppen. Frisst hartschalige Wirbellose, wie Gehäuseschnecken und Krebse. Sehr scheu, taucht bei Beunruhigung blitzschnell in Sand ein.

VORKOMMEN Rotes Meer und Ostafrika bis Südjapan, Hawaii, Mexiko und Frz.-Polynesien.

MITTE UND UNTEN Juvenile (2 Farbvarianten) ahmen mit ihrer driftenden und dabei leicht schaukelnden Schwimmweise treibenden Tang oder abgestorbene Blätter nach. Sie sind oft in geringen Tiefen anzutreffen. Meist weniger scheu als die Adulten.

Weißfleck-Schermesserfisch
—Iniistius aneitensis

TP (Bild oben): Großer weißlicher Fleck hinter der Brustflosse. Zeigt gelegentlich 3–4 Querstreifen, die sich jedoch nur schwach von der Grundfärbung abheben.
GRÖSSE 24 cm
BIOLOGIE Auf riffnahen, offenen Sandflächen in Lagunen und an Außenriffen, 10–90 m. Schläft wie andere Schermesserfische nachts eingetaucht im Sand.
VORKOMMEN Chagos bis SW-Japan, Hawaii, Mikronesien.

MITTE UND UNTEN Die Bilder zeigen die juvenile Phase in zwei Farbvarianten.

Rottüpfel-Schermesserfisch
—Iniistius pentadactylus

TP mit 4–5 einzelnen, oft auch überlappenden roten Flecken hinter dem Auge.

GRÖSSE 25 cm

BIOLOGIE An Küsten mit Sand- und Schlammhängen, 1–30 m. Schwimmt einzeln oder in lockeren Gruppen stets in Bodennähe. Taucht bei Beunruhigung blitzschnell in den Weichboden ein, schläft auch nachts im Sand.

VORKOMMEN Rotes Meer und Ostafrika bis SW-Japan, Guam, Salomonen und GBR.

MITTE Bei IP über dem Bauch ein weißlicher Fleck mit roten Strichen (rote Schuppenränder).

Zweifleck-Lippfisch
—Oxycheilinus bimaculatus

Die Schwanzflosse hat eine ungewöhnliche kantige Form.

GRÖSSE 15 cm

BIOLOGIE In Lagunen und Außenriffen, 2–110 m. Meist in Arealen mit Geröll, Sand, Seegras und vereinzelten Korallengestein mit Algenbewuchs. Männchen territorial und mit Haremsweibchen, verteidigen ihr Laichrevier gegen andere Männchen.

VORKOMMEN Golf von Aden und Südafrika bis Südjapan, Hawaii, Mikronesien und Frz.-Polynesien.

Seitenstreifen-Lippfisch
—Oxycheilinus mentalis

Dunkler Längsstreifen auf der Seite, weißer Fleck auf der Schwanzwurzel.
GRÖSSE 24 cm
BIOLOGIE In Lagunen, Buchten und Außenriffen mit reichem Korallenbewuchs, 1–25 m. Kaum scheu, teils sogar neugierig. Schwimmt gemächlich und stets dicht über dem Grund zwischen kleinen Korallenformationen umher.
VORKOMMEN Rotes Meer bis Madagaskar und Malediven.

Wangenstreifen-Lippfisch
—Oxycheilinus diagrammus

Färbung variabel, doch stets mit diagonalen Wangenstreifen.
GRÖSSE 30 cm
BIOLOGIE In korallenreichen Lagunen, Buchten und Außenriffen, 3–60 m. Einzelgänger, nicht scheu, gelegentlich sogar neugierig. Schwimmt teils dicht über und zwischen Korallenblöcke, teils auch ein gutes Stück über dem Grund. Ernährt sich räuberisch von kleinen Fischen.
VORKOMMEN Rotes Meer und Ostafrika bis SW-Japan, Mikronesien, Neukaledonien und Samoa.

MITTE UNTEN Diese Art tritt in sehr unterschiedlichen Grundfärbungen auf, von hell weißlichgrau über grünlich mit rotem Bauch bis dunkelrot.

Cyano-Fahnenlippfisch
—Paracheilinus cyaneus

TP: Kleine Punkte und Linien am Kopf.
GRÖSSE 5 cm
BIOLOGIE Auf Geröllflächen von Saumriffen und Außenriffhängen, 5–20 m. Das Männchen schwimmt bei der Balz außerordentlich schnell und ruckartig über einem kleinen Areal hin und her. Dabei ändert es rasch die Färbung Die Rückenflosse wechselt von Rot nach Weiß, der Vorderköper besonders auf der Oberseite von Rot zu hellem Blaugrün.
VORKOMMEN Borneo bis Raja Ampat.

Meißelzahn-Lippfisch — *Pseudodax mollucanus*

TP: Gelbe Oberlippe, weißlicher Querstreifen an Schwanzbasis.
GRÖSSE 25 cm
BIOLOGIE Korallenreiche Lagunen, Buchten und Außenriffe, 2–40 m. Agiler, schneller Schwimmer, meist einzeln. Frisst hartschalige Wirbellose.
VORKOMMEN Rotes Meer und Ostafrika bis Südjapan, Mikronesien und Frz.-Polynesien.

MITTE Juvenile mit hellem Streifen entlang Rücken und Bauch. Sie halten sich vorwiegend an Riffhängen mit vielen Spalten und Höhlungen als Versteckmöglichkeiten auf. Gelegentlich werden sie als Putzerfische tätig.

Sechslinien-Zwerglippfisch — *Pseudocheilinus hexataenia*

Sechs orangefarbene Längsstreifen. Schwanzwurzel mit kleinem Fleck.
GRÖSSE 8 cm
BIOLOGIE Lagunen, Buchten und geschützte Außenriffe, 2–35 m. In vielen Gebieten häufig, jedoch oft übersehen, da meist zwischen Korallen und Korallenzweigen versteckt. Frisst wirbellose Kleintiere.
VORKOMMEN Rotes Meer, Ostafrika und Oman bis SW-Japan, Mikronesien und Frz.-Polynesien.

Seegras-Lippfisch
—Pteragogus cryptus

Annähernd ovaler Augenfleck am Kiemendeckel, weißer Streifen hinterm Auge.
GRÖSSE 9,5 cm
BIOLOGIE Bewohnt Lagunen und flache, geschützte Saumriffe, 1–20 m. Einzeln oder paarweise, versteckt lebend und daher häufig übersehen. Hält sich meist in der Deckung von Korallenästen, Weichkorallen, Seegras oder Algen auf.
VORKOMMEN Rotes Meer, Ostafrika und Oman bis Philippinen, Neukaledonien und Samoa.

Hahnen-Lippfisch
—Pteragogus enneacanthus

Seitenlinie mit kleinen dunklen Flecken, die einen weitgehend durchgehenden Streifen bilden können.
GRÖSSE 12 cm
BIOLOGIE Über Korallen, algenbestandenen Gestein- und Sandflächen, 3–30 m. Einzeln und recht scheu, eher selten zu beobachten.
VORKOMMEN Indonesien bis Marianen, Korallensee, Tonga und SO-Australien.

Sechsstreifen-Junker
—Thalassoma hardwicke

Körper mit schwarzen, sattelfleckartigen Querstreifen am Rücken, die nach hinten kürzer werden.
GRÖSSE 20 cm
BIOLOGIE In flachen Lagunen und Außenriffen, 1–15 m. Schwimmt auch im Flachwasser auf Riffdächern und an Riffkanten. Nicht scheu, teils neugierig. Ernährt sich vorwiegend von wirbellosen Bodentieren sowie Planktonkrebschen und kleinen Fischen.
VORKOMMEN Ostafrika bis Südjapan, Line I. und Frz.-Polynesien.

Jensens Junker
—Thalassoma jansenii

Gelblich-weiß mit drei ausgedehnten, schwarzen Bereichen.
GRÖSSE 20 cm
BIOLOGIE In Lagunen und Außenriffen, 1–15 m. Einzeln oder in Gruppen. Sehr flinker, agiler Schwimmer.
VORKOMMEN Malediven bis Südjapan und Fidschi.

Mondsichel-Junker
—Thalassoma lunare

TP blau bis blaugrün mit blauem Kopf. IP überwiegend grünlich.
GRÖSSE 27 cm
BIOLOGIE Lagunen und Außenriffe, 1–20 m. Einzeln oder in Gruppen. Sehr flinker Schwimmer, immer in rascher Bewegung. Nicht scheu, teils neugierig. Männchen territorial und mit Haremsweibchen. Frisst wirbellose Bodentiere, besonders Krebse, auch kleine Fische.
VORKOMMEN Rotes Meer, Arabischer Golf und Südafrika bis Südjapan und Line I. und Neuseeland.

Rotmeer-Junker
—Thalassoma rueppellii

TP mit intensiveren Farben als IP.
GRÖSSE 20 cm
BIOLOGIE In korallenreichen Buchten, Saum- und Fleckriffen, 0,5–20 m. Häufige Art, überhaupt nicht scheu, schwimmt sogar öfter neugierig an Taucher heran. Frisst wirbellose Kleintiere, auch kleine Fische. Große Männchen haben ein Territorium mit Haremsweibchen.
VORKOMMEN Rotes Meer.

PAPAGEIFISCHE — SCARIDAE

Papageifische sind Pflanzenfresser und schaben mit ihrem schnabelartigen Gebiss winzige Algen von Fels- und Korallengestein, was weithin hörbare Kratzgeräusche verursacht. Teils kratzen sie auch an lebenden Steinkorallen wegen der symbiontischen Algen in deren oberen Skelettschichten. Durch ihre Ernährungsweise nehmen sie große Mengen von unverdaulichem Kalk auf, den sie fein zermahlen in Form auffälliger Sandwolken wieder ausscheiden. So tragen sie zur Bioerosion im Riff bei und sind wichtige Produzenten von Korallensand. Wie die verwandten Lippfische schwimmen Papageifische mithilfe der Brustflossen, die Schwanzflosse kommt nur auf der Flucht zum Einsatz, oder bei der Balz, wenn sie zum Ablaichen paarweise schnell zur Wasseroberfläche aufsteigen. Ebenfalls wie Lippfische (siehe dort) wechseln viele Papageifische mit dem Alter Geschlecht und Färbung. Nachts ruhen sie in Löchern und Spalten des Riffs. Einige scheiden zusätzlich einen durchsichtigen Schleimkokon aus, der als Geruchsbarriere wohl vor nachtaktiven Räubern wie Muränen schützt.

Büffelkopf-Papageifisch — *Bolbometapon muricatum*

Oliv- bis graugrün, Adulte durch mächtigen Stirnhöcker mit hoher senkrechter Stirn.

GRÖSSE 130 cm

BIOLOGIE in korallenreichen Lagunen und Außenriffen, 1–50 m. Größte Art der Familie, bis mindestens 70 kg. Frisst lebende Korallen, von denen er ganze Zweige abbeißt oder mit seinem Stirnhöcker lautstark rammt und abbricht. Tagaktiv, zieht meist in festen Gruppen, die sich früh morgens sammeln, übers Riff. Schläft nachts in Gruppen in großen Spalten und Höhlen. In dem meisten Gebieten selten und scheu.

VORKOMMEN Rotes Meer (selten) und Ostafrika bis SW-Japan, Taiwan, Line I. und Frz.-Polynesien.

Blausichel-Papageifisch
— Chlorurus atrilunula

Weibchen mit mehreren (meist vier) seitlichen Querbändern aus weißen Rechteckflecken. Männchen mit dunkelblauer Schwanzsichel.
GRÖSSE 30 cm
BIOLOGIE Bewohnt geschützte Riffe, 1–20 m. Über Korallen-, Sand- und Geröllarealen. Schabt kleine Aufwuchsalgen vom Substrat ab.
VORKOMMEN Ostafrika (Kenia bis Südafrika) bis Chagos, Malediven und Seychellen.

Bleekers Papageifisch
— Chlorurus bleekeri

Adulte Männchen mit großem blassen Bereich auf der Wange. Initialphase grünbräunlich mit hellen Querstreifen
GRÖSSE 50 cm
BIOLOGIE Bewohnt geschützte, klare Außenriffe und Lagunen, 2–30 m. Adulte Männchen sind Einzelgänger, Tiere der Initialphase schwimmen häufig gruppenweise.
VORKOMMEN Indonesien bis Philippinen, Marshall I., Salomonen, Fidschi und GBR.

Indischer Papageifisch
— Chlorurus capistratoides

TP (Männchen) mit grünen Streifen ums Auge, gelbem Fleck am Brustflossenansatz und langen Schwanzfilamenten. Jungtiere und IP (Weibchen) dunkelgrau mit rosa Schwanz und Schnauze.
GRÖSSE 55 cm
BIOLOGIE Bevorzugt obere Zonen von korallenreichen Riffhängen, bereits ab der Brandungszone.
VORKOMMEN Ostafrika bis Seychellen, Andamanensee, Bali und Flores.

Masken-Papageifisch
—Cetoscarus bicolor

Juvenile (unten), Weibchen (Mitte) und Männchen (oben) jeweils mit eigenem Farbkleid.

GRÖSSE 80 cm

BIOLOGIE Bewohnt bevorzugt obere Riffhänge von klaren Lagunen und Außenriffen, 1–30 m. Die Männchen sind territorial und haben gewöhnlich jeweils mehrere Haremsweibchen.

VORKOMMEN Rotes Meer und Ostafrika bis Mauritius, Südjapan, Mikronesien und Frz.-Polynesien.

UNTEN Die Jungtiere schwimmen meist über kleinen Sandarealen zwischen den Korallenblöcken umher und sind– anders als viele andere juvenile Papageifische – häufig von Tauchern zu beobachten.

Rotmeer-Buckelkopf-Papageifisch
—*Chlorurus gibbus*

TP Kleiner Stirnbuckel, lange Schwanzfilamente. IP Gelb mit grünem Schwanzrand und grünem Kinn. Sehr ähnlich ist C. strongylocephalus aus dem Indischen Ozean.
GRÖSSE 70 cm
BIOLOGIE Regelmäßig entlang oberer Saumriffhänge mit reichem Korallenbewuchs, 1–35 m. Männchen (TP) streifen durch ein großes Revier, häufig auch ein gutes Stück über dem Grund. Gehört zu den Arten, die nachts in einem selbst produzierten Schleimkokon schlafen.
VORKOMMEN Rotes Meer.

MITTE IP (Weibchen) in typischer Gelbfärbung.
UNTEN IP, in Umfärbung zum Männchen (TP) begriffen.

Purpurwangen-Papageifisch
— Chlorurus genozonatus

TP (Männchen) mit grünem Wangenstreifen, darunter ein breites bläulich-purpurnes Band. Initialphase rötlichbraun.
GRÖSSE 30 cm
BIOLOGIE Bewohnt korallenreiche Buchten und Hänge von Saumriffen, 5–25 m. Männchen einzeln und mit großem Revier. Scheu und relativ schnell schwimmend. Tiere der Initialphase sind meist in kleinen Gruppen unterwegs.
VORKOMMEN Rotes Meer und Golf von Aden.

Kugelkopf-Papageifisch
— Chlorurus sordidus

Färbung und Intensität variabel. TP (oberes Bild) meist mit gut sichtbarem gelborange Bereich auf der Wange und einer blasseren Färbung des Schwanzstiels.
GRÖSSE 40 cm
BIOLOGIE Bewohnt Lagunen und Außenriffe, 1–30 m. Häufige und sehr weit verbreitete Art (mit geografischen Formen). Adulte vor allem über Korallen, Juvenile auch über benachbarte Geröll- und Seegrasflächen. IP oft in kleineren oder größeren Wandertrupps. Schläft nachts im Schleimkokon.
VORKOMMEN Rotes Meer und Ostafrika bis SW-Japan, Hawaii, Line I und Ducie I.

MITTE UNTEN Juvenile bzw. IP dunkel mit weißen Punkten auf der Seite und blassem Schwanz mit dunklem Fleck.

Pazifik-Buckelkopf-Papageifisch
— Chlorurus microrhinos

Meist intensiv grünlichblau, unterer Kopfbereich hellblau. Eine seltenere Farbvariante ist schmutzig rötlich mit gelben Flossen. Beide mit hohem Kopfprofil.
GRÖSSE 70 cm
BIOLOGIE Bewohnt Lagunen und Außenriffe, 3–40 m.
VORKOMMEN Bali bis Philippinen und SW-Japan, Line I., SO-Australien und Pitcairn.

Indischer Buckelkopf
—Chlorurus strongylochephalus

TP (Männchen): Gelber Wangenfleck, steiles K opfprofil. Blaue Schwanzflosse mit langen Filamenten.
GRÖSSE 70 cm
BIOLOGIE Bewohnt Lagunen und Außenriffe, 2–35 m. Relativ häufig. Schwimmt meist einzeln. Selten sieht man Adulte auch in Schulen umherstreifen.
VORKOMMEN Golf von Aden und Ostafrika bis Andamanensee und SW-Indonesien.

MITTE OBEN IP (Weibchen): unterer Körperbereich rötlich, gelbe Schwanzflosse mit blauem Hinterrand und kurzen Filamenten.

Indische Langnase
—Hippocarus harid

Langgezogener Kopf. TP mit langen, IP mit kurzen Schwanzfilamenten.
GRÖSSE 75 cm
BIOLOGIE In tiefen Lagunen und halbgeschützten Außenriffen, 3–25 m. Schwimmt häufig über riffnahe Sand- und Geröllflächen. Oft in Gruppen aus einem Männchen und mehreren Weibchen. Weidet Aufwuchsalgen ab.
VORKOMMEN Rotes Meer und Ostafrika bis Andamanensee, Java und Cocos Keeling.

Blassnasen-Papageifisch
—Scarus psittacus

TP mit graublauer »Schnauzenkappe«, kurze Streifen am Kinn. IP rötlichbraun.
GRÖSSE 33 cm
BIOLOGIE In Lagunen und Außenriffen, 1–25 m. An Hängen und flach gelegenen Riffebenen mit Hartgrund und verstreuten Korallenformationen. Produziert zur Nachtruhe einen Schleimkokon. Weibchen oft in Schulen mit anderen Arten.
VORKOMMEN Rotes Meer, Ostafrika bis Südjapan, Hawaii, und Frz.-Polynesien.

Türkiskappen-Papageifisch
—Scarus dimidiatus

TP mit blaugrünem Bereich am Kopf und am oberen Vorderkörper. Gelblich-blasser Diagonalstreifen hinterm Auge. IP gelblich mit drei diffusen grauen Sattelflecken.
GRÖSSE 30 cm
BIOLOGIE Bewohnt korallenreiche Lagunen und Außenriffe, bis etwa 20 m.
VORKOMMEN Indonesien bis SW-Japan, Philippinen, Mikronesien und Samoa.

MITTE OBEN IP (Weibchen). Diese sind häufig blass gelblich und zeigen teils drei diffuse, graue Sattelflecken.

Rostnacken-Papageifisch
—Scarus ferrugineus

TP (Männchen) mit sehr breiter grüner Markierung um die Schnauze. IP bräunlich mit gelbem Schwanz.
GRÖSSE 40 cm
BIOLOGIE Bevorzugt korallenreiche Saumriffhänge und Fleckriffe. Häufige Art, wenig scheu. Männchen sind territorial mit einem Harem aus mehreren Weibchen. Kann sich zur Nachtruhe einen Schleimkokon produzieren.
VORKOMMEN Rotes Meer bis Arabischer Golf.

UNTEN IP (Weibchen) braun mit gelbem Schwanz.

Regenbogen-Papageifisch
—Scarus forsteni

TP um die Schnauze mit grüner Markierung, diese mit waagerechtem Ausläufer bis hinters Auge. IP mit mehrfarbig schillerndem Seitenband, teils zusätzlich mit weißem Fleck.
GRÖSSE 40 cm
BIOLOGIE Lebt in klaren Lagunen und Außenriffe, 3–30 m.
VORKOMMEN Cocos Keeling über Indonesien bis SW-Japan, Mikronesien, GBR und Frz.-Polynesien.

Grünbürzel-Papageifisch
—Scarus frenatus

TP mit abruptem Übergang von dunkel- nach hellgrün etwas vor dem Schwanzansatz.
GRÖSSE 47 cm
BIOLOGIE An klaren Außenriffhängen, häufig an Riffkronen und -kanten, 0,3–25 m. Weidet Aufwuchsalgen ab, auch im Seichtwasser auf dem Riffdach.
VORKOMMEN Rotes Meer, Oman und Ostafrika bis SW-Japan, Line I., SO-Australien und Frz.-Polynesien.

MITTE UNTEN IP mit dunklen rautenförmigen Markierungen, oft verschmelzend zu Längsstreifen.

Blauband-Papageifisch
—Scarus ghobban

Blaugrünlich mit blauen Brustflossen und deutlichen Schuppenmarkierungen. IP gelb mit blauen, mehrere Binden bildenden Flecken.
GRÖSSE 75 cm
BIOLOGIE Bewohnt geschützte Fels- und Korallenriffe, oft auch mit trüberem Wasser, 1–35 m. Juvenile auch gruppenweise über Seegraswiesen.
VORKOMMEN Rotes Meer und Ostafrika bis SW-Japan, Galapagos, Panama und Frz.-Polynesien.

Gebänderter Papageifisch
—*Scarus caudofasciatus*

IP (Weibchen): mit dunkelbraunem Vorderkörper und drei weißen Bändern am Hinterkörper.

GRÖSSE 50 cm

BIOLOGIE Am steilen Außenriffhängen, 3–50 m. Scheu. Schwimmt stets allein.

VORKOMMEN Ostafrika bis Mauritius, Malediven und Andamensee.

Dreifarben-Papageifisch
—*Scarus tricolor*

TP: Schwanzflosse mit bläulichem Ansatz, grünem Hinterrand und pinkfarbenen Filamenten. Je ein grüner Streifen über und unter dem Auge.

GRÖSSE 55 cm

BIOLOGIE Bewohnt korallenreiche Lagunen und Außenriffhänge, 5–40 m. Schwimmt meist einzeln umher.

VORKOMMEN Ostafrika bis Philippinen, Palau, Line I. und PNG.

Schwarzer Papageifisch
—*Scarus niger*

TP dunkel grünlich-blau mit rotem Auge und gelbgrünem Fleck hinter dem Auge.

GRÖSSE 40 cm

BIOLOGIE Lebt in korallenreichen Außenriffen, Lagunen und Buchten, 1–20 m. Gebietsweise häufige Art. Weibchen oft in kleinen Haremsgruppen. Männchen sind gelegentlich bei Revierverhalten zu beobachten.

VORKOMMEN Rotes Meer und Ostafrika bis SW-Japan, GBR und Frz.-Polynesien.

UNTEN JP mit rotem Kopf und welligen hellen und dunklen Seitenstreifen. Das abgebildete Exemplar ist bereits in der Umfärbung zum Männchen (IP).

Nasenhöcker-Papageifisch
—Scarus rubroviolaceus

TP: markanter Nasenhöcker, lange Schwanzfilamente, zwei Kinnstreifen.

GRÖSSE 75 cm

BIOLOGIE In Fels- und Korallenriffen, 1–30 m. Bevorzugt an Außenriffhängen. Schwimmt einzeln oder in Gruppen und weidet Aufwuchsalgen vom Substrat.

VORKOMMEN Rotes Meer und Ostafrika bis SW-Japan, Hawaii, Panama, SO-Australien und Frz.-Polynesien.

MITTE OBEN IP hell bis dunkelrotbraun, oft mit dunklerem Vorder- und hellerem Hinterkörper. Kinn, Lippen und Bauchflossen rot, teils auch die übrigen Flossen.

Schlegels Papageifisch
—Scarus schlegeli

Hinten am Rücken ein gelblicher Fleck, der als blasses Querband weiter bauchwärts zieht.

GRÖSSE 38 cm

BIOLOGIE Bewohnt korallenreiche Lagunen und Außenriffe, 1–50 m. Oft über gemischten Zonen mit Korallen und Geröll.

VORKOMMEN Ostindonesien (z. B. Flores) bis SW-Japan, Mikronesien, Australien und Frz.-Polynesien.

UNTEN IP (Weibchen) graubraun mit hellen Seitenstreifen. Gelegentlich ziehen sie in größeren Gruppen auf Nahrungssuche durchs Riff.

SANDBARSCHE — PINGUIPEDIDAE

Sandbarsche sind langgestreckte, bodenlebende Lauerräuber. Gewöhnlich liegen sie auf Sand- oder Geröllböden, seltener auch auf abgestorbenem Korallengestein. Abgestützt auf den Bauchflossen und den Kopf etwas höher für einen besseren Überblick, lauern sie auf Wirbellose und kleine Fische, die sie im kurzen, schnellen Vorstoß erbeuten. Einige Arten machen mit dem Alter einen Geschlechtswechsel vom Weibchen zum Männchen. Letztere sind territorial und haben einen Harem aus einigen Weibchen.

Schwanzfleck-Sandbarsch — *Parapercis hexophthalma*

Beide Geschlechter mit großem schwarzem Schwanzfleck. Männchen (oberes Bild) mit Streifen, Weibchen (unteres Bild) mit Punkten auf der Wange.

GRÖSSE 28 cm

BIOLOGIE Bewohnt Sand- und Geröllflächen in Lagunen und halbgeschützten Außenriffen, 2–25 m. Männchen ist territorial, mit einem Harem aus 2–5 Weibchen. Ernährt sich von wirbellosen Bodentieren.

VORKOMMEN Rotes Meer und Ostafrika bis SW-Japan, GBR und Fidschi.

Malediven-Sandbarsch — *Parapercis signata*

Graue Rückenflecken, blass orangefarbene Flecken entlang der unteren Seitenhälfte. Kopfseiten mit dunklen Markierungen.

GRÖSSE 13 cm

BIOLOGIE Auf riffnahem Sand, Geröll und häufig auf bewachsenem Korallengestein (s. Foto), 8–30 m.

VORKOMMEN Malediven.

Vielpunkt-Sandbarsch
—Parapercis millepunctata

Weißer, oft streifenförmiger Fleck auf der Schwanzflosse. Olivbraune Flecken auf der Seite sowie auf Stirn und Schnauze.
GRÖSSE 18 cm
BIOLOGIE Auf riffnahen Geröll- und Sandflächen, auch auf totem Korallengestein, 3–40 m.
VORKOMMEN Mauritius und Malediven bis SW-Japan, Mikronesien, GBR und Frz.-Polynesien, Pitcairn.

Nasenstreifen-Sandbarsch
—Parapercis lineopunctata

Weißlich mit olivgrauen Rückensätteln und Querstreifen auf der Seite. Markanter schwarzer Streifen von der Schnauzenspitze bis durch das Auge.
GRÖSSE 12 cm
BIOLOGIE In Korallenriffen auf fein- und grobsandigen Flächen, oft durchsetzt mit totem Korallengestein, 3–35.
VORKOMMEN Indonesien bis Philippinen und Salomonen.

Spitzkopf-Sandbarsch
—Parapercis cylindrica

Unter dem Auge ein dunkler, vertikaler bis leicht diagonaler Streifen. Untere Körperseite mit breiten, dunklen, senkrecht verlaufenden Flecken.
GRÖSSE 18 cm
BIOLOGIE Auf Sand, Geröll und Felsböden von Korallen und Felsriffen, 1–20 m.
VORKOMMEN Malediven, Golf v. Thailand bis Südjapan, Marshall I. und SO-Australien. Variante mit gelbem Schwanz Bali und Ostindonesien.

Harlekin-Sandbarsch
—*Parapercis maculatus*

An der Seite eine Doppelreihe aus annähernd rechteckigen, rotbraunen Flecken. Kurze bläulich-weiße Linien an der Wange.
GRÖSSE 20 cm
BIOLOGIE Bevorzugt in geschützten Küstenriffe auf Sand- und Geröllböden. 3–35 m.
VORKOMMEN Ostafrika und Oman bis Japan.

Ohrenfleck-Sandbarsch
—*Parapercis clathrata*

Entlang der unteren Körperseite eine Reihe blass brauner bis orangebrauner Flecken, jeweils mit schwärzlichem Zentrum. Männchen mit *Ocellus* beidseitig am Nacken.
GRÖSSE 18 cm
BIOLOGIE Auf Sand- und Geröllböden von Lagunen und Außenriffen, 3–50 m.
VORKOMMEN Andamanensee bis SW-Japan, Mikronesien, Phönix-I., Samoa und GBR.

Rotflecken-Sandbarsch
—*Parapericis schauinslandi*

Seite mit Doppelreihe roter Flecken. Erste Rückenflosse mit rot-schwarzer Markierung. Sehr blasse und kräftig rote Farbvarianten.
GRÖSSE 13 cm
BIOLOGIE Auf riffnahen Sand- und Geröllflächen, 10–50 m. Oft an Außenriffen, auch mit leichter Strömung. Schwebt öfter ein Stück über dem Grund und schnappt nach Zooplankton.
VORKOMMEN Ostafrika bis Südjapan, Guam, Hawaii und Frz.-Polynesien.

Schwarzflossen-Sandbarsch
—Parapercis snyderi

Etwa fünf rotbraune, unregelmäßige Sattelflecken. Hinterrand der Schwanzflosse dunkel. Erste Rückenflosse schwarz. Gelber Fleck an Brustflossenbasis.
GRÖSSE 10 cm
BIOLOGIE Bewohnt riffnahe Sand- und Geröllböden, 5–35 m.
VORKOMMEN Andamanensee bis Südjapan, PNG und GBR.

Schwarzbänder-Sandbarsch
—Parapercis tetracantha

Sehr kontrastreiches Muster aus weißen und schwarzbraunen Flecken. Am oberen Hinterkopf ein undeutlicher Augenfleck.
GRÖSSE 25 cm
BIOLOGIE In Lagunen und geschützten Außenriffen, 5–25 m. Bewohnt riffnahe Sand- und Geröllflächen.
VORKOMMEN Indien (Golf v. Bengalen) und Andamanensee bis Südjapan, Palau und PNG.

Wangenstreifen-Sandbarsch
—Parapercis xanthozona

Wangen mit weißen und orangefarbenen Schrägstreifen. Heller Streifen von Brustflosse bis Schwanzbasis.
GRÖSSE 23 cm
BIOLOGIE Auf riffnahen Sandböden und bewachsenem Fels, 8–30 m.
VORKOMMEN Ostafrika bis SW-Japan, Ostaustralien und Fidschi.

SCHLEIMFISCHE — BLENNIIDAE

Die etwa 350 Arten dieser Familie haben keine oder nur winzige, glatte Schuppen, dafür eine schützende Schleimschicht. Typischerweise besetzen sie Minireviere auf Hartböden mitsamt einer röhrenförmigen Wohnhöhle. Die Eier legen sie am Grund ab, etwa in Spalten oder unter Steinen. Häufig bewacht das Männchen das Gelege, teils auch beide Eltern. Zwei Gruppen sind im Korallenriff häufig: Kammzähner haben viele kleine Zähnchen zum Abraspeln winziger Fadenalgen vom Hartgrund und Fressen kleiner Wirbelloser. Säbelzähner sind Räuber, meist aktive Schwimmer und haben auf beiden Seiten des Unterkiefers je einen langen, gekrümmten Eckzahn. Einige Spezialisten beißen größeren Fischen Schuppen, Hautschleim oder Flossenstücke ab. Bei der Gattung Meiacanthus sind die Eckzähne giftig.

Ohrfleck-Kammzähner
— *Cirripectes auritus*

Hell- bis dunkelbraun mit »Ohr«-Fleck am Nacken.

GRÖSSE 9 cm

BIOLOGIE Bewohnt Riffhänge mit meist gutem Korallenbewuchs, 2–20 m. Meist in den flacheren Riffbereichen anzutreffen.

VORKOMMEN Ostafrika bis Philippinen, Taiwan, Palau und Line I.

Nadelstreifen-Kammzähner
— *Ecsenius pictus*

Schwanzwurzel gelblich mit verwaschenen dunklen Bändern. Körper mit feinen weißen Längsstreifen, der obere und der mittlere Streifen unterbrochen von weißen Punkten.

GRÖSSE 5 cm

BIOLOGIE Bewohnt Riffhänge, 10–40 m. Oft im Freien auf lebenden Korallen hockend.

VORKOMMEN Molukken bis Philippinen und Salomonen.

Arons Kammzähner
—Ecsenius aroni

Schmutzigocker, blaugrauer Kopf, schwarzer Fleck am Schwanzstiel.
GRÖSSE 5,5 cm
BIOLOGIE In korallenreichen Fleck- und Saumriffen, 2–35 m. Nicht häufig. Scheue Art, flüchtet bei Annäherung rasch in kleine Löcher.
VORKOMMEN Rotes Meer.

Baths Kammzähner
—Ecsenius bathi

Körper weißlich-grau mit dunklen Längsstreifen, kurze gelbe Streifen durch Auge.
GRÖSSE 4 cm
BIOLOGIE In Riffen mit gutem Korallenbewuchs, 3–20 m.
VORKOMMEN Borneo und Bali bis westliches Neuguinea.

Rotmeer-Kammzähner
—Ecsenius dentex

Blassgräulich bis hellbraun. Dunkler Kinnstreifen. Diffuse helle Flecken am Körper, blassgelbliche an der Wange.
GRÖSSE 6 cm
BIOLOGIE In geschützten Saumriffen, 1–15 m. Häufige Art, wenig scheu und oft frei auf Korallen oder Korallengestein hockend zu beobachten. Zieht sich bei Störung in kleine Wohnlöcher zurück.
VORKOMMEN Nördl. Rotes Meer.

Zweifarben-Kammzähner

—*Ecsenius bicolor*

Diese Art tritt in zwei Farbvarianten auf. Die häufigere hat einen dunklen, bläulichgrauen Vorderkörper und einen gelborangefarbenen Hinterkörper (oberes Bild).

GRÖSSE 10 cm

BIOLOGIE Bewohnt klare Lagunen und Außenriffe, 2–25 m. Auf lebenden Korallen und Felsgrund.

VORKOMMEN Malediven bis SW-Japan, Mikronesien, Phoenix I., GBR und Fidschi.

MITTE Bei der zweiten Farbvariante ist die untere Körperhälfte weiß, die obere dunkelbraun und zum Schwanz hin oft in Gelb übergehend.

Augenstreifen-Kammzähner

—*Ecsenius frontalis*

Tritt in drei Farbvarianten auf. Neben der abgebildeten (dunkelbraun mit weißem Schwanz, Form *albicaudatus*) auch eine helle mit schwarzem Seitenstreifen (Form *nigrivittatus*) sowie eine gelbe Form. Selten im nördl. Roten Meer, zum Süden hin häufiger.

GRÖSSE 8 cm

BIOLOGIE Bewohnt Korallen-, Fels- und Geröllgrund, 3–25 m.

VORKOMMEN Rotes Meer und Golf v. Aden.

Mimikry-Kammzähner
—Ecsenius gravieri

Blaugelb mit schwarzem Längsstreifen hinter dem Auge. Die steile Stirn ist ein Unterscheidungsmerkmal zum giftigen Schwarzstreifen-Säbelzähner, den er nachahmt.
GRÖSSE 8 cm
BIOLOGIE In korallenreichen Arealen von relativ geschützten Saumriffen, 2–25 m. Häufige Art, oft auf totem Korallenfels oder lebenden Korallen ruhend anzutreffen.
VORKOMMEN Rotes Meer und Golf v. Aden.

Neonaugen-Kammzähner
—Ecsenius midas

Gabelschwanz. Orangegelbe (Bild) und graublaue Farbvariante.
GRÖSSE 13 cm
BIOLOGIE In korallenreichen Riffhängen, 2–35 m. Gelbe Variante ahmt den Juwelen-Fahnenbarsch nach, mischt sich unter deren Ansammlungen. Frisst Zooplankton. Bewohnt kleine Röhren, schaut häufig mit dem Kopf hervor.
VORKOMMEN Rotes Meer und Ostafrika bis Philippinen, GBR und Frz.-Polynesien.

Gelbschwanz-Kammzähner
—Ecsenius namiyei

Dunkelbraun bis oliv, mit blassem oder gelbem Schwanz. Variante mit kontrastreichen weißen Markierungen am Kopf.
GRÖSSE 10 cm
BIOLOGIE In Lagunen und Außenriffen, 3–30 m. Hockt auf Korallen, Gestein und Schwämmen. Scheu.
VORKOMMEN Sulawesi und Molukken bis Philippinen, Taiwan und Salomonen.

Schröders Kammzähner
—Ecsenius schroederi

Blass graubraun, mit je einer Reihe weißer Striche auf dem Rücken und den Seiten.
GRÖSSE 5 cm
BIOLOGIE Bewohnt geschützte Lagunen und Außenriffe, 3–10 m.
VORKOMMEN NW-Australien bis Molukken.

Shirleys Kammzähner
—Ecsenius shirleyae

Hellbraun. Weißer Streifen beginnt hinterm Auge, zieht bis etwa Körpermitte. zwei gelbe Streifen durchs Auge.
GRÖSSE 4 cm
BIOLOGIE In Korallenriffen, 2–15 m.
VORKOMMEN Indonesien.

Schwanzfleck-Kammzähner
—Ecsenius stigmatura

Weiß umrandeter schwarzer Fleck auf der Schwanzwurzel. Gelbes Auge, orange umrandet.
GRÖSSE 5 cm
BIOLOGIE Bewohnt korallenreiche Lagunen und Außenriffe, 3–30 m. Nur mäßig scheu. Die besonders attraktive Art ist einzeln und oft auch in kleinen, lockeren Gruppen anzutreffen.
VORKOMMEN Molukken, Raja Ampat, Philippinen

Yaeyama-Kammzähner
—Ecsenis yaeyamaensis

Hinter dem Auge zwei dunkle, kurze, dicht aufeinanderfolgende Striche. Schwarzer Kinnstreifen.
GRÖSSE 6 cm
BIOLOGIE In Lagunen und Außenriffen, 3–15 m. Auf toten und lebenden Korallen. Hockt meist draußen, flüchtet bei Gefahr in seine Wohnröhre.
VORKOMMEN Sri Lanka bis SW-Japan, Taiwan und Vanuatu.

Dreifleck-Kammzähner
—Crossosalarias macrospilus

Vor der ersten Rückenflosse ein auffälliger Fleck, meist in Olivgrün bis Braun.
GRÖSSE 8 cm
BIOLOGIE Bewohnt korallenreiche Lagunen und Außenriffe, 1–25 m. Meist in geringeren Tiefen anzutreffen. Nicht sehr scheu.
VORKOMMEN Indonesien bis SW-Japan, Palau, Tonga und GBR.

Leopard-Kammzähner
—Exallias brevis

Viele rotbraune Flecken.
GRÖSSE 14 cm
BIOLOGIE In korallenreichen Riffen, 0,3–20 m. Bei kurzästigen Korallen wie Acropora und Pocillopora, ernährt sich von deren Polypen. Scheu, zieht sich bei Beunruhigung sofort in den Schutz der Korallenäste zurück. Männchen territorial, bewacht die an der Korallenbasis abgelegten Eier.
VORKOMMEN Rotes Meer und Ostafrika bis SW-Japan, Hawaii und Frz.-Polynesien.

Falscher Putzerfisch
—Aspidontus taeniatus

Schnauze ragt über das Maul hinaus.
GRÖSSE 12 cm
BIOLOGIE In Lagunen und geschützten Außenriffen, 1–25 m. Nachahmer (Mimikry) des Gewöhnlichen Putzerlippfisches (S. 202). Beißt anderen Fischen Hautstückchen, Flossenteile oder Schuppen ab. Tagsüber öfter in kleinen Wohnröhren, aus denen er herausschaut.
VORKOMMEN Rotes Meer und Ostafrika bis Südjapan, SO-Australien und Frz.-Polynesien.

Augenstreifen-Säbelzähner
—Meiacanthus atrodorsalis

Vorn blaugrau, nach hinten fließend in Gelb übergehend. Linie vom Auge schräg hoch zur Rückenflosse.
GRÖSSE 11 cm
BIOLOGIE In Lagunen und Außenriffen, 1–30 m. Steht meist ein Stück über dem Grund, frisst Zooplankton und bodenlebende Wirbellose.
VORKOMMEN Bali und NW-Australien bis Philippinen, SW-Japan, GBR und Samoa.

Dreistreifen-Säbelzähner
—Meiacanthus grammistes

Drei schwarze Längsstreifen. Kopf gelblich. Eine Reihe schwarzer Flecken in der Rückenflosse bilden ein unterbrochenes Band. Schwarze Punkte auf dem Schwanz.
GRÖSSE 12 cm
BIOLOGIE Bewohnt geschützte Riffhänge und Lagunen, 1–25 m. Einigermaßen regelmäßig zu beobachten. Wenig scheu.
VORKOMMEN Indonesien bis SW-Japan, Salomonen und GBR.

Schwarzstreifen-Säbelzähner
—Meiacanthus nigrolineatus

Blass blaugrau, nach hinten übergehend in Blassgelb. Hinterm Auge mit schwarzer Linie bis zum Schwanz.
GRÖSSE 10 cm
BIOLOGIE Bewohnt geschützte Saumriffe und Buchten, 1–25 cm. Hält sich meist dicht über Korallen oder dem Grund auf. Bleibt wegen seiner Giftzähne weitgehend unbehelligt. Wird nachgeahmt vom mimikry-Kammzähner.
VORKOMMEN Rotes Meer und Golf v. Aden.

Blaustreifen-Säbelzähner
— Plagiotremus rhinorhynchus

Hell bis sehr dunkel braun mit 2 blauen Streifen.
GRÖSSE 12 cm
BIOLOGIE Bevorzugt klare, korallenreiche Lagunen und Außenriffe, 1–40 m. Beißt in schneller Attacke anderen Fischen kleine Hautfetzen, Schuppen oder Flossenteile ab, von denen er sich ernährt. Juvenile ahmen den Putzerlippfisch Labroides dimidiatus nach. Flüchtet bei Beunruhigung in kleine Felslöcher oder leere Wurmröhren. In solche werden auch die Eier abgelegt und vom Männchen bewacht.
VORKOMMEN Rotes Meer und Ostafrika bis Südjapan, Line I., SO-Australien und Frz.-Polynesien.

MITTE OBEN Farbvariante durchgehend orange mit 2 blauen Streifen

Piano-Säbelzähner
— Plagiotremus tapeinosoma

Seitenband aus dunklen Querstreifen.
GRÖSSE 14 cm
BIOLOGIE In Lagunen und Außenriffen, 1–20 m. Mit schlängelnden Schwimmbewegungen, meist ein Stück über dem Grund. Beißt Fischen in überraschenden Attacken Haut, Schuppen und Flossenstücke ab. Sucht Zuflucht in Fels- oder leeren Wurmröhren.
VORKOMMEN Rotes Meer und Ostafrika bis Südjapan, Line I. und Frz.-Polynesien.

Kurzkopf-Säbelzähner
— Petroscirtes breviceps

Weißlich bis blass gelblich mit 3 dunklen Längsstreifen.
GRÖSSE 12 cm
BIOLOGIE Bewohnt geschützte Riffe, gern über sandig-schlammigen oder veralgten Flächen, 1–15 m. Einzeln, paarweise oder in kleinen Gruppen. Ähnelt dem giftigen Dreistreifen-Säbelzähner und erlangt so höheren Schutz vor Fressfeinden. Bewohnt kleine Felslöcher, leere Wurmröhren, in Buchten mit Zivilisationsabfällen oft auch enghalsige Glasflaschen.
VORKOMMEN Ostafrika bis SW-Japan, Yap, Salomonen und Neukaledonien.

DREIFLOSSER—TRIPTERYGIIDAE

Dreiflosser heißen so wegen ihrer drei Rückenflossen, doch dieses Merkmal ist meist schwer zu erkennen ist, da die Flossen dicht hintereinander stehen. Am auffälligsten vertreten sind diese Bodenbewohner in subtropischen und temperierten Meeren wie z. B. dem Mittelmeer. Abgesehen vom Gestreiften Dreiflosser werden sie von Tauchern im Korallenriff nur sehr selten wahrgenommen. Zudem sind die hier vertreten Arten meist weniger als 5 cm groß. Sie ernähren sich von wirbellosen Kleintieren des Bodens.

Gestreifter Dreiflosser
—*Helcogramma striata*

3 weiße Streifen. Stirn mit Punkten.
GRÖSSE 5 cm
BIOLOGIE In Lagunen und Außenriffen, 5–25 m. Häufig, kaum scheu. Oft exponiert auf Korallen, Schwämmen und Gestein. Einzeln oder in kleinen Gruppen.
VORKOMMEN Andamanensee bis SW-Japan, Mikronesien und Australien.

Vulkan-Dreiflosser
—*Helogramm vulcanum*

Männchen rötlichbraun. Untere Kopfhälfte dunkel mit weißem bis bläulichem Längsstreifen unterhalb des Auges. Brustflossenbasis mit bläulichweißen Punkten.
GRÖSSE 4 cm
BIOLOGIE Auf Hartgrund in wenigen Metern Wassertiefe.
VORKOMMEN Bali bis Ostindonesien.

UNTEN Weibchen mit einer Reihe dunkler Flecken oder kurzer Bänder entlang der Seite.

Mandarinfisch
—Synchiropus splendidus

Unverwechselbares Farbmuster aus Orange, Grün und Blau.
GRÖSSE 6 cm
BIOLOGIE Stellenweise häufig, doch in kleinen Gruppen versteckt auf Weichböden mit dichtem Grobgeröll oder zwischen Korallenzweigen, 2–20 m. Zur Paarung in der Abenddämmerung schwimmen sie paarweise mit Körperkontakt ein Stück ins Freie. Sehr scheu, flüchten vor dem Licht von Taucherlampen sofort in ihre Unterschlüpfe.
VORKOMMEN Indonesien bis Philippinen, SW-Japan, Karolinen, PNG und Neukaledonien.

LEIERFISCHE—CALLIONYMIDAE

Leierfische stellen mit etwa 125 Arten eine relativ große Familie dar. Die meisten Tiere bleiben mehr oder weniger deutlich unter zehn Zentimeter Länge. Alle sind bodengebunden, vielfach leben sie auf Sand- oder Schlammböden, einige auf Hartsubstrat. Sie ernähren sich von wirbellosen Kleintieren des Bodens. Viele Arten sind farblich dem Untergrund angepasst, also gut getarnt. Bei Leierfischen sind die Männchen meist farbenprächtiger, außerdem ist bei ihnen die erste Rückenflosse vergrößert und intensiv gefärbt. Der Paarung voraus geht ein ausgedehntes Balzritual.

Paletten-Leierfisch
—Synchiropus picturatus

Grundfärbung hellbraun bis intensivgrün mit großen dunklen, orangerandigen Flecken.

GRÖSSE 6 cm

BIOLOGIE Bewohnt geschützte Küstenriffe, 1–10 m. Auf Hartsubstrat wie grobem Geröll und totem Korallengestein. Versteckte Lebensweise.

VORKOMMEN Borneo bis Ostindonesien, NW-Australien und Philippinen.

Finger-Leierfisch
—Dactylopus dactylopus

Erster Strahl der Bauchflosse freistehend (»Finger«), wird zum Gehen benutzt. Vordere Rückenflosse beim Männchen mit langen Filamenten und einem blauen Fleck im vorderen Bereich.

GRÖSSE 15 cm

BIOLOGIE Bewohnt Sand- und Schlammböden geschützter Küstenriffe, 2–55 m. Einzeln oder paarweise. Tagsüber oft teilweise eingegraben.

VORKOMMEN Andamensee bis SW-Japan, Philippinen, Palau, Ostindonesien und Nordaustralien.

MITTE UNTEN Die Weibchen sind hell- und dunkelbraun gesprenkelt oder marmoriert.

Kuiters Leierfisch
—Dactylopus kuiteri

Erste Rückenflosse sehr hoch, fahnenartig und mit großem Augenfleck an der Basis. Afterflosse mit schwärzlichblau mit leuchtend blauen Flecken. Schwanzflosse mit gelben und blauen Markierungen.

GRÖSSE 15 cm

BIOLOGIE Bewohnt Sand- und Schlammböden geschützter Küstenriffe, 2–40 m. Einzeln oder paarweise.

VORKOMMEN Bali bis Ostindonesien und Philippinen.

Plaketten-Leierfisch
—Synchiropus ocellatus

Grünlich bis bräunlich mit fleckigem Tarnmuster. Feine blaue Punkte am Kopf. Ende des Kiemendeckels mit kleiner »Plakette« in Blau-Weiß-Ocker.
GRÖSSE 7 cm
BIOLOGIE Auf Sand- und Geröllböden, Flachbereich bis etwa 25 m. Einzeln oder in kleinen lockeren Gruppen.
VORKOMMEN Ostindonesien bis SW-Japan, Philippinen, Mikronesien, GBR und Frz.-Polynesien.

Morrisons Leierfisch
—Synchiropus morrisoni

Männchen rot mit einigen kleinen blauen Punkten. Schwarzer Fleck hinter dem Brustflossenansatz.
GRÖSSE 5 cm
BIOLOGIE In Außenriffen, 8–30 m. Gewöhnlich auf Felsgrund oder Geröll mit Algenaufwuchs.
VORKOMMEN Westaustralien bis Fidschi, Samoa und Mikronesien.

Moyers Leierfisch
—Synchiropus moyeri

Adulte weißlich mit unregelmäßigen roten zackigen Flecken. Oberes Bild: Weibchen mit transparentgelblichen Brust- und Bauchflossen. Beim Männchen ist die erste Rückenflosse fahnenartig vergrößert.
GRÖSSE 7 cm
BIOLOGIE Auf algenbewachsenem Fels- und Geröllgrund, 5–30 m. Einzeln oder in Kleingruppen.
VORKOMMEN Indonesien bis SW-Japan, Palau, Salomonen und GBR.

UNTEN Juvenile mit roten Bändern ums Auge und großen weißen Flecken am Körper.

TORPEDOGRUNDELN — PTERELEOTRIDAE

Torpedo- oder Pfeilgrundeln sind lang gestreckte Fische mit zwei Rückenflossen und kleinem, schräg nach oben gerichtetem Mund. Sie bewohnen Sand-, Kies-, Geröll- oder Schlickböden. Typischerweise leben sie paarweise, manche auch in kleinen oder größeren Gruppen. Sie entfernen sich nie weit von ihrem Unterschlupf, in den sie bei Gefahr blitzschnell flüchten. Torpedogrundeln ernähren sich von Zooplankton, das sie über dem Grund schwebend aus dem vorbei strömenden Wasser schnappen.

Scherenschwanz-Torpedogrundel
— *Ptereleotris evides*

Bei Adulten Vorderkörper bläulichweiß, Hinterkörper schwarz.

GRÖSSE 14 cm

BIOLOGIE Bevorzugt klare Lagunen und Außenriffhänge, 2–25 m. Gewöhnlich paarweise und bis zu 2 m über dem Grund antreffen. Schwimmt bei Annäherung eher davon, statt in seine Wohnröhre zu flüchten. Schnappt nach Zooplankton. Juvenile in Gruppen.

VORKOMMEN Rotes Meer und Ostafrika bis SW-Japan, Mikronesien, SO-Australien und Frz.-Polynesien.

Feuer-Schwertgrundel
—*Nemateleotris magnifica*

Weißer Vorder-, roter Hinterkörper, dunkle Schwanzwurzel.
GRÖSSE 8 cm
BIOLOGIE Bevorzugt Außenriffhänge, 5–60 m. Adulte meist paarweise. Schwebt meist bis einen halben Meter über Sand oder Geröllflächen und schnappt nach Zooplankton. Schnippt häufig den langen ersten Flossenstrahl hoch und runter.
VORKOMMEN Ostafrika bis SW-Japan, Hawaii, Neukaledonien und Frz.-Polynesien.

Schwanzfleck-Torpedogrundel
—*Ptereleotris heteroptera*

Hell grünlichblau. Gelber Schwanz mit schwarzem Fleck.
GRÖSSE 12 cm
BIOLOGIE Bewohnt Lagunen und Außenriffe, 7–46 m. Einzeln, Adulte oft paarweise, Juvenile in Gruppen. Über Sand und Geröll. Schwimmt bis etwa 3 m über dem Grund, frisst Zooplankton.
VORKOMMEN Rotes Meer und Ostafrika bis SW-Japan, Mikronesien, SO-Australien und Frz.-Polynesien.

Blaustreifen-Torpedogrundel
—*Ptereleotris sp.*

Blassblau mit dunkelblauem Streifen entlang der Seite.
GRÖSSE 12 cm
BIOLOGIE Auf Sandgrund in geschützten Buchten und Küstenriffen, 8–25 m.
VORKOMMEN Im Westpazifik weit verbreitet.

GRUNDELN — GOBIIDAE

Grundeln sind mit über 1500 Arten in etwa 220 Gattungen die größte Familie von Meeresfischen. Sie haben einen lang gestreckten, zylindrischen Körper. Typischerweise liegen sie auf dem Grund oder schweben ein kleines Stück darüber. Sie haben sich unterschiedliche Lebensräume erschlossen. Besonders häufig sind sie in Riffen auf Sandflächen anzutreffen. Gerade hier leben viele in Symbiose mit Pistolenkrebsen, mit denen sie sich eine Wohnröhre teilen (s. Seite 10). Einige bewohnen ästige Korallen (*Gobiodon*, *Paragibiodon*) oder Gorgonien und Dörnchenkorallen (*Bryaniops*). Grundeln leben meist einzeln oder paarweise. Eine nur acht Millimeter lange Grundel (*Trimmaton natans*) von den Malediven ist das weltweit kleinste Wirbeltier überhaupt.

Aurora-Partnergrundel — *Amblyeleotris aurora*

Cremefarben mit fünf orangebraunen Streifen. Schwanzflosse gelb mit roten, blaurandigen Flecken.

GRÖSSE 10 cm

BIOLOGIE Bewohnt Sandflächen in Lagunen und Außenriffen, 5–40 m. Einzeln oder paarweise. Lebt zusammen mit dem Knallkrebs Alpheus randalli in gemeinsamer Wohnröhre.

VORKOMMEN Ostafrika bis Malediven, Seychellen und Andamanensee.

Bogen-Partnergrundel
—*Amblyeleotris arcupinna*

Cremefarben mit fünf rotbraunen Streifen und dunklen Sprenkeln in den Zwischenräumen. Bogenförmige braune Markierung in der ersten Rückenflosse.
GRÖSSE 8 cm
BIOLOGIE Auf Sand und feinem Geröllgrund in geschützten Riffen. Teilt sich die Wohnröhre mit der Partnergarnele Alpheus bellulus (s. Foto).
VORKOMMEN Bali bis Raja Ampat, PNG, Salomonen und Fidschi.

Riesen-Partnergrundel
—*Amblyeleotris fontanesii*

Weißlich mit 5 braunen Streifen. Kleine orangegelbe Sprenkel am Kopf. Adulte aufgrund ihrer ungewöhnlichen Größe von ähnlichen gefärbten Arten unterscheidbar.
GRÖSSE etwa 18 cm
BIOLOGIE Bewohnt sandige bis schlammige Böden von Lagunen und geschützten Küstenriffen, 3–30 m.
VORKOMMEN Sumatra und Golf von Thailand bis SW-Japan, Palau und PNG.

Rußbauch-Partnergrundel
—*Amblyeleotris guttata*

Blass mit orangefarbenen Flecken auf Kopf und Körper. Bauchflossen sowie Unterseite des Vorderkörpers schwarz, mit seitlichen Ausläufern vor und hinter den Brustflossen.
GRÖSSE 9 cm
BIOLOGIE Auf Sand- und feinen Geröllböden von klaren Lagunen und Außenriffen, 3–35 m. Bewohnt ihre Sandröhre zusammen mit dem Knallkrebs Alpheus ochrostriatus.
VORKOMMEN Philippinen bis SW-Japan, Mikronesien, Ostindonesien, Australien und Samoa.

Schläfenstrich-Partnergrundel —*Amblyeleotris gymnocephala*

Weißlich mit 5 braunen Streifen und braunen Markierungen in deren Zwischenräumen. Oft mit dunklem Strich vom Augenhinterrand zum ersten Querstreifen.

GRÖSSE 10 cm

BIOLOGIE Bewohnt Sandareale, auch grobsandige, in Lagunen und Außenriffhängen, 3–35 m. Zusammen mit Partnergarnele Alpheus ochrostriatus in deren Höhle.

VORKOMMEN NW-Australien und östliches Indonesien bis Philippinen und Marshall I.

Breitband-Wächtergrundel —*Amblyeleotris periophthalma*

Fünf bis sechs orangebraune bis dunkelorangene Bänder. Zwischenräume mit gleichfarbigen Sprenkeln. Am Kopf dunkelrandige, orangefarbene Punkte.

GRÖSSE 10 cm

BIOLOGIE Bewohnt Sand- und Geröllböden von Lagunen und Außenriffhängen, 3–30 m. Lebt zusammen mit verschiedenen Knallkrebsen, oft mit Alpheus ochrostriatus.

VORKOMMEN Ostafrika bis SW-Japan, Mikronesien, GBR und Samoa.

Randalls Partnergrundel —*Amblyeleotris randalli*

Unverwechselbar, mit sechs bis sieben orangefarbenen Querstreifen und der großen ersten Rückenflosse mit hellrandigem schwarzem Augenfleck.

GRÖSSE 9 cm

BIOLOGIE Auf Sandgrund, oft unter Überhängen, bevorzugt in klaren Außenriffen, 10–50 m. Lebt zusammen mit Knallkrebsen wie Alpheus djeddensis oder A. ochrostiatus).

VORKOMMEN Indonesien, Philippinen bis SW-Japan, Palau und Fidschi.

Steinitz Partnergrundel
—Amblyeleotris steinitzi

Weißlich mit fünf braunen Streifen. Winzige gelbe Pünktchen in den Rückenflossen.
GRÖSSE 8 cm
BIOLOGIE Bewohnt Sandareale in Lagunen und Außenriffen, 6–30 m. Gebietsweise häufig, jedoch scheu. Lebt in Symbiose mit verschiedenen Alpheus-Pistolenkrebsen (z. B. mit A. djeddensis).
VORKOMMEN Rotes Meer und Ostafrika bis SW-Japan, Mikronesien, GBR und Samoa.

Wheelers Partnergrundel
—Amblyeleotris wheeleri

Sechs breite, rote bis braunrote Bänder, Zwischenräume hell bis gelblich mit blassblauen Punkten.
GRÖSSE 10 cm
BIOLOGIE Bewohnt fein- bis grobsandige Böden in klaren Lagunen und Außenriffhängen, 3–30 m. Gebietsweise häufig. Lebt zusammen mit Knallkrebsen (Alpheus djeddensis oder A. ochrostiatus).
VORKOMMEN Rotes Meer und Ostafrika bis SW-Japan, Marshall I., GBR und Fidschi.

Flaggenschwanz-
Partnergrundel
—Amblyeleotris yanoi

Breite, diffusrandige bräunlich-orangene Streifen. Schwanzflosse sehr plakativ: orange und gelb mit blauen Linien.
GRÖSSE 13 cm
BIOLOGIE In Lagunen und Außenriffhängen, 3–30 m. Bewohnt Sandröhren zusammen mit Alpheus randalli.
VORKOMMEN Bali und Flores bis SW-Japan, Palau und Salomonen.

Dracula-Partnergrundel
—Stonogobiops dracula

Vier schwarze Querbänder, das zweite zieht hoch in den Hinterrand der ersten Rückenflosse. Zwischen den Bändern je ein feiner bräunlicher Querstrich.

GRÖSSE 6 cm
BIOLOGIE Auf Sand und Feingeröll von geschützten riffnahen Arealen, 6–40 m. Einzeln oder paarweise, sehr scheu. Oft zusammen mit dem Knallkrebs Alpheus randalli.
VORKOMMEN Seychellen, Malediven.

Schwarzfaden-Partnergrundel
—Stonogobiops nematodes

Gesicht gelb. Vier dunkle Binden, die vorderen drei diagonal. Erste Rückenflosse mit langem, schwarzem Filament.

GRÖSSE 6 cm
BIOLOGIE Auf Sandhängen in Lagunen und Außenriffen, 5–40 m. Gewöhnlich paarweise. Stets dicht beimEingang der Wohnhöhle, die geteilt wird mit dem Knallkrebs Alpheus randalii.
VORKOMMEN Andamanensee, Indonesien bis Philippinen, Palau, Ostaustralien und Samoa.

Bänder-Grundel
—Amblygobius phalaena

Färbung variabel von sehr blass über oliv-bräunlich bis schwärzlich-braun. Rote Flecken oben auf dem Kopf. Dunkler Fleck in erster Rückenflosse.

GRÖSSE 14 cm
BIOLOGIE Auf Sand- und Geröllgrund geschützter Riffe, 2–20 m. Einzeln oder paarweise, oft mit selbst gegrabener Wohnhöhle unter einem Stein oder Fels.
VORKOMMEN Cocos Keeling bis SW-Japan, Mikronesien und Frz.-Polynesien.

Blaupunkt-Grundel
—*Asterropteryx ensiferus*

Dunkelbraun bis schwärzlich. Entlang der gesamten Seite und auf der Afterflosse mehrere Reihen leuchtend blauer Punkte.
GRÖSSE 3,5 cm
BIOLOGIE Bewohnt größere, strömungsexponierte Geröllflächen, 5–40 m. Schwebt häufig in schräger Körperhaltung sehr dicht über dem Grund.
VORKOMMEN Seychellen bis Indonesien, Philippinen, Mikronesien, Frz.-Polynesien, GBR und SW-Japan.

Violettaugen-Zwerggrundel
—*Bryaninops natans*

Transparent, violettes Auge, gelblich durchschimmernder Bauchbereich.
GRÖSSE 2,5 cm
BIOLOGIE In Lagunen und Außenriffen, 7–25 m. Schwebt meist dicht über Zweigen von Acropora-Astkorallen. Ruht gelegentlich auch auf diesen. Tritt meist in kleinen Gruppen auf.
VORKOMMEN Rotes Meer bis SW-Japan, Mikronesien, GBR und Cook-I.

Peitschenkorallen-Zwerggrundel
—*Bryaninops yongei*

Obere Körperhälfte transparent mit etwa sieben rostbraunen Flecken.
GRÖSSE 3,5 cm
BIOLOGIE Bewohnt ausschließlich Gewundene Drahtkoralle Cirripathes anguinea. Diese siedelt bevorzugt an beströmten Außenriffhängen zwischen 3 und 50 m Tiefe. Die Art lebt paarweise auf der Koralle, gelegentlich zusätzlich einige Juvenile.
VORKOMMEN Rotes Meer bis SW-Japan, Hawaii, GBR und Frz.-Polynesien.

Fahnenflossen-Grundel
—Coryphopterus inframaculatus

Halbtransparent, viele orange Flecken über den gesamten Körper. Schwanzwurzel mit dunklem und davor einem weißen Fleck. Vordere Rückenflosse mit langem erstem Strahl.
GRÖSSE 7 cm
BIOLOGIE Auf Sand oder versandetem Korallengestein von Außenriffen, 5–20 m. Nimmt Sand ins Maul und siebt ihn nach wirbellosen Kleinsttieren durch.
VORKOMMEN Indonesien bis Guam, GBR, Salomonen und Tonga.

Schöne Schlickgrundel
—Exyrias bellissimus

Diffuse breite Seitenbänder, teilweise verschmolzen. Hohe Rückenflossen mit Markierungen.
GRÖSSE 13 cm
BIOLOGIE Bevorzugt feinsandige oder schlammige Böden in trüben Buchten, Küsten- und Lagunenriffen, 1–20 m. Nicht scheu. Nimmt Feinsediment ins Maul und siebt wirbellose Kleintiere aus.
VORKOMMEN Rotes Meer und Ostafrika bis SW-Japan, Mikronesien, GBR und Samoa.

Zitronen-Korallengrundel
—Gobiodon citrinus

1 Paar hellblauer Streifen seitlich am Kopf, ein weiteres Paar unterhalb des Auges.
GRÖSSE 6,5 cm
BIOLOGIE Bevorzugt geschützte, korallenreiche Riffe, 1–20 m. Oft in kleinen lockeren Gruppen unterschiedlich großer Tiere auf Acropora-Korallen oder Millepora-Feuerkorallen.
VORKOMMEN Rotes Meer und Ostafrika bis Südjapan, GBR und Samoa.

Schwanzfleck-Wurmgrundel
—Gunnellichtys curiosus

Breiter orangefarbener Längsstreifen. Schwarzer Schwanzfleck.
GRÖSSE 12 cm
BIOLOGIE Auf Sand und Geröllflächen, 7–60 m. Schwebt oder schwimmt mit wellenförmigen Körperbewegungen dicht über dem Grund. Äußerst wachsam und scheu. Taucht bei Beunruhigung blitzschnell kopfüber in die schmale Wohnröhre ein.
VORKOMMEN Madagaskar ,Seychellen bis Philippinen, Palau, Hawaii und Frz.-Polynesien.

Dekor-Sandgrundel
—Istigobius decoratus

Weißlich mit vielen dunklen Flecken, oft als netzartiges Muster.
GRÖSSE 12 cm
BIOLOGIE In geschützten Außenriffen, Buchten und Lagunen, 1-20 m. Durchsiebt Sand nach wirbellosen Kleinsttieren. Einzelgänger, nicht scheu. Macht auf der Nahrungssuche oft kurze Ruhepausen auf dem Sand liegend.
VORKOMMEN Rotes Meer, Ostafrika, Madagaskar bis Taiwan und Neukaledonien.

Hektors Grundel
—Koumansetta hectori

Dunkel mit gelben Längsstreifen. Je ein schwarzer Fleck in ersten Rückenflosse und an oberer Schwanzwurzel sowie ein Augenfleck in der zweiten Rückenflosse.
GRÖSSE 6 cm
BIOLOGIE In Lagunen und Außenriffen, 3–25 m. Territorial, bewohnt kleine Sandflecken, stets nahe bei Rifformationen, die Unterschlüpfe bieten. Meist einzeln und unter Überhängen anzutreffen.
VORKOMMEN Rotes Meer und Ostafrika bis SW-Japan, Karolinen.

Rainfords Grundel
—Koumansetta rainfordi

5 orange, dunkelrandige Längsstreifen. Eine Reihe weißer Rückenflecken. Augenfleck hinten in Rückenflosse und schwarzer Fleck oben an der Schwanzwurzel.
GRÖSSE 6 cm
BIOLOGIE Über Korallen und Korallengestein in Buchten und Außenriffen, 3–30 m.
VORKOMMEN Indonesien und Philippinen bis Marshall I., NW-Australien, GBR und Fidschi.

Rotkopf-Korallengrundel
—Paragibiodon echinocephalus

Hinterkörper schwarz. Kopf rot mit dicht stehenden Hautpapillen, erscheint dadurch pelzig. Bei Farbvarianten ist der Kopf gelblichgrün oder auch der gesamte Körper.
GRÖSSE 3,5 cm
BIOLOGIE Bewohnt wie alle Arten seiner Gattung kurzästige Korallen wie Pocillopora, Seriatopora und Stylophora. Oft in Kleingruppen. In geringen Tiefen bis etwa 10 m.
VORKOMMEN Rotes Meer und Ostafrika bis SW-Japan und Frz.-Polynesien

Krabbenaugen-Grundel
—Signigobius biocellatus

Zwei große Augenflecken in der Rückenflosse, grünbrauner Querstreifen unterm Auge. Unverwechselbar.
GRÖSSE 6,5 cm
BIOLOGIE Bewohnt Sand- und Schlammflächen in geschützten Küstenriffen, Lagunen und Buchten, 2–30 m. Schwebt meist ganz dicht über dem Grund. Nimmt Sand ins Maul und filtert darin lebende Kleinsttiere raus.
VORKOMMEN Indonesien bis Philippinen, Palau, GBR und Vanuatu.

Froschgesicht-Schläfergrundel
—Oxyurichthys papuensis

Gelbbraune, unregelmäßige Flecken entlang der Seite.
GRÖSSE 18 cm
BIOLOGIE Bewohnt Schlammböden in Buchten, geschützen Küstenbereichen, 1–50 m. Hat Schlammhöhlen, kann jedoch bei Beunruhigung auch schnell kopfüber in Schlammboden eintauchen.
VORKOMMEN Rotes Meer bis SW-Japan, Mikronesien und Neukaledonien.

Zweistreifen-Grundel
—Valenciennea heldsingenii

2 rotbraune Längsstreifen. Großer schwarzer Fleck in erster Rückenflosse.
GRÖSSE 15, max. 20 cm
BIOLOGIE Auf Feinsand bis Kiesgrund, 3–40 m. Meist paarweise. Gräbt sich mit dem Maul ein Wohnloch im Sand.
VORKOMMEN Rotes Meer und Ostafrika bis SW-Japan, Palau und Marquesas in Frz.-Polynesien.

Maiden-Schläfergrundel
— Valenciennea puellaris

Blassblaue Wangenflecken. Gelb-orangefarbene Flecken entlang der Seite. Farbintensität sehr unterschiedlich, je nach Untergrund.
GRÖSSE 15 cm
BIOLOGIE In klaren Lagunen, Buchten und Außenriffen, 3–30 m. Bewohnt selbstgebaute Höhlen, oft unter Steinchen auf Sandgrund. Meist paarweise vor dem Höhleneingang. Frisst winzige Wirbellose, nimmt dazu Sand ins Maul und siebt ihn durch die Kiemen.
VORKOMMEN Rotes Meer bis Madagaskar, Südjapan, Palau und Samoa.

Schwarzpunkt-Schläfergrundel
— Valenciennea sexguttata

Schwarzer Fleck oben in der ersten Rückenflosse. Hellblaue Wangenflecken.
GRÖSSE 14 cm
BIOLOGIE In geschützten Buchen, Lagunen und Küstenriffen, 1–10 m. Auf feinsandigen bis schlammige Arealen. Adulte stets paarweise, bewohnen selbst gegrabene Höhlen unter einem Stein oder einem toten Korallenstück.
VORKOMMEN Rotes Meer und Ostafrika bis SW-Japan, Marshall I, Line I. und Tonga.

Goldstrirn-Schläfergrundel
— Valenciennea strigata

Gesicht gelb, türkiser Kopfstreifen.
GRÖSSE 18 cm
BIOLOGIE Meist auf Sand und Geröll, auch auf Hartsubstrat, in klaren Lagunen und Außenriffen, 1–20 m. Monogam, fast immer paarweise, schweben ein Stück über dem Boden. Gemeinsames Wohnloch in Hart- oder Weichboden.
VORKOMMEN Ostafrika bis SW-Japan, Mikronesien, Line I,. SO-Australien und Frz.-Polynesien.

BARRAKUDAS — SPHYRAENIDAE

Barrakudas sind aktive, kräftige Räuber, die Jagd auf verschiedene Fische machen. Mit ihren kräfigen Kiefern und scharfen Zähnen können sie einen Fisch, der so groß ist wie sie selbst, leicht mit einem Biss in zwei Hälften teilen. Sie können aus dem Stand heraus außerordentlich schnell beschleunigen und machen ihre Beute im blitzschnellen Vorstoß. Lange Verfolgungsjagden sind nicht ihre Stärke. Jungtiere, bei verschiedenen Arten auch die Erwachsenen, leben in teils großen Schulen. Barrakudas kommen weltweit in allen tropischen und subtropischen Meeren vor. Außerhalb von Taucherkreisen haben Barrakudas einen schlechten Ruf, was unbegründet ist. Angriffe auf Menschen sind außerordentlich selten und beruhen dann fast immer auf Verwechslungen, Fütterungsaktionen oder Selbstverteidigung bei Bedrohung.

Großer Barrakuda — *Sphyraena barracuda*

Schwanzflosse mit weißen Spitzen und häufig zwei große dunkle Flecken. Oft einige dunkle Sprenkel am Körper.

GRÖSSE 180 cm

BIOLOGIE In Lagunen, Buchten, Außenriffen und Flussdeltas, 1 bis über 100 Meter, meist in den oberen 20 Metern. Steht oft unbeweglich im Freiwasser nahe vorm Riff. Juvenile häufig in Gruppen, Adulte gewöhnlich Einzelgänger. Neugierig, kann sich Tauchern nähern.

VORKOMMEN Alle tropischen Meere.

Jello-Barrakuda
—Sphyraena jello

Schwanz blass gelblich. Seiten mit leicht gebogenen Markierungen.
GRÖSSE 150 cm
BIOLOGIE In tiefen Lagunen und an strömungsreichen Vorsprüngen von Außenriffen. Nicht häufig. Dringt auch in trübere Gewässer vor. Tritt einzeln oder in kleinen Schulen auf.
VORKOMMEN Rotes Meer, Arabischer Golf und Ostafrika bis SW-Japan und Fidschi und Tonga.

Dunkelflossen-Barrakuda
—Sphyraena qenie

Seitlich winkelförmige Markierungen. Dunkle, gekerbte Schwanzflosse mit schwarzem Saum.
GRÖSSE 140 cm
BIOLOGIE Bevorzugt strömungsreiche Außenriffe, auch in tiefen Lagunen, 1–50 m. Tagsüber in großen, halbstationären Schulen, teils monatelang ortstreu. Schwärme lösen sich nachts wohl zur Nahrungssuche auf.
VORKOMMEN Rotes Meer und Ostafrika bis Panama und Frz.-Polynesien.

Gelbschwanz-Barrakuda
—Sphyraena flavicauda

Rücken und Schwanz gelblichgrün, ebensolche seitlichen Längsstreifen. Diese Färbung erscheint besonders bei älteren Tieren meist nur als blasser Schimmer auf der silbrigen Grundfärbung.
GRÖSSE 40 cm
BIOLOGIE In tiefen Lagunen und an Außenriffen. Tagsüber in Schulen, die sich nachts auflösen.
VORKOMMEN Rotes Meer und Ostafrika bis SW-Japan, Samoa und GBR.

THUNFISCHE UND MAKRELEN—SCOMBRIDAE

Thunfische haben einen spindelförmige, vorn starren Körper mit schlankem Schwanzstil und hoher, sichelförmiger Schwanzflosse. Damit gehören manche Arten zu den schnellsten Schwimmern überhaupt und erreichen Spitzengeschwindigkeiten bis zu 95 Stundenkilometer. Unermüdlich legen sie große Strecken auf der Suche nach Nahrung zurück und fressen täglich bis zu einem Viertel ihres Körpergewichts.

Fast alle Knochenfische sind »Kaltblüter«. Nur wenige Dutzend Arten können Teile ihres Körpers warm halten. Dazu gehören auch verschiedene Thunfische. Sie erwärmen ihren Kopf über spezielle Gefäßleitungen. Diese nehmen die von der Schwimm-Muskulatur erzeugte Wärme auf, bevor sie im Kreislaufsystem über die Kiemen verloren geht. Weltweit sind Thunfischbestände durch Überfischung zurückgegangen und einige Arten sind stark gefährdet.

Einfarben-Thunfisch —*Gymnosarda unicolor*

Spitzen von Rücken- und Afterflosse weißlich.

GRÖSSE 200 cm

BIOLOGIE In tiefen Lagunen, Riffkanälen und an Außenriffen, 1–100 m. Einzeln oder in kleinen losen Gruppen, patrouilliert im Freiwasser entlang von Riffhängen. Schneller Fischjäger, besonders von Füsilieren und anderen im Freiwasser nach Plankton schnappenden Fischen. Schwimmt gelegentlich neugierig an Tauchern vorbei. Wohl die häufigste an Korallenriffen gesichtete Thunfischart.

VORKOMMEN Rotes Meer, Golf v. Oman und Ostafrika bis SW-Japan, Mikronesien, Neukaledonien und Frz.-Polynesien.

Spanische Makrele —*Scomberomorus commerson*

Silbrig mit leicht welligen Querstreifen entlang der Seite.
GRÖSSE 245 cm
BIOLOGIE Pelagische Lebensweise, 1–200 m. Wandert über größere Distanzen, kreuzt dabei gelegentlich nahe an Riffen vorbei. Erbeutet vorwiegend Sardinen, Anchovis und Füsiliere.
VORKOMMEN Rotes Meer und Ostafrika bis SW-Japan, Palau, SO-Australien und Fidschi.

Großmaul-Makrele —*Rastrelliger kanagurta*

Schwarzer Fleck hinter der Brustflosse.
GRÖSSE 38 cm
BIOLOGIE In Buchten, Lagunen und entlang geschützter Außenriffe, 1–70 m. Schwimmt in großen dichten Schulen entlang des Riffs und seiht dabei mit weit geöffnetem Maul Plankton aus dem Wasser. Lässt sich nachts von Licht anlocken.
VORKOMMEN Rotes Meer und Ostafrika bis SW-Japan, GBR und Samoa.

PLATTFISCHE — ORDNUNG PLEURONECTIFORMES

Plattfische haben einen asymmetrischen, seitlich extrem abgeplatteten Körper. Ihr Larvenstadium zeigt anfangs noch die normale Fischform. Bei der Umwandlung wandert ein Auge in Richtung des anderen auf der gegenüberliegenden, späteren Oberseite. Nur diese ist pigmentiert und kann sich farblich schnell dem jeweiligen Untergrund anpassen. Plattfische sind bodengebundene Räuber, die Wirbellose und Fische erbeuten. Sie können sich im Weichboden eingraben, so dass nur die Augen herausschauen.

Pfauenbutt — *Bothus mancus*

Augen weit auseinander. Blaue Punkte. Teils unterbrochene Ringe. Männchen hat lange Brustflossenstrahlen.

GRÖSSE 42 cm

BIOLOGIE Auf Sand- und Hartböden 0,5–80 m. Häufig auf Riffdächern.

VORKOMMEN Rotes Meer, Ostafrika bis SW-Japan, Mikronesien, Hawaii und Ducie I.

Pantherbutt — *Bothus pantherinus*

Augen nah zusammen.

GRÖSSE 39 cm

BIOLOGIE Auf Weich- und Geröllböden, 1-60 m. Männchen richtet lange Brustflossenstrahlen auf bei Balz, Beunruhigung und Territorialverhalten.

VORKOMMEN Rotes Meer, Ostafrika bis Südjapan und Frz.-Polynesien.

Augenflecken-Flunder — *Pseudorhombus duplicioclIatus*

2–4 Paare Augenflecken.

GRÖSSE 40 cm

BIOLOGIE Bewohnt Sand und Schlammgrund in Küstennähe, 5–150 m. Meist in größeren Tiefen. Frisst Fische und wirbellose Kleintiere des Bodens.

VORKOMMEN Andamanen bis Philippinen, Südjapan, Nordaustralien, Ostindonesien.

Moses-Seezunge

—Pardachirus mamoratus

Blasse Marmorierung. Viele schwarze Pünktchen.
GRÖSSE 26 cm
BIOLOGIE Auf riffnahen Sandzonen, 1–15 m. Meist weitgehend eingegraben. Scheidet aus Poren an der Basis von Brust- und Afterflosse ein milchiges, giftiges Sekret ab.
VORKOMMEN Rotes Meer, Arabischer Golf und Ostafrika bis Sri Lanka.

Pfauen-Seezunge

—Pardachirus pavoninus

Zahlreiche unterschiedlich große, helle Flecken. Die größeren meist mit dunklem Punkt in der Mitte.
GRÖSSE 30 cm
BIOLOGIE Bewohnt Sand- und Schlammflächen in Riffnähe, 1–40 m. Oft bis auf Augen und Nasenlöcher eingegraben. Frisst vorwiegend wirbellose Bodentiere. Scheidet aus Poren an der Basis von Rücken- und Afterflosse ein milchiges Gift aus.
VORKOMMEN Sri Lanka bis Südjapan und Tonga.

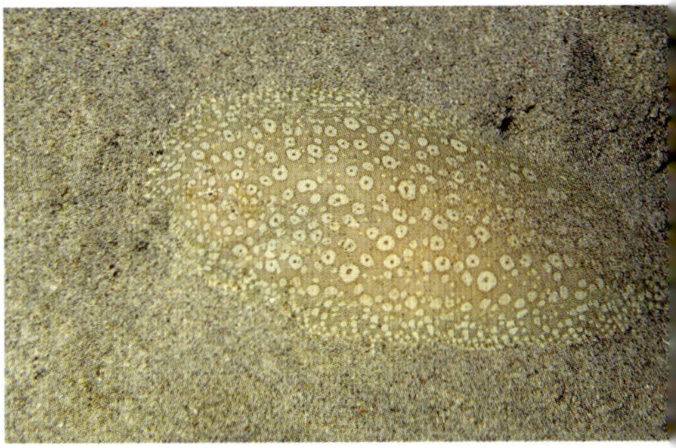

Blaurand-Seezunge

—Soleichthys heterorhinos

Dunkle Querbänder. Flossensäume oft bläulich.
GRÖSSE 16 cm
BIOLOGIE Auf riffnahen Sandzonen, seltener auf Hartgrund, 1–15 m. Kann nachts ein Stück über dem Boden schwimmen. Evtl. ahmen Juvenile mit dem blauen Randsaum giftige Plattwürmer nach.
VORKOMMEN Rotes Meer und Ostafrika bis Südjapan, Marshall I., SO-Australien und Samoa.

Fleckenschwan z-Seezunge

—Zebrias fasciatus

Hell grau-braun mit dunkleren Querstreifen, oft mit einigen hellen, diffusen Flecken. Schwanz schwarz mit gelben Flecken und oft mit blauem Rand.
GRÖSSE 25 cm
BIOLOGIE Bewohnt Sand- und Schlammgründe von geschützten Küsten, Buchten und Ästuaren, 5–25 m. Wohl nachtaktiv.
VORKOMMEN Indonesien bis Philippinen, China und Korea.

Fledermausfische
—Ephippidae

Langflossen-Fledermausfisch
—Platax teira

Breite Rücken- und Afterflosse. Schwarzer Fleck schräg unterhalb der Brustflosse.

GRÖSSE 60 cm

BIOLOGIE In tiefen Lagunen, Buchten und an Außenriffhängen, 2–30 m. Oft in Schulen, teils auch einzeln oder in kleinen Gruppen. Juvenile dieser Art halten sich gerne in geringen Tiefen in geschützten Riffbereichen auf und sind öfter zu sehen als Jungtiere anderer Platax-Arten.

VORKOMMEN Rotes Meer und Ostafrika bis SW-Japan, Kosrae in Mikronesien, GBR und Fidschi.

UNTEN Jungtier, etwa 14 cm hoch, mit sehr stark verlängerten Rücken-, Anal- und Bauchflossen. Tiere dieser Größe sind meist an geschützen Standorten nahe bei Korallenformationen anzutreffen.

Goldener Fledermausfisch
— Platax boersi

Kopfprofil leicht gebogen.
GRÖSSE 40 cm
BIOLOGIE In tiefen Lagunen und an Außenriffen, 2–30 m. Häufig in großen Schulen, teils auch einzeln oder in Paaren, meist entlang steiler Riffhänge.
VORKOMMEN Rotes Meer und Ostafrika bis SW-Japan, Palau, Salomonen und GBR.

Batavia-Fledermausfisch
— Platax batavianus

Häufig mit Sprenkeln schwarzer Flecken am Bauch.
GRÖSSE 50 cm
BIOLOGIE Bevorzugt Lagunen und geschützte Küstenriffe, 5–45 m. Meist einzeln oder in lockeren Kleingruppen. Im Vergleich zu anderen Platax-Arten selten. Juvenile mit weiß-schwarzem Streifenmuster und verlängerten Brust-, Anal- und Bauchflossen.
VORKOMMEN Malaysia bis Nordaustralien und PNG.

Rundkopf-Fledermausfisch
—Platax orbicularis

Gelbliche Brustflossen.
GRÖSSE 50 cm
BIOLOGIE In tiefen Lagunen und an Außenriffen, 2–35 m. Paarweise oder in Schulen, schwimmen oft entlang steiler Hänge oder im freien Wasser tiefer Lagunen und Buchten.
VORKOMMEN Rotes Meer und Ostafrika bis SW-Japan, Mikronesien, Neukaledonien und Frz-. Polynesien.
Juvenile halten sich in geschützten Bereichen in sehr geringen Tiefen, auch ufernah in Buchten auf. Sie ahmen abgestorbene Blätter nach, in der Färbung ebenso wie in der schaukelnden oder driftenden Bewegung. Gelegentlich legen sie sich mit der Seite auf den Grund. Das abgebildete Exemplar ist etwa 4 cm hoch.

Spitzmaul-Fledermausfisch
—*Platax pinnatus*

Charakteristisch vorstehendes Maul.
GRÖSSE 35 cm
BIOLOGIE An geschützten Riffhängen, 2–40 m. Im Gegensatz zu anderen Platax-Arten meist einzeln und gerne an geschützten Stellen des Riffs
VORKOMMEN Thailand und Sumatra bis SW-Japan, Palau, Salomonen, Vanuatu und Neukaledonien. Juvenile sind schwarz und haben rundum einen leuchtend orangefarbenen Randsaum. Sie sind recht scheu und halten sich meist im Schutz von Höhlen, Spalten und Überhängen auf. Es gibt die Vermutung, dass auf sie mit ihrer Färbung große, giftige Plattwürmer nachahmen. Das abgebildete Exemplar ist etwa 9 cm hoch.

KANINCHENFISCHE — SIGANIDAE

Kaninchenfische sieht man tagsüber kaum einmal ruhen: Unermüdlich streifen sie auf Nahrungssuche über die Riffe und Seegraswiesen – je nach Art paarweise oder in kleinen, teils auch größeren Gruppen. Rund die Hälfte der etwa 30 Arten leben als Jungtiere in Schulen, bilden später aber Paare. Die anderen bleiben lebenslang in Schulen, die mehrere 100 Tiere umfassen können. Kaninchenfische fressen vor allem Algen und Seegras, einige Arten daneben gelegentlich auch Wirbellose wie Seescheiden und Schwämme. Beim Fressen macht der kleine Mund mit verdickter Oberlippe charakteristisch mümmelnde Bewegungen. Ein Merkmal, dem sie ihren Namen verdanken. Den harmlos aussehenden Tieren traut man es kaum zu, aber sie sind reichlich mit giftigen Flossenstrahlen bewehrt. Sie dienen ausschließlich der Verteidigung und können schmerzhafte Wunden verursachen. Nachts tragen sie eine diffuse Tarnfärbung und legen sich seitlich auf eine freie Fläche.

Silber-Kaninchenfisch — *Siganus argenteus*

Schwanzflosse deutlich gegabelt und meist etwas bläulich.

GRÖSSE 43 cm

BIOLOGIE Adulte oft an Außenriffhängen, 1–30 m. Zieht gewöhnlich in kleinen, teils auch großen Gruppen durch das Riff, oft über gemischten Korallen-Geröll-Zonen oder veralgten Arealen.

VORKOMMEN Rotes Meer und Ostafrika bis SW-Japan, GBR und Frz.-Polynesien.

Korallen-Kaninchenfisch
—Siganus corallinus

Gelb mit zahlreichen kleinen blassblauen Punkten.
GRÖSSE 30 cm
BIOLOGIE Adulte in korallenreichen Lagunen und geschützten Küstenriffen, 2–20 m. Ernährt sich von Aufwuchsalgen. Juvenile in Seegraswiesen und zwischen Geweihkorallen (Acropora sp.)
VORKOMMEN Seychellen bis SW-Japan, Palau und Guam, GBR und Neukaledonien.

Weißflecken-Kaninchenfisch
—Siganus fuscescens

Grau mit zahlreichen kleinen hellblauen bis bläulichweißen Punkten. Von der Stirn über die Rückenlinie bis zum Schwanz grünlich.
GRÖSSE 30 cm
BIOLOGIE In Buchten, Lagunen und seltener Außenriffhängen, 1–10 m. Juvenile in Schulen, Adulte eher in kleineren Gruppen, teils auch paarweise.
VORKOMMEN Andamanensee bis SW-Japan, Mikronesien, Australien, Vanuatu und Neukaledonien

Goldfleck-Kaninchenfisch
—Siganus guttatus

Zahlreiche orangegelbe Körperflecken. Großer, goldgelber Fleck unterhalb der hinteren Rückenflossenbasis.
GRÖSSE 40 cm
BIOLOGIE In Lagunen und Küstenriffen, Korallen- und Felsarealen, 2–30 m. Oft in kleinen Gruppen, teils auch paarweise. Schwimmt sowohl über korallenreiche Flächen als auch über Sand.
VORKOMMEN Andamanensee bis SW-Japan, Palau, Bali und Irian Jaya.

Java-Kaninchenfisch
—Siganus javus

Schwanz überwiegend oder ganz dunkelgrau bis schwarz. Körper mit zahlreichen hellen Punkten. Längsstreifen oft nur wenige am Bauch, können aber auf einen Großteil der Seite bedecken.
GRÖSSE 53 cm
BIOLOGIE In Korallen- und Felsriffen entlang Küsten, auch in Ästuaren und Mangrovengebieten, 1–15 m. Einzeln oder in kleinen Gruppen.
VORKOMMEN Arabischer Golf bis Andamanensee, Philippinen, NO-Australien und Vanuatu.

Brauner Kaninchenfisch —*Siganus luridus*

Blass olivgrün bis dunkelbraun.
GRÖSSE 24 cm
BIOLOGIE In Lagunen, Buchten und geschützten Außenriffen, 2–18 m. Schwimmt einzeln oder in kleinen Gruppen über versandete oder veralgte Areale und weidet Aufwuchsalgen ab.
VORKOMMEN Rotes Meer und Arabischer Golf bis Mosambik und Mauritius. Über den Sueskanal ins Mittelmeer eingewandert.

Masken-Kaninchenfisch —*Siganus puellus*

Gelb mit welligen blauen Linien und Punkten. Dunkles Längsband vom Kinn zum Auge, über diesem grau mit schwarzen Flecken.
GRÖSSE 30 cm
BIOLOGIE Bewohnt korallenreiche Riffe, 2–25 m. Gewöhnlich paarweise, ernährt sich von Seescheiden und Schwämmen.
VORKOMMEN Cocos Keeling bis SW-Japan, Mikronesien und Gilbert I., GBR, Vaunatu und Neukaledonien.

Orangeflecken-Kaninchenfisch —*Siganus punctatus*

Zahlreiche dunkelrandige orangene Punkte (erscheinen unter Wasser aus etwas Entfernung braun).
GRÖSSE 35 cm
BIOLOGIE In Lagunen und Außenriffen, 2–35 m. Über Korallen und riffnahen Sandböden. Schwimmen paarweise.
VORKOMMEN Cocos Keeling und Sumatra bis SW-Japan, Mikronesien, Australien und Neukaledonien.

Rotmeer-Kaninchenfisch —*Siganus rivulatus*

Sehr blass oliv mit unregelmäßigen, teils unterbrochenen orangefarbene Linien (gut nur aus der Nähe zu erkennen) auf den Seiten.
GRÖSSE 30 cm
BIOLOGIE In geschützten Außenriffen und Buchten, 1–15 m. Zieht in Gruppen oder großen Schulen über Areale mit abgestorbenen Korallen sowie sandige und veralgte Flächen.
VORKOMMEN Rotes Meer und Golf von Aden; über den Sueskanal ins Mittelmeer eingewandert.

Rotmeer-Tüpfel-Kaninchenfisch
—Siganus stellatus laqueus

Dichtes schwarzes wabenförmiges Punktmuster. Nacken und Rückenlinie oliv und ohne Punkte. Ränder der Schwanzflosse und Hinterkante der Rückenflosse gelb.
GRÖSSE 35 cm
BIOLOGIE In klaren, korallenreichen Buchten und Außenriffen, 1–35 m. Adulte fast immer paarweise. Streift weite Strecken durch Riff und weidet Aufwuchsalgen ab.
VORKOMMEN Rotes Meer und Golf von Aden.

Indischer Tüpfel-Kaninchenfisch
—Siganus stellatus stellatus

Auf cremefarbener bis hellbraunem Grund, zahlreiche dicht stehende Punkte, auch auf Nacken und Rücken. Schwanzflosse mit schmalem weißem Randsaum.
GRÖSSE 35 cm
BIOLOGIE In Lagunen und Außenriffen, 1–30 m. Fast immer paarweise, streift durch korallenreiche Zonen ebenso wie durch veralgte Riffareale mit Geröll und abgestorbenen Korallen.
VORKOMMEN Ostafrika bis Malediven, Andamanensee und Bali.

Zweiband-Kaninchenfisch
—Siganus virgatus

Zwei dunkle Diagonalbänder am Kopf, einer davon durchs Auge. Oberkörper mit blauen Punkten. Ähnlich: *S. doliatus* mit feinen gelben Querlinien.
GRÖSSE 30 cm
BIOLOGIE In Fels- und Korallenriffen, 2–20 m. Schwimmt paarweise oder in kleinen Gruppen.
VORKOMMEN Indien bis Philippinen, SW-Japan, Nordaustralien und Irian Jaya.

Dachskopf-Kaninchenfisch
—Siganus vulpinus

Kopf mit Schwarz-weißem »Dachsgesicht«. Restlicher Körper einheitlich gelb. Ähnlich: *S. unimaculatus* zusätzlich mit großem, schwarzem Fleck auf der Seite.
GRÖSSE 24 cm
BIOLOGIE Bewohnt korallenreiche Lagunen und Außenriffe, 2–30 m. Juvenile suchen oft Schutz zwischen den Ästen von Geweihkorallen (Acropora-Arten). Adulte schwimmen paarweise.
VORKOMMEN Sumatra bis Taiwan, Gilbert I., GBR und Neukaledonien.

DOKTORFISCHE—ACANTHURIDAE

Die Familie unterteilt sich in Skalpell-, Nasen- und Sägedoktorfische. Alle tragen beiderseits am Schwanzstil messerscharfe Knochenklingen – daher auch der englische Name Surgeonfishes (»Chirugen-Fische«). Skalpell-Doktorfische haben auf jeder Seite eine ausstellbare Klinge. Nasendoktorfische besitzen eine oder zwei, die Sägedoktorfische drei bis sechs feststehende Klingen pro Seite. Ihre Klingen benutzen alle als Verteidigungswaffe, gelegentlich auch bei innerartlichen Kämpfen. Skalpell-Doktorfische grasen meist winzige Fadenalgen vom Gestein ab. Andere, wie die meisten Naso-Arten, fressen Zooplankton. Grasende Doktorfische haben eine wichtige Funktion für das ökologische Gleichgewicht im Riff, indem sie dieses vor Veralgung bewahren.

Weißkehl-Doktorfisch
—Acanthurus leucosternon

Schwarzer Kopf, weiße Kehle, gelbe Rückenflosse.
GRÖSSE 23 cm
BIOLOGIE Innen- und Außenriffe, 0,5–25 m. Adulte meist in Gruppen, teils in sehr großen Ansammlungen, die als Fressgemeinschaft in meist geringen Tiefen über das Riff ziehen. Weidet Algen ab. Kann sich kreuzen mit A. nigricans. Die Hybride haben keinen weißen Kehlfleck.
VORKOMMEN Ostafrika bis Burma und Andamanensee, Christmas I., Bali und Komodo.

Arabischer Doktorfisch
—Acanthurus sohal

Weiße Seitenstreifen, schwarze Schwanzflosse blau gesäumt.
GRÖSSE 40 cm
BIOLOGIE An exponierten, dem Wellengang ausgesetzten Außenriffen, 0,2–10 m. Wendiger, kräftiger Schwimmer, hält sich bevorzugt auf dem Riffdach und an der Riffkante auf, wo er Algen abweidet. Sehr territorial Männchen verteidigen aggressiv ihre kleinen Fressreviere mit einigen Haremsweibchen darin.
VORKOMMEN Vom Roten Meer entlang der Arabischen Halbinsel bis Golf von Oman und Arabischer Golf.

Grauer Doktorfisch
—Acanthurus mata

Gelbe Oberlippe, gelbe Augenmaske, sehr feine Längsstreifen.
GRÖSSE 50 cm
BIOLOGIE In Lagunen, Buchten und Außenriffen, auch im trüben Wasser, 3 bis über 30 m. Schwimmt oft auch in Schulen vor Riffhängen und schnappt hoch über dem Grund nach Zooplankton. Kann schnellen Farbwechsel zeigen, besonders an Putzerstationen.
VORKOMMEN Südliches Rotes Meer bis Südafrika, SW-Japan, Marshall I. und Frz.-Polynesien.

Blaustreifen-Doktorfisch —*Acanthurus lineatus*

Gelb mit blauen, schwarz gesäumten Längsstreifen; Bauch bläulich.
GRÖSSE 38 cm
BIOLOGIE Häufig in der Brandungszone von Außenriffdächern und exponierten Riffrändern, 0,2–6 m. Sehr territorial, große Männchen haben Freßterritorien und Harems, die sie aggressiv verteidigen. Weidet Algen ab.
VORKOMMEN Ostafrika bis SW-Japan, Mikronesien und Frz.-Polynesien.

Mimikry-Doktorfisch —*Acanthurus pyroferus*

Adulte braun mit rotem Fleck über Brustflossenansatz,und schwarzem Band vom Kinn bis hinters Auge. Juvenile in 2 Farbvarianten: einheitlich gelb oder hinten schwärzlich, vorne gräulich.
GRÖSSE 25 cm
BIOLOGIE In Lagunen und Außenriffen, 2–60 m. Adulte schwimmen meist einzeln in gemischten Arealen mit Korallen, Sand und Fels.
VORKOMMEN Cocos Keeling bis SW-Japan, Hawaii, Mikronesien und Frz.-Polynesien.

UNTEN Juvenile sind Nachahmer je nach Region des gelben Zitronen-Zwergkaisers *Centropyge flavissima* bzw. den braungrauen Perlschuppen-Zwergkaisers (*C. vroliki*). Eine Mimikry des letzteren zeigt das juvenile Tier auf diesem Bild. Es beginnt jedoch schon die Umfärbung zum Adulten. So hat es bereits statt des blauen einen gelben Schwanzsaum und am Kinn einen Ansatz des schwarzen Bandes.

Rammkopf-Doktorfisch
—Acanthurus bariene

Weiße Lippen, gelbe Rückenflosse, blauer Fleck und gelb-orange Querstreifen hinter dem Auge.
GRÖSSE 42 cm
BIOLOGIE In Küsten- und Außenriffen mit klarem Wasser, 6–50 m. Die Stirnvorwölbung vergrößert sich mit dem Alter. Streift einzeln oder in kleinen Gruppen über das Riff und weidet Aufwuchsalgen von Hartgrund ab.
VORKOMMEN Ostafrika bis SW-Japan, Palau, Salomonen und GBR.

Ringschwanz-Doktorfisch
—Acanthurus blochii

Kleiner, orange-gelber Fleck hinter dem Auge, Schwanzbasis meist mit weißem Ring, Schwanzflosse blau.
GRÖSSE 45 cm
BIOLOGIE Bewohnt Lagunen und Außenriffe meist von 2–15 m. Schwimmt einzeln oder in kleinen Gruppen und grast Algenaufwuchs von Gestein, abgestorbenen Korallen und anderen festen Substraten.
VORKOMMEN Ostafrika bis SW-Japan, Marshall I., Hawaii und Frz.-Polynesien.

Schulterklappen-Doktorfisch
—Acanthurus nigricauda

Längsstreifen hinter dem Auge, Schwanzbasis weißlich.
GRÖSSE 40 cm
BIOLOGIE Bewohnt klare Lagunenaußenriffe ebenso wie trübe, sandige Lagunen, 3–30 m. Streift einzeln, oft auch innerhalb von Gruppen anderer Doktorfische, durch riffnahe Areale mit Sand- und Geröllflächen und fädigen Algenaufwuchs ab. Kann schnell die Grundfärbung wechseln von dunkel graubraun bis blassgräulich.
VORKOMMEN Ostafrika bis SW-Japan, GBR und Frz.-Polynesien.

Gelbflossen-Doktorfisch
—Acanthurus xanthopterus

Gelb an den Brustflossen. Gelbes Band über dem Auge.
GRÖSSE 60 cm
BIOLOGIE Lagunen und Außenriffe, 3–90 m. Größte Art seiner Gattung. Einzeln oder in lockeren Gruppen über riffnahe Sand-, Geröll- und Felsareale. Weidet vorwiegend Faden- und Kieselalgen und Detritus ab, gelegentlich auch Hydrozoen. Kann Farbmuster schnell wechseln.
VORKOMMEN Ostafrika bis SW-Japan, Hawaii, Panama und Neukaledonien.

Goldrand-Doktorfisch
—Acanthurus nigricans

Rücken- und Afterflosse mit gelber Basislinie. Gelber Querstreifen in Schwanzflosse, gelbe Schwanzklinge.
GRÖSSE 21 cm
BIOLOGIE Bevorzugt Außenriffe, 1–60 m. Häufig in geringen Tiefen unterhalb der Brandungszone. Territorial, weidet Fadenalgen von Hartsubstraten ab.
VORKOMMEN Cocos Keeling, Christmas I., Westaustralien bis SW-Japan, Hawaii, Panama und Frz.-Polynesien.

Weißklingen-Doktorfisch
—Acanthurus leucocheilus

Weiße Schwanzklinge. Blasses Band am Kinn. Weißliches Maul. Schwarzer Achselfleck. Grundfärbung oft dunkelbraun bis schwärzlich, kann rasch stark aufhellen (siehe Foto).
GRÖSSE 45 cm
BIOLOGIE An klaren Außenriffen, oft nahe bei Steilabfällen, 4–30 m. Einzeln oder in kleinen Gruppen.
VORKOMMEN Ostafrika, Malediven, Seychellen bis Andamanensee, Indonesien, Philippinen, Palau und Line I.

Sträflings-Doktorfisch
—Acanthurus triostegus

Blassgrünlich mit fünf bis sechs schwarzen Querstreifen.
GRÖSSE 26 cm
BIOLOGIE In Lagunen und Außenriffen, 2 bis über 20 m. Meist im Flachbereich über Korallenriffen und Felssubstraten. Zieht oft in großen, teils bis über 1000 Tiere umfassenden Ansammlungen übers Riff und weidet Fadenalgen ab.
VORKOMMEN Ostafrika bis SW-Japan, Mikronesien, Hawaii, Panama und Frz.-Polynesien.

Paletten-Doktorfisch
—Paracanthurus hepatus

Kobaltblau, seitlich mit unverwechselbarer schwarzer »Paletten«-Markierung.
GRÖSSE 26 cm
BIOLOGIE Bevorzugt klare, strömungsreiche Außenriffe, 2–40 m. Schwimmt in kleinen, lockeren Gruppen 1–3 Meter über dem Grund und frisst Zooplankton.
VORKOMMEN Ostafrika bis SW-Japan, Line I. und Samoa.

UNTEN Juvenile, etwa 4 cm groß, schwimmen unmittelbar über ästigen Korallen und flüchten bei Gefahr sofort zwischen die Korallenäste.

Blauer Segelflosser
—Zebrasoma xanthurum

Körper blau, Schwanzflosse und Außenrand der Brustflosse gelb.
GRÖSSE 22 cm
BIOLOGIE In Korallen- und Felsriffen, 0.5–22 m. Einzeln oder in kleinen, lockeren Gruppen. Bevorzugt reicht strukturierte Areale und frisst Fadenalgen, die er von Fels und totem Korallengestein abweidet.
VORKOMMEN Rotes Meer bis Arabischer Golf und Sri Lanka.

Indischer Segelflosser
—Zebrasoma desjardininii

Schwanzflosse mit blassblauen Punkten.
GRÖSSE 40 cm
BIOLOGIE Bewohnt tiefe Lagunen und halbgeschützte Außenriffe mit mäßigem bis reichem Korallenbewuchs, 1–30 m. Meist in Paaren oder kleinen Gruppen, Juvenile einzeln und gewöhnlich im Schutz von Astkorallen.
VORKOMMEN Rotes Meer und Ostafrika bis Andamanensee, Cocos Keeling und NW-Sumatra.

UNTEN Eine dunkle Farbvariante tritt oft im selben Gebiet neben der hellen Variante (oberes Bild) auf. Auch bei sehr dunklen Tieren sind die blauen Punkte auf der Schwanzflosse vorhanden, jedoch aus etwas Entfernung nicht so deutlich zu erkennen.

Pazifischer Segelflosser
—Zebrasoma veliferum

Schwanzflosse strohgelb bis dunkelbraun und ohne Punkte.
GRÖSSE 40 cm
BIOLOGIE In tiefen Lagunen und halbgeschützten Außenriffen, 1–40 m. Juvenile mit vergrößerter Rücken- und Afterflosse, gelblicher Färbung mit hellen und dunklen Querstreifen und transparenter Schwanzflosse.
VORKOMMEN Christmas I. und Malaysia bis SW-Japan, Hawaii und Frz.-Polynesien.

Brauner Segelflosser
—Zebrasoma scopas

Körper gelblichbraun, nach hinten hin dunkler werdend mit fast schwarzer Schwanzflosse. Weiße Schwanzklinge.
GRÖSSE 20 cm
BIOLOGIE In korallenreichen Lagunen und Außenriffen, 2–50 m. Einzeln oder in Gruppen. Das Ablaichen erfolgt gewöhnlich gruppenweise.
VORKOMMEN Ostafrika und Oman bis SW-Japan, Philippinen, Mikronesien, Indonesien, GBR und Frz.-Polynesien.

UNTEN Juvenile, etwa 3 cm lang, mit hellen Querlinien und hoher Rücken- und Afterflosse. Sie halten sich häufig bei ästigen Korallen auf.

Nadelstreifen-Borstenzahndoktor
—Ctenochaetus striatus

Sehr feine Längsstreifen, Stirnbereich mit kleinen orangefarbenen Punkten.
GRÖSSE 26 cm
BIOLOGIE In Lagunen und Außenriffen, 1–30 m. Einzeln oder in Gruppen. Weidet von Sand- und Hartböden Blau- und Kieselalgen ab, ist dadurch häufig ciguatoxisch.
VORKOMMEN Rotes Meer bis Südafrika, SW-Japan, Mikronesien und Frz.-Polynesien.

Goldring-Borstenzahndoktor
—Ctenochaetus truncatus

Gelber Augenring, hell- bis dunkelbraun mit zahlreichen kleinen, hellen Pünktchen.
GRÖSSE 18 cm
BIOLOGIE Innen- und Außenriffe, 1–20 m. Weidet Aufwuchsalgen von Hartsubstraten ab. Juvenile können ein einheitliches gelbes Farbkleid tragen.
VORKOMMEN S-Oman und Ostafrika von Kenia bis Natal bis Andamanensee, Malediven, Chagos, Cocos Keeling und Christmas I.

UNTEN Die Jungtiere sind zitronengelb. Das abgebildete Exemplar ist etwa 6 cm groß.

Indischer Gelbklingen-Nasendoktor
—Naso elegans

Rücken- und Afterflosse orange mit schmalem, blauem Randsaum. Männchen mit langen Schwanzflossen-Filamenten.
GRÖSSE 45 cm
BIOLOGIE In Lagunen und Außenriffen, 1–90 m. Teils in kleinen, lockeren Gruppen. Weidet Algen von toten Korallen, Fels- und Geröllböden ab. Gelegentlich beanspruchen große Männchen ein Revier.
VORKOMMEN Rotes Meer bis Südafrika, S-Oman, Andamanensee und Bali.

Pazifischer Gelbklingen-Nasendoktor
—Naso lituratus

Rückenflosse schwarz mit breitem weißlichem Randsaum.
GRÖSSE 45 cm
BIOLOGIE In Lagunen und Außenriffen, 1–90 m. Schwimmt einzeln oder in teils größeren Gruppen, meist oberhalb von 30 m. Weidet vorwiegend blättrige Braunalgen von toten Korallen oder Felsböden ab.
VORKOMMEN Golf v. Thailand bis SW-Japan, Hawaii, Frz.-Polynesien und Pitcairn.

Blauklingen-Nasendoktor
—Naso unicornis

Blaue Schwanzklingen, Stirnhorn wird mit dem Alter länger, reicht aber nicht über die Schnauze hinaus.
GRÖSSE 70 cm
BIOLOGIE In Lagunen, Buchten und Außenriffen, 1–80 m. Häufige Art, oft in exponierter Brandungszone. Schwimmt auch einzeln, meist jedoch in lockeren Gruppen. Frisst blättrige Algen und Sargassumtang.
VORKOMMEN Rotes Meer, Südoman und Ostafrika bis SW-Japan, Hawaii und Frz.-Polynesien.

Buckel-Nasendoktor
—Naso brachycentron

Rücken mit markantem Buckel, langes Horn.
GRÖSSE 70 cm
BIOLOGIE Bevorzugt Außenriffhänge, 1–30 m. Einzeln oder in kleinen Gruppen. In den meisten Gebieten selten und daher schwer, sich ihnen zu nähern. Bei Männchen wird das Horn sehr lang, Weibchen entwickeln nur einen sehr kleinen Auswuchs.
VORKOMMEN Ostafrika bis SW-Japan, Guam, Palau und Frz.-Polynesien.

Masken-Nasendoktor
—Naso vlamingii

Blaue Lippen, blaues horizontales Band auf der Schnauze zwischen den Augen.
GRÖSSE 55 cm
BIOLOGIE Bewohnt tiefe Lagunen und Außenriffhänge, 4–50 m. Schwimmt meist in Gruppen einige Meter über dem Riff. Frisst großes Zooplankton.
VORKOMMEN Ostafrika bis SW-Japan, Mikronesien und Frz.-Polynesien.

UNTEN Sehr schneller Farbwechsel zwischen sehr hell und dunkel. Solche Farbwechsel finden statt z. B. an Putzerstationen und bei der Balz

Schlanker Doktorfisch
—Naso lopezi

Schlanker Körper, obere Hälfte mit zahlreichen grauen bis schwarzen Punkten.
GRÖSSE 60 cm
BIOLOGIE Bevorzugt strömungsreiche, steile Außenriffhänge, 6–50 m. Einzeln, häufig jedoch in Gruppen und oft etwas tiefer im freien Wasser Zooplankton jagend. Legt sich zum Ruhen auf den Riffboden.
VORKOMMEN Andamanensee bis Philippinen, Palau, Salomonen und Neukaledonien.

Blauschwanz-Nasendoktor
—Naso hexacanthus

Weiße Lippen, schwarzer Kiemendeckelrand. Kann schnellen Farbwechsel zeigen.
GRÖSSE 75 cm
BIOLOGIE Lebt in tiefen Lagunen und Außenriffhängen, 6–137 m. Häufig und nicht scheu. Schwimmt meist in Gruppen, teils in großen Schulen, ein Stück über dem Riff und jagt großes Zooplankton
VORKOMMEN Rotes Meer bis SW-Japan, Hawaii, Mikronesien, Frz.-Polynesien und Pitcairn.

Schärpen-Nasendoktor
—Naso brevirostris

Hellblaugrau bis dunkelolivbraun, schmale dunkle Querstreifen. Horn wird mit dem Alter länger.
GRÖSSE 60 cm
BIOLOGIE In tiefen Lagunen und an Außenriffhängen, 1–50 m. Meist in Gruppen im Freiwasser vorm Riff, wo er Zooplankton frisst. Juvenile und Subadulte weiden Aufwuchsalgen ab.
VORKOMMEN Rotes Meer bis Südafrika, SW-Japan, Hawaii und Ducie I.

HALFTERFISCHE—ZANCLIDAE

Flüchtig betrachtet könnte er als ein Wimpelfisch aus der Familie Falterfische durchgehen. Doch mit dieser Familie ist er nicht einmal weitläufig verwandt. Stattdessen steht er den Doktorfischen nahe. Die Familie der Halfterfische besteht nur aus einer einzigen Art, eben dem Halfterfisch.

Halfterfisch
—*Zanclus cornutus*

Langes Rückenflossenfilament. Verlängerte Schnauze mit gelbem Sattel.
GRÖSSE 22 cm
BIOLOGIE Bewohnt Fels- und Korallenriffe, 1–145 m. Einzeln, paarweise oder in Gruppen, seltener auch in großen Schulen. Frisst vorwiegend Schwämme. Die sehr weite Verbreitung beruht auf dem langen Larvenstadium.
VORKOMMEN Golf v. Aden, Oman und Ostafrika bis SW-Japan, Hawaii, Mexiko, Galapagos, Polynesien.

Leoparden-Drückerfisch
—*Balistoides conspicillum*

Weiße Fleckenmuster. Juvenile mit gelbem Rückenbereich.
GRÖSSE 50 cm
BIOLOGIE In klaren, korallenreichen Außenriffen, 3–75 m. Einzeln. Nicht häufig. Oft an steilen Riffhängen mit Terrassen. Juvenile meist Höhlen oder unterhalb 15 m bei Unterschlüpfen. Frisst Seeigel, Krebse, Muscheln Schnecken und Seescheiden.
VORKOMMEN Ostafrika bis Südjapan, Mikronesien, Line I. und Samoa.

DRÜCKERFISCHE—BALISTIDAE

Drückerfische schwimmen in charakteristischer Weise mit der zweiten Rücken- und der Afterflosse, die Schwanzflosse dient dabei nur als Seitenruder. Nur für schnelle Vorstöße und zur Flucht wird die Schwanzflosse für den Vortrieb eingesetzt. Namensgebend ist ein spezielle Mechanismus ihrer ersten Rückenflosse. Deren erster, in einer Rückenfurche ruhender Strahl kann aufgerichtet und durch den zweiten Strahl arretiert werden. Beim Herunterdrücken des dritten Strahls wird der erste wieder entriegelt. Bei Gefahr flüchten Drückerfische in Felsspalten und verkeilen sich dort mit dem aufgerichteten Rückenflossen-Strahl. Auch die Nacht verbringen sie derart verankert in Spalten des Riffs. Mit ihren kräftigen Kiefer und meißelartigen Zähnen knacken sie Muscheln, Schnecken, Korallen, Seeigel und Krebse.

Orangestreifen-Drückerfisch
—Balistapus undulatus

Dunkelgrün mit orangefarbene Streifen.
GRÖSSE 30 cm
BIOLOGIE Bevorzugt korallenreiche Lagunen und Außenriffe, 1–50 m. Frisst Spitzen ästiger Korallen, Seeigel, Krebse, Borstenwürmer, Schwämme und weitere Wirbellose sowie kleine Fische und Algen. Legt zum Ablaichen flache Nestmulden in Sand oder Geröll an.
VORKOMMEN Rotes Meer und Ostafrika bis Südjapan, Hawaii und Frz.-Polynesien.

Sternen-Drückerfisch
—Abalistes stellatus

3–4 weiße Flecken auf dem Rücken; schmaler Schwanzstiel.
GRÖSSE 60 cm
BIOLOGIE Bewohnt bevorzugt Schlamm- und Sandböden, 5–120 m. Adulte halten sich gelegentlich auch in Riffnähe auf.
VORKOMMEN Rotes Meer und Ostafrika bis Südjapan, Palau, Neukaledonien und Fidschi.

UNTEN Älteres Jungtier.

Riesen-Drückerfisch
—Balistoides viridescens

Grundfärbung von hellgelbgrün bis dunkelolivgrün, aber stets mit breitem dunklem Band (»Schnurrbart«) über der Oberlippe.

GRÖSSE 75 cm

BIOLOGIE In Buchten, Lagunen und Außenriffen, 3–40. Zu seiner Nahrung gehören Seeigel, Korallen, Krebse, Muscheln, Gehäuseschnecken. Gewöhnlich einzeln, zur Brutpflege paarweise. Die auf Sand- oder Geröllflächen in Nestmulden abgelegten Eier werden aggressiv bewacht, auch gegenüber Tauchern. Scheinangriffe, aber auch kräftige Rammstöße sowie Bisse mit schmerzhaften Verletzungen werden häufig beschrieben.

VORKOMMEN Rotes Meer und Ostafrika bis Südjapan, Mikronesien und Frz.-Polynesien.

UNTEN Ein etwa 4 cm großes Jungtier.

Indischer Drückerfisch
—Melichthys indicus

Basis von Rücken- und Afterflosse mit weißem Band, Schwanzflosse weiß umsäumt.
GRÖSSE 25 cm
BIOLOGIE An korallenreichen Außenriffhängen, 5–50 m. Schwimmt einzeln oder in lockeren Gruppen, oft ein gutes Stück über dem Grund. Frisst im Freiwasser treibendes Zooplankton. Flüchtet bei Beunruhigung in kleine Riffspalten.
VORKOMMEN Rotes Meer, Oman und Ostafrika bis Andamanensee und Westindonesien.

Rotzahn-Drückerfisch
—Odonus niger

Sichelschwanz, rote Zähne.
GRÖSSE 40 cm
BIOLOGIE Bevorzugt strömungsreiche Außenriffhänge und Riffterrassen, 3–55 m. Bildet häufig große, teils riesige Ansammlungen und schnappt im Freiwasser, oft hoch über dem Riff, nach Zooplankton. Flüchtet bei Gefahr ans Riff und versteckt sich in kleinen Spalten, wobei die Schwanzflosse häufig ein Stück herausragt.
VORKOMMEN Rotes Meer und Ostafrika bis Südjapan, Mikronesien und Frz.-Polynesien.

UNTEN Juveniles Exemplar, etwa 8 cm groß.

Witwen-Drückerfisch
—Melichthys vidua

Rücken- und Afterflosse schwarz gesäumt.
GRÖSSE 35 cm
BIOLOGIE Bewohnt klare Außenriffhänge, 4–60 m. Einzeln oder in lockeren Gruppen, bis einige Meter über dem Grund. Frisst Algen, verschiedene Wirbellose wie Krebse und Schwämme, sowie kleine Fische.
VORKOMMEN Ostafrika bis Südjapan, Hawaii, Galapagos und Frz.-Polynesien.

Gelbsaum-Drückerfisch
—Pseudobalistes flavimarginatus

Um die Schnauze herum pastellfarben gelblich bis rosa, Flossenränder gelb bis orange.
GRÖSSE 60 cm
BIOLOGIE Bewohnt tiefe Buchten, Lagunen, Kanäle und Sandareale von Außenriffen, oft auch in Arealen mit Seegras, 2–50 m. Frisst Spitzen von ästigen Korallen, Gehäuseschnecken, Krebse und Seescheiden. Bläst auf sandigem Grund häufig kopfüber stehend Beutetiere frei. Legt große Nestmulden in Sand- oder Geröllböden an und betreibt Brutpflege. Ist in Nestnähe aggressiv auch gegenüber Tauchern.
VORKOMMEN Rotes Meer und Ostafrika bis Südjapan, Mikronesien und Frz.-Polynesien.

MITTE UNTEN Ein etwa 7 cm großes Jungtier
UNTEN Ein etwa 3 cm großes Jungtier.

Blaustreifen-Drückerfisch —*Pseudobalistes fuscus*

Blau bis blaugrau mit kleinen gelben Flecken.

GRÖSSE 55 cm

BIOLOGIE Bewohnt Lagunen, Buchten und Außenriffe, bevorzugt Riffe mit Sand-, Geröll- oder Seegrasflächen, 1–50 m. Ernährt sich von verschiedenen wirbellosen Bodentieren und verbringt viel Zeit damit, diese aus dem Sand freizublasen. Häufig begleiten ihn dabei Lippfische und andere Fische, um als Mitesser freigelegte Beute zu schnappen. Scheu, kann jedoch beim Nestbewachen aggressiv werden.

VORKOMMEN Rotes Meer und Ostafrika bis Südjapan, Mikronesien und Frz.-Polynesien.

MITTE Dieses Tier hat die erste Rückenflosse aufgestellt, mit denen sich Drückerfische in Spalten verkeilen können.

Gemeiner Picassodrücker —*Rhinecanthus aculeatus*

Gelber Längsstreifen von Schnauze bis zur Wange. Zwei Paar weißer bis bläulicher Diagonalstreifen am unteren Hinterkörper. Ein orangebrauner Diagonalstreifen am Rücken.

GRÖSSE 25 cm

BIOLOGIE Bewohnt Lagunen und flache Riffdächer, 0,3–5 m. Über Sand, Geröll und Korallengestein. Territorial, einzeln oder paarweise. Frisst neben zahlreichen wirbellosen Kleintieren auch kleine Fische und Algen.

VORKOMMEN Ostafrika bis SW-Japan, Mikronesien, Hawaii und Frz.-Polynesien.

Arabischer Picassodrücker
—Rhinecanthus assasi

Gelbe Lippen, drei schwarze Längsstreifen am Hinterkörper.
GRÖSSE 30 cm
BIOLOGIE In geschützten, flachen Außenriffen und Lagunen, meist in Arealen mit Sand-, Geröll- und Korallenfels, 1–25 m. In entsprechenden Bereichen nicht selten, jedoch scheu. Territorial und schwimmt stets in der Nähe von Versteckmöglichkeiten.
VORKOMMEN Rotes Meer bis Arabischer Golf.

Keil-Picassodrücker
—Rhinecanthus rectangulus

Hinten V-förmige Markierung.
GRÖSSE 25 cm
BIOLOGIE In Lagunen- und Außenriffen, 1-18 m. Territorial und scheu. Bevorzugt gemischte Korallen-, Fels-, Geröll- und Sandareale. Juvenile oft auf flachen Riffdächern. Frisst wie die anderen Arten dieser Gattung viele wirbellose Bodentiere wie Krebse, Würmer, Schlangensterne, Seeigel, Schwämme, sowie Fische und Algen.
VORKOMMEN Südl. Rotes Meer und Ostafrika bis SW-Japan, Hawaii und Ducie I.

Schwarzbauch-Picassodrücker
—Rhinecanthus verrucosus

Großer schwarzer, rundlichovaler Fleck am unteren Hinterkörper.
GRÖSSE 23 cm
BIOLOGIE Bewohnt Lagunen und Küstenriffe, 1–20 m. Bevorzugt anzutreffen in geschützten Mischzonen mit Seegras, Korallen und Geröllböden, gern auch in weniger klarem Wasser. Einzeln oder in lockeren Gruppen, scheu und in den meisten Gebieten nicht häufig.
VORKOMMEN Seychellen, Chagos und Sri Lanka bis Südjapan, Yap, Salomonen, GBR und Fidschi.

Rotmeer-Blaubrustdrücker
—Sufflamen albicaudatus

Schwanzflosse ockergelb mit weißer Umrandung. Männchen mit blauer Brust. Ähnlich: S. chrysopterus.
GRÖSSE 22 cm
BIOLOGIE In Lagunen und geschützten Außenriffen, 2–20 m. Scheu, flieht bei Beunruhigung schnell in kleine Riffspalten. Bevorzugt Areale mit Korallen-, Sand- und Geröllflächen.
VORKOMMEN Rotes Meer.

MITTE OBEN Jungtier, etwa 4 cm lang.

Sensen-Drückerfisch
—Sufflamen bursa

Zwei charakteristische braune oder gelbe, leicht gekurvte Streifen (»Sensen«) hinter dem Auge.
GRÖSSE 24 cm
BIOLOGIE Bewohnt Außenriffe, 3–90 m. Bevorzugt steile Riffhänge unterhalb der Brandungszone, sowohl in korallenreichen Arealen als auch in solchen mit Mischzonen aus Korallen, Sand und Geröllflächen. Kann sehr schnellen Farbwechsel zeigen, besonders auch der »Sensen«-Streifen. Frisst viele verschiedene wirbellose Bodentiere.
VORKOMMEN Ostafrika bis Südjapan, Hawaii, Mikronesien und Frz.-Polynesien.

MITTE UNTEN Ein Exemplar mit heller Grundfärbung und gelben »Sensen«.
UNTEN Exemplar mit dunklerem Körper und dunklebraunen »Sensen«.

Indopazifik-Blaubrustdrücker —*Sufflamen chrysopterus*

Heller Querstreifen hinter dem Auge; Schwanzflosse mit weißem Rand. Beim ähnlichen *S. albicaudatus* ist auch die Schwanzwurzel weiß.

GRÖSSE 22 cm

BIOLOGIE In flachen Lagunen und Außenriffen, 1–30 m. Territorial, bevorzugt freie Flächen mit verstreuten Korallen und Hart- und Sandböden. In trüben wie auch in sehr klaren Bereichen. Frisst wirbellose Bodentiere.

VORKOMMEN Ostafrika bis Südjapan, Mikronesien und Samoa.

Brauner Drückerfisch —*Sufflamen fraenatus*

Hell- bis dunkelbraun. Juvenile blass mit feinen schwarzen Strichen und dunklerem Rücken.

GRÖSSE 38 cm

BIOLOGIE Bevorzugt offene, wenig bewachsene Areale mit Sand- und Geröllflächen, 8–180 m. Juvenile in geringen Tiefen. Frisst Wirbellose wie Muscheln, Schnecken, Krebse, Seeigel, Schlangensterne, Borstenwürmer, zudem Fische und Algen. Foto Subadult

VORKOMMEN Ostafrika bis Südjapan, Hawaii und Frz.-Polynesien.

Blaukehl-Drückerfisch —*Xanthichthys auromarginatus*

Reihen weißer Schuppenpunkte, nur die Männchen mit gelbem Randsaum an Schwanz-, After und Rückenflosse sowie blauem Fleck über Kinn und Kehle.

GRÖSSE 22 cm

BIOLOGIE Bevorzugt an Außenriffhängen, 15–150 m. Schwimmt häufig in lockeren Ansammlungen einige Meter über dem Riff und jagt im freien Wasser Zooplankton.

VORKOMMEN Mauritius bis SW-Japan, Mikronesien, Hawaii und Frz.-Polynesien.

FEILENFISCHE—MONACANTHIDAE

Feilenfische sind langsame, bedächtige Schwimmer, können sehr gut manövrieren und schweben oft reglos auf der Stelle. Kleinere Arten leben meist versteckt oder getarnt nahe dem Untergrund. Die meisten Feilenfische leben einzeln oder in Paaren, manchmal auch in kleinen Gruppen und haben ein breites Nahrungsspektrum. Dazu gehören Algen, Seegras, Schwämme, Würmer und Krebse. Einige Arten sind dagegen echte Nahrungsspezialisten. Feilenfische sind nah verwandt mit den Drückerfischen. Wie diese haben sie einen verlängerten ersten Rückenflossenstachel, der aufgerichtet und zurückgeklappt werden kann.

Schrift-Feilenfisch —*Aluterus scriptus*

Kleine hellbblaue Punkte und kurze Streifen. Großer »Besenschwanz«.

GRÖSSE 100 cm

BIOLOGIE Bevorzugt in Lagunen und geschützten Außenriffhängen, 2–80 m. Einzelgänger, nicht häufig und relativ scheu. Ernährt sich von wirbellosen Bodentieren.

VORKOMMEN Weltweit in tropischen Gewässern.

Borstenschwanz-Feilenfisch
—Acreichthys tomentosus

Kann Färbung dem Untergrund anpassen. Typischerweise mit nicht immer leicht erkennbarer V-förmigen Markierung an Seitenmitte.
GRÖSSE 10 cm
BIOLOGIE In geschützten Riffen, Buchten und Seegraswiesen, 1–20 m. Meist einzeln.
VORKOMMEN Ostafrika bis SW-Japan, Fidschi und Tonga.

MITTE Viele Drückerfische können wie ein Chamäleon ihr Farbmuster ändern, um sich der Umgebung anzupassen. So auch diese Art. Das Exemplar auf dem oberen Bild hat sich dem Untergrund aus dunklem Sand mit orangefarbenen Schwämmen angepasst. Und das Tier auf dem unteren Bild nahm die Muster des graubraunen Flickwerks seiner Umwelt an.

Gelbaugen-Feilenfisch
—Cantherhines dumerilii

Zwei Paar gelblicher Stacheln am Schwanzstiel. Gelber Augenring.
GRÖSSE 38 cm
BIOLOGIE Bewohnt klare Lagunen und Außenriffe, 1–35 m. Schwimmt häufig paarweise. Frisst vorwiegend an den Spitzen von ästigen Korallen, daneben auch verschiedene wirbellose Bodentiere.
VORKOMMEN Ostafrika bis Südjapan, Hawaii, Mexiko und Ducie-Inseln.

Netz-Feilenfisch
—Cantherhines pardalis

Grünlichbraun bis bläulichgrau, jeweils mit wabenartigem Netzmuster. Meist mit weißem Fleck auf der Schwanzwurzel.

GRÖSSE 25 cm

BIOLOGIE In klaren, korallenreichen Lagunen und Außenriffhängen, auch in Seegraswiesen, 2–25 m. Einzelgänger, relativ scheu.

VORKOMMEN Rotes Meer und Ostafrika bis Südjapan und Ducie I.

Schwarzfleck-Feilenfisch
—Paramonacanthus choirocephalus

Farbvariabel, meist mit dunklem Fleck unterhalb der zweiten Rückenflosse.

GRÖSSE 12 cm

BIOLOGIE In geschützten Außenriffen, über sandigen Grund und über Seegraswiesen, bis etwa 20 m. Einzeln oder in kleinen Gruppen.

VORKOMMEN Von Indien, Thailand und Malaysia über Indonesien bis Philippinen, PNG und Vanuatu.

Pünktchen-Feilenfisch
—Pseudomonacanthus macrurus

Färbung sehr variabel. Viele kleine dunkle Pünktchen auf dem Körper.

GRÖSSE 18 cm

BIOLOGIE Bewohnt Lagunen und Außenriffe, etwa bis 12 m Tiefe. Oft über Sand- und Geröllgrund sowie in Seegraswiesen.

VORKOMMEN Teile des Indischen Ozeans, Thailand, Malaysia, Indonesien, bis Philippinen und PNG.

Wangenstreifen-Feilenfisch
—Pervagor janthinosoma

Kopfbereich bräunlich, nach hinten übergehend in Olivgrün. Schwanzflosse orangefarben.
GRÖSSE 14 cm
BIOLOGIE In flachen Lagunen und Korallenriffen, bis etwa 20 m. Scheu, mit sehr versteckter Lebensweise in und bei kleinen Spalten und Höhlungen.
VORKOMMEN Ostafrika bis SW-Japan, Mariana I., GBR, Samoa und Tonga.

Schwarzkopf-Feilenfisch
—Pervagor melanocephalus

Dunkelbrauner bis schwarzblauer Kopf, restlicher Körper orange.
GRÖSSE 10 cm
BIOLOGIE Bevorzugt in klaren, korallenreichen, geschützten Außenriffen, 5–40 m. Einzeln oder in Paaren. Scheu, bleibt stets in der Nähe von Unterschlüpfen.
VORKOMMEN Andamanen-I. und Sumatra bis SW-Japan, Marshall I., Fidschi und Tonga.

Langnasen-Palettenstachler
—Oxymonacanthus longirostris

Reihen orangener Punkte. Kleiner schwarzer Fleck in Schwanzflosse. Im Roten Meer ersetzt durch *O. halli* (leicht größerer Schwanzfleck).
GRÖSSE 9 cm
BIOLOGIE In korallenreichen, klaren Lagunen und Außenriffen, 1–30 m. In Paaren oder kleinen Gruppen, schwimmt stets dicht über oder zwischen Korallen. Ernährt sich ausschließlich von Acropora-Korallenpolypen.
VORKOMMEN Ostafrika bis Südjapan, Samoa und Tonga.

Schwarzsattel-Feilenfisch
—Paraluteres prionurus

Hintere Rückenflosse viel breiter als beim sehr ähnlichen Sattel-Spitzkopfkugelfisch.
GRÖSSE 11 cm
BIOLOGIE Lebt in klaren Lagunen und Außenriffen, 2–25 m. Ahmt den giftigen Kugelfisch nach. Einzeln oder in kleinen Gruppen, Männchen ist territorial.
VORKOMMEN Golf von Aden und Ostafrika bis Südjapan, Marshall-Inseln, GBR und Neukaledonien.

Horn-Feilenfisch
—Pseudalutarius nasicornis

Zwei olivbräunliche Längsstreifen an der Seite. Schwanzflosse mit großem dunklem Fleck.

GRÖSSE 18 cm

BIOLOGIE Bevorzugt in geschützten Küstenbereichen, 1–55 m. Schwimmt einzeln, paarweise oder in kleinen Gruppen in Bodennähe. Meist über Sand-, Geröll- oder Seegras anzutreffen.

VORKOMMEN Ostafrika bis Südjapan, Guam und Ostaustralien.

OBEN Ein Pärchen (unten links das etwas hochrückige Männchen, oben rechts das schlankere Weibchen).

UNTEN Weibchen des Horn-Feilenfisches mit aufgerichtetem erstem Stachelstrahl, der bei dieser Art sehr weit vorne am Kopf, noch deutlich vor dem Auge ansetzt.

Zwerg-Feilenfisch
—Rudarius minutus

Cremefarben bis hellgrau mit vielen hellbraunen bis olivfarbenen, rundlichen Flecken,

GRÖSSE 4 cm

BIOLOGIE In Lagunen und geschützten Küstenriffen, 2–15 m. Einzeln oder in kleinen Gruppen, zwischen den Ästen von Feuer-, Horn- oder Weichkorallen. Beim Männchen dunkler, hellrandiger Augenfleck über dem Ansatz der Afterflosse.

VORKOMMEN Malaysia und Borneo bis Palau und GBR.

Weißpunkt-Kofferfisch
—*Ostracion meleagris*

Weibchen (unten) dunkelbraun mit weißen Punkten. Männchen (oben): Rücken schwärzlich mit weißen, Seiten blau mit gelben Punkten.
GRÖSSE 16 cm
BIOLOGIE In klaren Lagunen und Außenriffe, meist in geschützten Bereichen, 1–30 m. Frisst verschiedene wirbellose Kleintiere, Seescheiden und Schwämme.
VORKOMMEN Ostafrika bis Südjapan, Hawaii, Galapagos, Mexiko und Frz.-Polynesien.

KOFFERFISCHE—OSTRACIIDAE

Kofferfische haben einen harten, eckigen Außenpanzer, gebildet von polygonalen, meist sechseckigen Knochenplatten. Bei manchen Arten sind diese wabenförmigen Platten gut zu erkennen. Durchbrochen ist dieses schützende Exoskelett nur an Mund, After, Augen, Kiemen und den Flossenansätzen. Als weiteren Fraßschutz können sie über Hautdrüsen giftige Sekrete (Ostracitoxine) absondern. Diese Schutz- und Warnstoffe schrecken viele Räuber ab. Kofferfische sind langsame Schwimmer, doch Meister im präzisen Manövrieren. Sie können auf der Stelle drehen wie ein Hubschrauber und auch rückwärts schwimmen. Die Schwanzflosse dient als Ruder und wird sonst nur bei der Flucht benutzt. Bei der Balz und zum Ablaichen steigen sie paarweise auf zur Wasseroberfläche.

Gelbbrauner Kofferfisch
—Ostracion cubicus

Juvenile leuchtendgelb mit schwarzen Punkten, im Laufe des Wachstums Änderung des Farbkleides (s. kleine Fotos), große Männchen blaugrau und mit Wulst auf der Schnauzenspitze.

GRÖSSE 45 cm

BIOLOGIE In Lagunen und nicht zu stark exponierten Bereichen von Außenriffen, meist in korallenreichen Arealen, 1–40 m. Lebt einzelgängerisch. Juvenile an geschützten Stellen, z. B. unter kleinen Überhängen, zwischen Felsen oder ästigen Korallen. Adulte schwimmen auch über offene Bereiche. Ernährt sich von verschiedenen wirbellosen Kleintieren des Bodens, daneben auch von Aufwuchsalgen. Relativ häufiger Kofferfisch, nur mäßig scheu.

VORKOMMEN Rotes Meer, Arabischer Golf, Golf von Oman und Ostafrika bis SW-Japan, Frz-Polynesien und Neuseeland.

Solor-Kofferfisch
— Ostracion solorensis

Männchen mit dunkelblauen Seiten und blassblauen Punkten.
GRÖSSE 11 cm
BIOLOGIE Bevorzugt Außenriffe mit gutem Korallenwuchs, 2–20 m. Schwimmt einzeln oder paarweise, meist in der Nähe von Unterschlüpfen, recht scheu.
VORKOMMEN Christmas I. und NW-Australien bis Südjapan, Palau, PNG, Fidschi und nördl. GBR.

MITTE Weibchen mit beigefarbenen bis dunkelbraunen Seiten und unregelmäßigen hellen und Linienmustern.

Arabischer Kofferfisch
— Ostracion cyanurus

Männchen mit olivfarbenem Rücken, Seiten und Schwanz dunkelbau mit schwarzen Punkten. Weibchen gelb mit schwarzen Punkten.
GRÖSSE 15 cm
BIOLOGIE In Lagunen, Buchten und Außenriffen, 3–25 m. Häufig in Arealen mit mäßigem Korallenwuchs. Einzelgänger, stets in der Nähe von Versteckmöglichkeiten und ausgesprochen scheu. Vergleichsweise seltene Art.
VORKOMMEN Rotes Meer bis Arabischer Golf.

Großnasen-Kofferfisch
—Ostracion rhinorhynchos

Bei Adulten ist die Schnauze abgerundet und nasenartig vorgewölbt; Juvenile mit kleinerem Wulst auf der Schnauze.

GRÖSSE 35 cm

BIOLOGIE Bewohnt korallennahe Geröll- und Sandflächen in tiefen Lagunen und geschützten Bereichen von Außenriffen, 3–40 m. In den meisten Gebieten eher selten, ernährt sich von kleinen wirbellosen Bodentieren.

VORKOMMEN Sri Lanka bis Philippinen, Mikronesien, Japan und Australien

Langhorn-Kofferfisch
—Lactoria cornuta

Je ein Paar langer Hörner an der Stirn und am Körperende unten.

GRÖSSE 46 cm

BIOLOGIE In flachen Lagunen und Küstenriffen, bewohnt Sand-, Schlamm-, Geröll-, veralgte Fels- und Seegraszonen, 1–100 m. Einzelgänger, sucht den Boden ab nach wirbellosen Kleintieren, die er mit einem Wasserstrahl auch freiblasen kann. Sehr lange Schwanzflosse, meist schmal zusammengefaltet, kann fächerförmig aufgespreizt werden.

VORKOMMEN Rotes Meer, Golf von Oman und Ostafrika bis Südjapan, Marianen I. und Frz.-Polynesien.

UNTEN Jungtier, etwa 3 cm lang.

Rückendorn-Kofferfisch
—Lactoria fornasini

Je ein Paar kurzer Hörner an der Stirn und am Körperende unten, ein rückwärts gebogener Dorn auf der Rückenmitte.
GRÖSSE 15 cm
BIOLOGIE Lebt auf Sand- Geröllböden und in Zonen mit Algenbewuchs, 3–30 m. Gewöhnlich einzeln, schwimmt typischerweise sehr dicht über dem Grund.
VORKOMMEN Ostafrika bis Südjapan, Hawaii und Frz.-Polynesien.

MITTE Jungtier

Pyramiden-Kofferfisch
—Tetrasomus gibbosus

Rücken nicht abgeflacht, sondern leicht dachartig und mit großem Dorn in der Mitte
GRÖSSE 30 cm
BIOLOGIE In Lagunen und Küstenriffen über flachen Sand- und Seegrasböden, 1–20 m, auch auf schlammigen Offshore-Böden in Tiefen bis 110 m. Ernährt sich von wirbellosen Bodentieren, die er mit einem Wasserstrahl freilegt.
VORKOMMEN Rotes Meer, Arabischer Golf und Ostafrika bis Philippinen, PNG und Neukaledonien.

KUGELFISCHE — TETRAODONTIDAE

Kugelfische sind behäbige, aber sehr manövrierfähige Schwimmer. Wie Kofferfische können sie auf der Stelle drehen, wenden und rückwärtsschwimmen. Mit ihrem kräftigen Schnabelgebiss knacken sie hartschalige Tiere wie Krebse und Gehäuseschnecken. Bei Gefahr können sie Wasser in eine Seitenkammer des Magens saugen und sich ballonartig aufblähen. Angreifer werden so abgeschreckt. Oft passen sie auch gar nicht mehr in dessen Maul. Kugelfische enthalten Tetrodotoxin, eines der stärksten Naturgifte. Ihr Verzeht verursacht Muskellähmungen, auch an der Atemmuskulatur, was zum Tod durch Ersticken führen kann. Die Familie ist aufgeteilt in die größeren Kugelfische (Tetraodontinae) und die kleineren Spitzkopf-Kugelfische (Canthigasterinae).

Riesen-Kugelfisch — *Arothron stellatus*

Viele dicht stehende schwarze Punkte. Unteres Bild: Jungtier.

GRÖSSE 100 cm

BIOLOGIE Tiefe Lagunen und Außenriffe, 2–55 m. Größter Kugelfisch. Ruht oft auf Sandgrund. Gleitet tagsüber öfter im mittleren Freiwasser übers Riff. Frisst u.a. Seeigel, Krebse, Seesterne, Korallen und Feuerkorallen.

VORKOMMEN Rotes Meer, Arabischer Golf, Ostafrika bis Südkorea, Mikronesien, Frz.-Polynesien und Neuseeland.

Blaupunkt-Kugelfisch —*Arothron caeruleopunctatus*

Kleine, dicht stehende blaue Flecken; um die Augen herum formen sie unterbrochene Ringe.

GRÖSSE 80 cm

BIOLOGIE Bewohnt Lagunen, Kanäle und Außenriffe, 2–45 m. Eher selten. Gemächlich schwimmender Einzelgänger. Schwebt meist dicht über dem Grund oder hält sich unter Überhängen auf.

VORKOMMEN Réunion und Malediven bis SW-Japan, Marshall I. und Neukaledonien.

MITTE Farbvariante

Masken-Kugelfisch —*Arothron diadematus*

Dunkle Augenmaske, reicht bis zur Brustflosse.

GRÖSSE 30 cm

BIOLOGIE In korallenreichen Buchten und Saumriffen, 3–25 m. Häufige Art, oft am Boden ruhend anzutreffen. Tritt zur Fortpflanzungszeit in Gruppen auf.

VORKOMMEN Rotes Meer.

Weißflecken-Kugelfisch
—Arothron hispidus

Weiße Flecken, weiße Ringe um die Augen. Um die Brustflossenbasis ein großer dunkler Fleck mit weißen bis gelben Markierungen und feiner weißer Umrandung.
GRÖSSE 50 cm
BIOLOGIE Bewohnt Lagunen, Buchten und Außenriffe mit gemischtem Korallen-, Sand- und Geröllgrund; auch auf Seegraswiesen, 1–50 m. Häufige Art, oft auf dem Grund ruhend anzutreffen. Zu seiner Nahrung gehören Schwämme, Seescheiden, Krabben, Korallen, Seesterne, Muscheln und Algen.
VORKOMMEN Rotes Meer bis Südjapan, Hawaii, Panama und Frz.-Polynesien.

MITTE Jungtiere haben zunächst nur sehr wenige weiße Punkte. Charakteristisch ist der große, dunkle, hell umrandete Fleck um den Brustflossenansatz.

Streifen-Kugelfisch
—Arothron manilensis

Grundfarbe Beige bis Hellbraun oder Graugrün, dunkle Längsstreifen.
GRÖSSE 31 cm
BIOLOGIE In Lagunen, Buchten und geschützten Außenriffen, 1–20 m. Bewohnt Seegraswiesen und sandige Areale in Riffnähe.
VORKOMMEN Borneo und Bali bis Philippinen, SW-Japan, Mikronesien, Samoa und Ostaustralien.

Mappa-Kugelfisch
—Arothron mappa

Blass mit schwarzem, labyrinthartigen Muster; um die Augen herum strahlenförmig. Adultes Tier (oben), älteres Jungtier (Mitte), Jungtier (unten).

GRÖSSE 60 cm

BIOLOGIE In Lagunen und Außenriffen, 4–40 m. Ernährt sich von Schwämmen, Seescheiden, Schnecken und Algen. Nur mäßig scheu. Meist nahe beim Substrat in versteckreichen Arealen. Größere Exemplare gelegentlich auch tagsüber im Freien durch Riff ziehend.

VORKOMMEN Ostafrika bis SW-Japan, Samoa, Neukaledonien und Tonga.

Seegras-Kugelfisch
—Arothron immaculatus

Weißlich, hellbraun oder grau, je nach Umgebung. Haut mit kleinen, leicht erhabenen Knötchen. Schwanzflosse dunkel gesäumt. Iris leuchtend gelb.

GRÖSSE 30 cm

BIOLOGIE Auf Seegraswiesen, sandigen und schlickigen Arealen, in Ästuaren und Mangrovengebieten, 2–30 m.

VORKOMMEN Rotes Meer und Ostafrika bis SW-Japan, (Philippinen) und Indonesien.

Schwarzflecken-Kugelfisch
—Arothron nigropunctatus

Sehr farbvariabel: blass cremefarben, grau, blaugrau, grünlich, bräunlich, gelb, auch in Farbkombinationen wie oliv und orange oder bläulich und gelb (s. unteres Bild). Jeweils mit vereinzelten schwarzen Flecken, diese ebenfalls variabel in der Anzahl.

GRÖSSE 30 cm

BIOLOGIE Bewohnt korallenreiche Lagunen und Außenriffe, 1–35 m. Ernährt sich von Korallen, Schwämmen, Seescheiden und Algen.

VORKOMMEN Ostafrika und Golf v. Aden bis SW-Japan, Line I. und Cook I.

Sternen-Kugelfisch
—Arothron meleagris

Schwarz mit zahlreichen kleinen weißen Punkten (Bild oben). Es gibt eine relativ häufige, teils oder fast komplett gelbe Farbvariante (mittleres Bild), die gebietsweise sehr regemäßig zu sehen zu sehen ist.
GRÖSSE 60 cm
BIOLOGIE Meist in klaren, korallenreichen Lagunen und Außenriffen, 1–73 m. Frisst die Spitzen von Astkorallen, daneben auch Schwämme, Schnecken und Algen.
VORKOMMEN Ostafrika bis Südjapan, Galapagos, Panama und Frz.-Polynesien.

UNTEN Etwa 2 cm großes Jungtier: schwarz mit gelben Punkten und fast kugelrund.

Kronen-Spitzkopfkugelfisch —*Canthigaster axiologus*

Sattelflecken gesäumt von gelben Punkten und kurzen Strichen
GRÖSSE 10 cm
BIOLOGIE Auf Geröll- und Sandzonen von geschützten Außenriffen, 5–80 m.
VORKOMMEN Indonesien, Philippinen bis SW-Japan, Marshall I., Australien, Neukaledonien und Tonga.

Indischer Spitzkopfkugelfisch —*Canthigaster cyanospilota*

Sattelflecken. Blaue Punkte. Brauner Fleck unter der Brustflosse.
GRÖSSE 10 cm
BIOLOGIE Auf Seegras, Geröll- und Sandzonen von geschützten Außenriffen, 5 bis wohl 80 m. Diese im Jahr 2008 neu beschriebene Art war vorher bezeichnet als C. coronata. Unter diesem Namen verbargen sich tatsächlich jedoch 3 nah verwandte Arten C. coronata (Hawaii), C. axiologus und C. cyanospila.
VORKOMMEN Rotes Meer, Oman, Ostafrika bis Réunion, Mauritius, Malediven.

Weißbauch-Spitzkopfkugelfisch —*Canthigaster bennetti*

Weißliche Bauchseite und hellbrauner Rücken, dazwischen ein diffusrandiges dunkelbraunes Längsband.
GRÖSSE 10 cm
BIOLOGIE In geschützten Küstenriffen, Riffen und Lagunen über Sand und Geröllböden, 1–15 m. Ernährt sich von Algen und wirbellosen Kleintieren,
VORKOMMEN Ostafrika bis Südjapan, Mikronesien und Frz.-Polynesien.

Labyrinth-Spitzkopfkugelfisch —*Canthigaster compressa*

Oberseite braun, Unterseite blass. Seiten mit sehr feinen Punkten und Linien (»Fingerabdruck«)

GRÖSSE 10 cm

BIOLOGIE In Lagunen und Küstenriffen, Buchten und Häfen, oft über Geröll- und Weichböden, 2–20 m.

VORKOMMEN Bali bis SW-Japan, Guam und Mariana in Mikronesien, Salomonen und Vanuatu.

Waben-Spitzkopfkugelfisch —*Canthigaster janthinoptera*

Dunkelbraun, gesamter Körper bedeckt mit dicht stehenden weißen Punkten.

GRÖSSE 9 cm

BIOLOGIE Bewohnt Lagunen und Außenriffe, 1–30 m. Einzeln oder in Paaren, meist in der Nähe von Versteckmöglichkeiten wie Spalten und Höhlungen.

VORKOMMEN Ostafrika bis Südjapan, Line. I. und Frz.-Polynesien.

Rotmeer-Spitzkopf-Kugelfisch —*Canthigaster margaritata*

Dunkel- bis olivbraun mit hellblauen Punkten und Linien.

GRÖSSE 12 cm

BIOLOGIE Bewohnt geschützte Riffbereiche mit Mischzonen aus Korallen, Sand- und Geröllflächen, 1–30 m. Einzeln oder paarweise. Wird nachgeahmt vom Feilenfisch Paraluteres arqat.

VORKOMMEN Rotes Meer

Papua-Spitzkopfkugelfisch
—Canthigaster papua

Orange Schnauze. Feine hellblaue bis grünliche Punkte, auch auf dem Schwanz. Einige dünne Linien auf dem Rücken.

GRÖSSE 9 cm

BIOLOGIE Bevorzugt in klaren, korallenreichen ebenso wie in trüberen Lagunen und Außenriffen, 3–40 m. Schwimmt einzeln oder paarweise.

VORKOMMEN Malediven, Andamanensee und Indonesien bis Philippinen, Palau, GBR und Vanuatu.

Zwerg-Spitzkopfkugelfisch
—Canthigaster pygmaea

Braun bis rosabraun mit blauen Streifen an der Schnauze und am Auge sowie blauen Punkten am Körper. Stirn und Rücken ohne Markierung.

GRÖSSE 6 cm

BIOLOGIE Bewohnt geschützte, korallenreiche Areale von Saumriffen und Buchten, 1–30 m. Scheue Art. Lebt sehr versteckt, meist in Spalten und Löchern.

VORKOMMEN Rotes Meer.

Solanders Spitzkopfkugelfisch
—Canthigaster solandri

Orangebraun mit gelb-orangenen Partien mit grünbläulichen Punkten.

GRÖSSE 11 cm

BIOLOGIE Bewohnt geschützte Fels- und Korallenareale von Lagunen und Außenriffen, 1–55 m.

VORKOMMEN Ostafrika bis SW-Japan und Frz.-Polynesien.

Sattel-Spitzkopfkugelfisch
—Canthigaster valentini

Vier Sattelflecken, die mittleren reichen sehr tief hinab. Ähnlich: Schwarzsattel-Feilenfisch (S. 289)
GRÖSSE 10 cm
BIOLOGIE 1–55 m. Männchen haben ein Revier mit bis zu 7 Weibchen, von denen jedes in Algenbüschel Eier ablegt. Diese sind, wie die Fische, durch ein Gift vor Fressfeinden geschützt. Das Schlüpfen erfolgt nach 3–5 Tagen, das Larvenstadium dauert 9–15 Wochen.
VORKOMMEN Rotes Meer, Ostafrika, Oman bis SW-Japan, Marshall I. und Frz.-Polynesien.

Tylers-Spitzkopfkugelfisch
—Canthigaster tyleri

Cremefarben bis orange-bräunlich. Schnauze und Nacken mit blauen Linien. Übriger Körper bedeckt mit großen rotbraunen Punkten.
GRÖSSE 8 cm
BIOLOGIE In Außenriffen, 3–40 m. Einzeln und gewöhnlich ganz in der Nähe von Unterschlüpfen wie Spalten und Höhlen.
VORKOMMEN Ostafrika, Komoren, Mauritius, Christmas I, bis Ostindonesien.

Kurzflossen-Kugelfisch
—Torquigener brevipinnis

Ockerbraun mit vielen weißlichen Punkten, solche zwischen Schnauze und Wange zu 4–5 kurzen Querstreifen verschmolzen.
GRÖSSE 14 cm
BIOLOGIE Bewohnt Sand-, Geröll-, Schlick- und Seegrasareale, 1–100 m. In kleinen oder etwas größeren Gruppen. Kaum scheu.
VORKOMMEN Indonesien bis Südjapan und Neukaledonien.

Milchflecken-Kugelfisch
—Chelonodon patoca

Rücken mit weißen Flecken und diffusen grünlich-braunen Binden.
GRÖSSE 33 cm
BIOLOGIE Bevorzugt Ästuare, Mangrovengebiete und geschützte Küstenriffe mit Sand- oder Schlickböden, 1–15 m. Hält sich dicht über dem Boden auf.
VORKOMMEN Arabischer Golf und Oman bis SW-Japan, PNG und Australien.

IGELFISCHE — DIODONTIDAE

Wie Kugelfische, ihre nächsten Verwandten, haben Igelfische ein schnabelartiges, sehr kräftiges Gebiss. Es knackt hartschalige Nahrung wie Muscheln, Gehäuseschnecken, Seeigel oder Einsiedlerkrebse. Igelfische haben große Augen und sind eher nachtaktiv. Tagsüber ruhen die meisten versteckt in Höhlungen. Manche besitzen feststehende, andere aufrichtbare Stacheln. Bei Gefahr schlucken sie Wasser und »blasen« sich ballonartig auf und können einem Räuber im Rachen stecken bleiben. Selbst große Haie oder Zackenbarsche können an einem Igelfisch ersticken. Zur Fortpflanzung in der Dämmerung steigen die Tiere im freien Wasser Richtung Oberfläche hoch. Die Eier werden mit der Strömung verdriftet. Nach kurzer Zeit, beim Ballon-Igelfisch nach vier Tagen, schlüpfen die Larven.

Grauer Igelfisch
— Chilomycterus reticulatus

Hellbraun mit zerstreuten dunklen Punkten auf Körper und Flossen. Kurze starre Stacheln.

GRÖSSE 70 cm

BIOLOGIE Lebt in flachen, geschützten Zonen an exponierten Außenriffhängen in Korallen- und Felsriffen, 1– 141 m. Tagsüber gewöhnlich in Verstecken. Juvenile leben pelagisch.

VORKOMMEN Zirkumglobal in Tropen und Subtropen, fehlt jedoch im Roten Meer, Zentralpazifik und Karibik.

Kurzstachel-Igelfisch
— Cyclichthys orbicularis

Bräunlich bis rostbraun. Über weißem Sandgrund auch blass cremefarben. Oft Gruppen dunkler Flecken. Feststehende Stacheln.

GRÖSSE 15 cm

BIOLOGIE In geschützten Riffen und Buchten über Sand- und Geröllgrund, 2–20 m. Ruht tagsüber an geschützten Stellen. Sucht nachts auch im Freien den Boden nach Krebsen, Mollusken und Würmern ab.

VORKOMMEN Rotes Meer, Arabischer Golf, Ostafrika bis Südjapan und NO-Australien.

Gelbflecken-Igelfisch
— Cyclichthys spilostylus

Feststehende, dornenförmige Stacheln, die gelb oder dunkel (meist an der unteren Körperhälfte) umrandet sind.

GRÖSSE 34 cm

BIOLOGIE In Lagunen und geschützten Küsten- und Außenriffen, 3–90 m. Oft über Seegras und Sandflächen mit vereinzelten Korallenköpfen. Nicht scheu. Frisst hartschalige Wirbellose.

VORKOMMEN Rotes Meer, Golf v. Oman und Ostafrika bis Südjapan, Australien und Galapagos.

Ballon-Igelfisch
—Diodon holocanthaus

Cremefarben bis hellgrau mit vereinzelten großen, dunkleren Flecken. Jungtiere zudem mit zahlreichen kleinen schwarzen Punkten (nicht auf Flossen), deren Zahl mit dem Alter abnimmt.
GRÖSSE 29 cm
BIOLOGIE In Lagunen und Außenriffen, häufig über offenem Sand- oder Felsigarealen, 1–100 m. Jungtiere leben bis zu einer Größe von 7–9 cm pelagisch.
VORKOMMEN Zirkumglobal in tropischen und warm-gemäßigten Meeren.

Gepunkteter Igelfisch
—Diodon hystrix

Körper und Flossen mit zahlreichen kleinen schwarzen Punkten. Lange, bewegliche Stacheln.
GRÖSSE 80 cm
BIOLOGIE In Korallen- und Felsriffen, Lagunen und Außenriffen, 2–50 m. Ruht tagsüber meist unter Überhängen oder in Höhlen, seltener riffnah im oberen Freiwasser schwebend anzutreffen. Geht vorwiegend nachts auf Nahrungssuche, frisst Einsiedlerkrebse, Seeigel, Krabben und Gehäuseschnecken.
VORKOMMEN Zirkumtropisch.

Masken-Igelfisch
—Diodon liturosus

Braun bis oliv mit einigen großen hell umrandeten schwarzen Flecken. Stacheln beweglich.
GRÖSSE 50 cm
BIOLOGIE In Lagunen und Außenriffen sowie Offshore-Fleckriffen, 3–90 m. Ruht tagsüber in Spalten oder unter Überhängen. Ernährt sich nachts von hartschaligen Wirbellosen.
VORKOMMEN Rotes Meer und Ostafrika bis Südjapan, Mikronesien, Gesellschaftsinseln und SO-Australien.

—Wirbellose

BORSTENWÜRMER UND PLATTWÜRMER —POLYCHAETA UND PLATHELMINTHES

Die rund 10000 bekannten Arten der Borstenwürmer (*Polychaeta*) leben fast alle im Meer. Die frei beweglichen Arten leben meist räuberisch und sind überwiegend nachtaktiv. Sesshafte Arten, die Röhrenwürmer, leben in Kalk- oder in pergamentartigen Röhren und fangen Plankton mit ihrer Tentakelkrone. Plattwürmer (*Plathelminthes*) sind hauchdünn und gleiten fließend über den Untergrund. Die meisten fressen sessile Wirbellose wie z. B. Schwämme und sind durch Giftstoffe gut vor Fressfeinden geschützt.

Weihnachtsbaum-Röhrenwurm —*Spirobranchus giganteus*

Zwei spiralige Tentakelkränze, sehr farbvariabel.
GRÖSSE Ø eines Kranzes 1,5 cm
BIOLOGIE Lebt in Kalkröhre. Planktonfänger. Oft in Ansammlungen. Sehr scheu, zieht sich bei verdächtiger Beschattung oder Druckwelle blitzschnell zurück.
VORKOMMEN Zirkumtropisch.

Indischer Röhrenwurm —*Sabellastarte spectabilis*

Hell- bis dunkelbraun, ein- oder zweifarbig.
GRÖSSE Ø Tentakelkranz 10 cm
BIOLOGIE Lebt in pergamentartiger Röhre. Ernährt sich von Plankton. Die Tentakelkrone ist das Einzige, was von Röhrenwürmern zu sehen ist.
VORKOMMEN Zirkumtropisch.

Augenflecken-Feuerwurm —*Chloeia flava*

Rücken mit »Augenfleck«-Reihe. Bündel langer Borsten.
GRÖSSE 10 cm
BIOLOGIE An Küsten auf Geröll und Sand. Tagaktiv, frisst Kleinstieren und Aas. Die Borsten dringen leicht in die Haut ein und verursachen einen brennenden Schmerz.
VORKOMMEN Rotes Meer und Ostafrika bis Westpazifik.

Azur-Plattwurm
—Cycloporus venetus

Blau bis violettblau mit schmaler weißer Mittellinie und gelbem Randsaum.
GRÖSSE 2 cm
BIOLOGIE Ernährt sich von Seescheiden.
VORKOMMEN Bekannt von Indonesien bis Australien und Japan.

Flecken-Plattwurm
—Maritigrella fuscopunctata

Cremefarben mit orangefarbenen bis braunen Flecken. Welliger Randsaum mit dunklen Strichen oder Punkten.
GRÖSSE 3–4 cm
BIOLOGIE Auf Hart- und Geröllgrund.
VORKOMMEN Indo-Westpazifik

Goldregen-Plattwurm
—Thysanozoon nigropapillosum

Schwarz mit weißem Randsaum. Zahlreiche niedrige Papillen mit gelben Spitzen.
GRÖSSE 5 cm
BIOLOGIE Gebietsweise relativ häufig. Schwimmt gelegentlich mit wellenförmigen Bewegungen ein Stück über dem Grund.
VORKOMMEN Rotes Meer bis Mikronesien und Fidschi. Eventuell handelt es sich in dem Verbreitungsgebiet um mehr als eine Art.

Burgund-Plattwurm
—Pseudoceros rubronanus

Rot, gesprenkelt mit kleinen, unregelmäßigen weißen Flecken.
GRÖSSE 3 cm
BIOLOGIE Auf Hart- und Sandgrund in Riffen, meist im Flachbereich.
VORKOMMEN Rotes Meer bis Westpazifik.

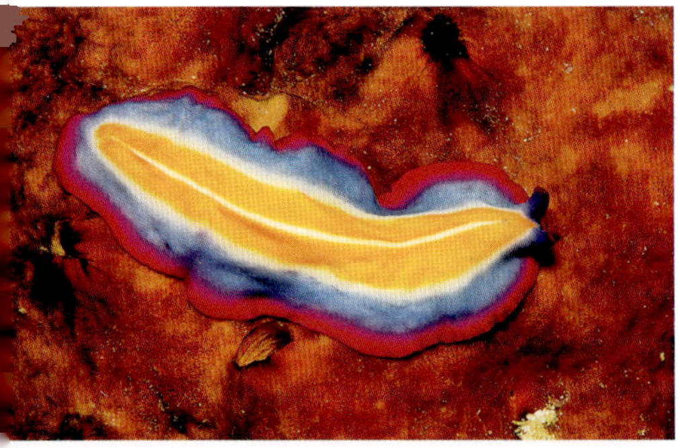

Susans Plattwurm
—Pseudoceros susanae

Rückenmitte orange mit weißen Längsstreifen. Randsaum meist purpurviolett.
GRÖSSE 3 cm
BIOLOGIE Gewöhnlich auf Hartgrund, gebietsweise relativ häufig.
VORKOMMEN Bekannt vom zentralen Indik (Malediven, Seychellen) bis Indonesien, Philippinen.

Lindas Plattwurm
—Pseudoceros lindae

Rotbraun mit orange Flecken, zum Rand hin meist gelbliche bis weiße Flecken.
GRÖSSE 5 cm
BIOLOGIE Auf Sand- und Hartgrund.
VORKOMMEN Indo-Westpazifik.

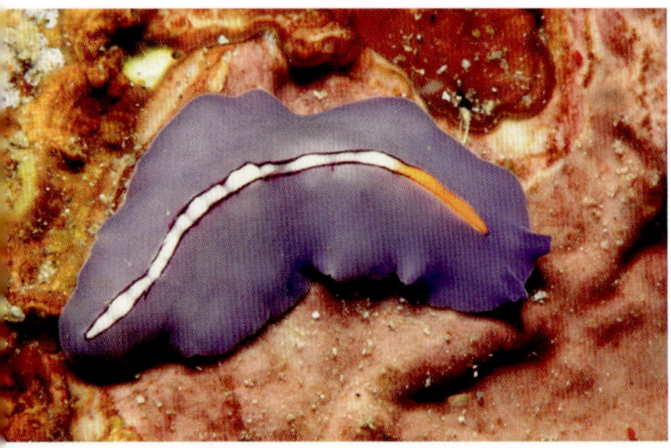

Rennstreifen-Plattwurm
—Pseudoceros bifurcus

Blau mit einem weißen Mittelstreifen. Dieser mit dunklen Randlinien und vorn mit länglichem orangefarbenem Fleck.
GRÖSSE 6 cm
BIOLOGIE Auf Hartgrund, nicht selten.
VORKOMMEN Indo-Westpazifik.

Zweiband-Plattwurm
—Pseudoceros bimarginatus

Rosa-cremefarben mit weißer Mittellinie. Randsaum von außen nach innen: gelb, schwarz, orange, weiß.
GRÖSSE 3 cm
BIOLOGIE Auf Geröll- und Sandgrund.
VORKOMMEN Rotes Meer, Indo-Westpazifik.

Tiger-Plattwurm
—Pseudoceros cf. dimidiatus

Orangefarbener Randsaum. Unterschiedlich ausgeprägtes schwarz-gelbes »Tigermuster«.
GRÖSSE 8 cm
BIOLOGIE Auf bewachsenem Hartgrund. Zu seiner Nahrung gehören Seescheiden. Noch ist unbekannt, ob es sich um eine eigene Art handelt oder nicht.
VORKOMMEN Rotes Meer bis Japan und Frz.-Polynesien.

Schrift-Plattwurm
—Pseudoceros scriptus

Weißem mit orange Randsaum und variablem Muster, schwarzen Streifen und Flecken.
GRÖSSE 3 cm
BIOLOGIE Auf Hartsubstrat in Korallenriffen. Ernährt sich von Seescheiden, evtl. auch von Schwämmen.
VORKOMMEN Rotes Meer bis Indonesien, Philippinen und Australien.

Laing-Plattwurm
—Pseudoceros laingensis

Cremefarben oder gelb mit vielen purpurnen Flecken.
GRÖSSE 6 cm
BIOLOGIE Meist auf Hartgrund in flachen Riffbereichen.
VORKOMMEN Bekannt von Indonesien und PNG.

Pünktchen-Plattwurm
—Pseudoceros leptostictus

Cremefarben mit vielen schwarzen, weißen und orangefarbenen Punkten. Saumrand mit kleinen schwarzen und gelben Flecken.
GRÖSSE 3 cm
BIOLOGIE Vorwiegend nachtaktiv. Ernährt sich von Kolonie-Seescheiden.
VORKOMMEN Rotes Meer bis Japan, Hawaii, Neuguinea, Australien.

Rost-Plattwurm
—Pseudoceros cf. ferrugineus

Rostrot bis scharlachrot mit vielen weißen Punkten. Zweifarbiger Randsaum: außen gelb, dahinter purpur.
GRÖSSE 6 cm
BIOLOGIE In Fels- und Korallenriffen, tag- und nachtaktiv. Frisst Kolonie-Seescheiden.
VORKOMMEN Rotes Meer bis Hawaii und Polynesien.

Orsaks/Karamell- Plattwurm
—Maiazoon orsaki

Weißlichgrau bis hellbraun mit sehr feiner weißer Mittellinie und stark gewelltem Rand und schwarzem Randsaum.
GRÖSSE 3,5 cm
BIOLOGIE Relativ häufige Art.
VORKOMMEN Bekannt von Indonesien bis Marshall I.

Bedfords Plattwurm
—Pseudobiceros bedfordi

Muster mit geraden und gebogenen, überwiegend quer verlaufenden Strichen.
GRÖSSE 10 cm
BIOLOGIE Große, auffällige Art mit unterschiedlich intensiver Färbung. Kann recht schnell über den Grund gleiten und elegant schwimmen. Zu seiner Nahrung gehören Seescheiden.
VORKOMMEN Rotes Meer bis Westpazifik.

Pracht-Plattwurm
—Pseudobiceros gloriosus

Schwarz mit dreifachem Randsaum: außen weinrot, Mitte pink, innen orange.
GRÖSSE 9 cm
BIOLOGIE Überwiegend nachtaktiv, besonders auf krustig überwachsenem Hartgrund. Kann mit wellenförmigen Bewegungen schwimmen.
VORKOMMEN Rotes Meer, Hawaii und Fidschi.

WEICHTIERE — MOLLUSCA

Zum sehr artenreichen Stamm der Weichtiere gehören als größte Klassen die Muscheln, die Schnecken und die Kopffüßer. Bei Schnecken trifft man im Riff auf die Vorderkiemer mit typischen Gehäusen und die Hinterkiemer, von denen einige ein reduziertes oder nur rudimentäres inneres Gehäuse haben wie Kopfschildschnecken, Seehasen, Saftsauger und Flankenkiemer. Die meisten jedoch zu den gehäuselosen Nacktschnecken.

Tritonshorn
— Charonia tritonis

Weichkörper cremefarben mit Fleckung. Fühler gelb-braun gebändert.
GRÖSSE 50 cm
BIOLOGIE Auf Fels- und Weichböden. Nachtaktiv, jagt große Seesterne, frisst selbst auch Dornenkronen-Seesterne.
VORKOMMEN Rotes Meer und Ostafrika bis Polynesien.

Gepunktete Samtschnecke
— Coriocella hibyae

Fingerfömige Auswüchsen. Wenige dunkle Punkte.
GRÖSSE 4 cm
BIOLOGIE Meist auf Geröll und totem Korallengestein, 2–15 m. Frisst Seescheiden. Oft verwechselt mit Nacktschnecken, hat jedoch ein unter dem fleischigen Mantel ein verborgenes Gehäuse.
VORKOMMEN Malediven, Indonesien.

Skorpions-Flügelschnecke
— Lambis scorpius

Gehäuse mit sieben knotigen Fortsätzen inklusive Siphonkanal. Unterseite mit dunklen Querstrichen.
GRÖSSE 16 cm
BIOLOGIE Auf Hart- und Sandgrund, meist in geringen Tiefen.
VORKOMMEN Westindonesien bis Marshall I. und Fidschi.

Tiger-Walzenschnecke
—*Cymbiola vesperilio*

Gehäuse mit rötlichbraunen Markierungen und feinen Längslinien. Fuß und Siphon dunkelbraun mit blassgelben Markierungen.
GRÖSSE 15 cm
BIOLOGIE Auf Geröll, Sand und Schlickgrund. Kann sich eingraben
VORKOMMEN Indo-Westpazifik.

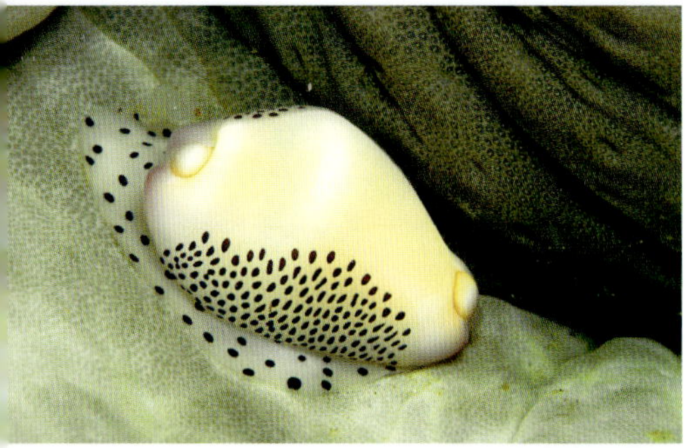

Nabel-Eischnecke
—*Calpurnus verrucosus*

Weißes Gehäuse, vorn und hinten mit jeweils einem weißlichgelben »Nabel«. Mantel und Fuß weiß mit dunklen bis schwarzen Punkten.
GRÖSSE 4 cm
BIOLOGIE Ernährt sich von Lobophytum- und Sarcophyton-Weichkorallen, auf denen sie meit auch anzutreffen ist.
VORKOMMEN Rotes Meer und Ostafrika bis Philippinen, Japan, Australien und Fidschi.

Gewöhnliche Eischnecke
—*Ovula ovum*

Mantel schwarz mit gelben bis weißen Punkten, Schale weiß.
GRÖSSE 10 cm
BIOLOGIE In Korallenriffen von 0,3–20 m. Ernährt sich von Lederkorallen wie Sarcophyton- und Sinularia-Arten. Juvenile mit gelb-weißen finger- und blasenförmigen Anhängen. Wird oft irrtümlich für eine Nacktschnecken gehalten.
VORKOMMEN Rotes Meer bis Philippinen, Mikronesien und Frz.-Polynesien.

Tiger-Kaurie
—*Cypraea tigris*

Gehäuse cremefarben, unregelmäßig und variabel gesprenkelt mit schwarzen Flecken, die diffus orange bis rot umrandet sind. Mantel hellgrau mit weißen und dunklen Flecken, feinen Linien und langen Anhängen mit weißen Spitzen.
GRÖSSE 12 cm
BIOLOGIE Zwischen Korallen und auf Sandflächen. Weidet Algen und wirbellose Kleintiere ab.
VORKOMMEN Indopazifik. Im Roten Meer ersetzt durch Schwesterart C. pantherina.

Geografie-Kegelschnecke
— Conus geographus

Cremfarben mit rötlichbraunen Markierungen. Mantel mit dunklen Flecken.
GRÖSSE 16 cm
BIOLOGIE Nachtaktiv, jagt vorwiegend Fische. Gefährlichste aller Kegelschnecken, verantwortlich für die meisten Todesfälle beim Menschen.
VORKOMMEN Rotes Meer bis Frz.-Polynesien.

Textil-Kegelschnecke
— Conus textile

Muster aus hellen pyramidenartigen Markierungen und dunklen, gestrichelten Flecken. Siphonspitze schwarz-weiß-rot gebändert.
GRÖSSE 15 cm
BIOLOGIE Nachtaktiv. Frisst andere Kegelschnecken, selten auch Fische und Würmer. Äußerst gefährlich. Stich kann für Menschen tödlich sein.
VORKOMMEN Rotes Meer bis Hawaii und Frz.-Polynesien.

Gestreifte Kegelschnecke
— Conus striatus

Orangebraun mit dunkelbraunen Feldern aus feinen Querstrichen.
GRÖSSE 13 cm
BIOLOGIE Auf Sand, Geröll und Hartgrund, tagsüber eingegraben oder unter Steinen. Vorwiegend nachtaktiv, frisst Fische. Sehr gefährlich.
VORKOMMEN Rotes Meer bis Hawaii und Frz.-Polynesien.

Gestreifte Blasenschnecke
— Hydatina physis

Weiße Schale mit zahlreichen, dunklen Linien. Sehr breiter, gewellter Kriechfuß, bräunlich bis purpur mit blauem Rand.
GRÖSSE 6 cm
BIOLOGIE Geschützte flache Sandareale, ab dem Seichtwasser. Frisst Borstenwürmer und Weichtiere.
VORKOMMEN Rotes Meer bis Hawaii.

Samt-Kopfschild
—Chelidonura varians

Schwarz mit intensiv blauen Linien an Kopf, Mantelrand und den beiden ungleich langen Schwanzfortsätzen.
GRÖSSE 5 cm
BIOLOGIE Tritt gebietsweise in größerer Zahl auf. Ist dann auf Sand, Geröll und auch Hartgrund sehr regelmäßig zu sehen. Kann sich in den Sand eingraben.
VORKOMMEN Indonesien bis Australien, Salomonen und Fidschi.

Forskals Flankenkiemer
—Pleurobranchus forskalii

Färbung variabel. Oberfläche mit flachen, in Gruppen angeordneten Papillen.
GRÖSSE 15 cm
BIOLOGIE In Küstengebieten auf Sand, Schlamm, Seegrasbeständen und Korallen. Tagsüber eingegraben oder zwischen Seegras. Nachtaktiv, ernährt sich von Seescheiden und Schwämmen. Mantelende oft rohrförmig eingerollt.
VORKOMMEN Rotes Meer und Ostafrika bis Japan, Guam und Polynesien.

Spanische Tänzerin
—Hexabranchus sanguineus

Färbung variabel, meist rot. Auch orange, gelb oder braun.
GRÖSSE 60 cm
BIOLOGIE In Korallenriffen, 1–50 m. Eine der größten Nacktschnecken. Kann mit eleganten Wellenbewegungen schwimmen. Legt die Eier als auffällige, meist rote Schleier auf Hartgrund ab.
VORKOMMEN Rotes Meer (dort einheitlich leuchtend rot) und Ostafrika bis Hawaii und Frz.-Polynesien.

Pazifik-Sternschnecke
—Thecacera pacifica

Orange bis orangebraun mit blau-schwarzen Markierungen. Zwei lange schlauchförmige Anhänge.
GRÖSSE 5 cm
BIOLOGIE Auf Korallenschutt, Geröll und Korallengestein oder bei Seegras, vom Flachbereich bis etwa 20 m. Ernährt sich von Seescheiden.
VORKOMMEN Rotes Meer und Ostafrika bis Philippinen, Japan, Hawaii und Vanuatu.

Kronen-Sternschnecke
—Nembrotha cristata

Schwarz mit grünen runden Pusteln. Grüner Ring an Rhinophoren-Basis und Partien an den Kiemenbüscheln.
GRÖSSE 12 cm
BIOLOGIE Auf Hartsubstraten in Korallenriffen, auch auf Korallenschotter, bis 40 m. Frisst Seescheiden.
VORKOMMEN Malediven, Malaysia bis Japan, Marshall I., Salomonen und Ostaustralien.

Gardiners Sternschnecke
—Aegiris gardineri

Sehr fester, steifer Körper. Leuchtend gelb und schwarz. Das Verhältnis von Schwarz und Gelb ist variabel.
GRÖSSE 8 cm
BIOLOGIE Auf Hartsubstraten. Ernährt sich von Schwämmen.
VORKOMMEN Malediven bis Australien, SW-Japan, Indonesien, PNG.

Batangas Höckerschnecke
—Halgerda batangas

Körper mit sehr feinem Netzwerk aus orange Linien, Spitzen der Höcker ebenfalls orange.
GRÖSSE 4 cm
BIOLOGIE Auf Hartgrund.
VORKOMMEN Malaysia und Indonesien bis Philippinen, Marshall I., Australien und Salomonen.

Trauer-Sternschnecke
—Jorunna funebris

Weiß mit ringförmigen schwarzen Nadelfeldern.
GRÖSSE 5,5 cm
BIOLOGIE Frisst Schwämme wie z. B. blaue Haliclona-Arten.
VORKOMMEN Rotes Meer und Ostafrika bis SW-Japan, Marshall I. und Fidschi.

Leopard-Sternschnecke
—Chromodoris leopardus

Schmaler, blauvioletter Mantelrand. Mantel mit ockerbraunroten Partien und leopardenartiger Markierung.
GRÖSSE 6 cm
BIOLOGIE Ernährt sich von Schwämmen. Die ähnlichen Arten C. tritos, C. kuniei und Risbecia tryoni haben Punkte, keine ringförmigen »Leopardenflecken«.
VORKOMMEN Indonesien und PNG bis Philippinen, NW- und Ostaustralien.

Purpurrand-Sternschnecke
—Chromodoris hintuanensis

Feiner purpurner Mantelrand. Mantel mit flachen, weißen Tuberkeln. Auf dem Rücken einige rotbraune Ringe.
GRÖSSE 3 cm
BIOLOGIE Auf Hart- und Sandgrund. Hebt und senkt den vorderen Mantelrand beim Kriechen.
VORKOMMEN Andamanensee und Indonesien bis Philippinen, Japan und PNG.

Willans Sternschnecke
—Chromodoris willani

Bläulichweiß mit umlaufender, unterbrochener blauer Linie. Rhinophoren und Kiemen mit zahlreichen opakweißen Pünktchen.
GRÖSSE 3,5 cm
BIOLOGIE An Riffhängen und Steilwänden. Ernährt sich von Schwämmen.
VORKOMMEN Malaysia und Indonesien bis Philippinen, Guam und Vanuatu.

Cois Sternschnecke
—Goniobranchus coi
(ehemals Chromodoris coi)

Blasspurpurner Mantelrand mit feinem violetten Außenrand.
GRÖSSE 5 cm
BIOLOGIE Macht beim Kriechen undulierende Auf-und-Ab-Bewegungen mit dem gesamten Mantelrand. Meist an geschützten Stellen, frisst Schwämme.
VORKOMMEN Indonesien bis Philippinen, Japan, Marshall I., Fidschi, Vanuatu, Australien.

Schwarzrand-Sternschnecke
— Doriprismatica atromarginata

Stark gewellter, rüschenartiger Mantelsaum. Körper cremeweiß bis hellbraun. Mantel mit schwarzer Randlinie.
GRÖSSE 10 cm
BIOLOGIE Weitverbreitete und häufige Art. Gewöhnlich auf Hartgrund. Ernährt sich von Schwämmen (z. B. Hyatella, Spongia). War früher in der Gattung Glossodoris.
VORKOMMEN Rotes Meer und Ostafrika bis Japan, Hawaii, SO-Australien und Frz.-Polynesien

Purpur-Sternschnecke
— Hypselodoris apolegma

Mantel purpurn mit weißem Randsaum und gelben Kiemen und Rhinophorenspitzen.
GRÖSSE 10 cm
BIOLOGIE Auf Hartgrund, gebietsweise nicht selten. Wurde erst vor einigen Jahren als eigenständige Art erkannt.
VORKOMMEN Malaysia und Indonesien bis Philippinen und Japan.

Tryons Sternschnecke
— Risbecia tryoni

Dunkle Flecken auf cremefarbenen Flächen in rötlichbrauner, oft netzartiger Grundfärbung.
GRÖSSE 7 cm
BIOLOGIE Häufig paarweise hintereinander, wobei das hintere Tier mit seinem Kopflappen den Schwanz des Partners berührt. Hebt und senkt beim Kriechen den Kopf.
VORKOMMEN Malaysia, Indonesien bis Japan, Marshall I., Australien und Frz.-Polynesien.

Strichel-Ceratosoma
— Ceratosoma tenue

Mantelsaum mit unterbrochener purpurblauer Randlinie. Zwei Paar kleinerer Seitenlappen, hinter den Kiemen ein sehr großer hornartiger Lappen.
GRÖSSE 10–12 cm
BIOLOGIE Frisst Schwämme (Dysidea), deren Gift sie vor allem in dem hornartigen Lappen speichert. Das dort konzentrierte Gift dient als Fraßschutz vor Fischen.
VORKOMMEN Ostafrika bis Japan, Hawaii und Neukaledonien.

Variable Warzenschnecke
—Phyllidia varicosa

Blau mit schwarzen Längsfurchen und an der Fußkante mit unregelmäßigen, kurzen Querstrichen.

GRÖSSE 11 cm

BIOLOGIE Weit verbreitet, häufig und wohl die bekannteste Warzenschnecke. Kriecht meist über Korallengestein, auch über Geröll. Frisst Schwämme.

VORKOMMEN Rotes Meer und Ostafrika (bis Madagaskar und Reunion) bis Japan, Palau und Gesellschaftsinseln.

Augenflecken-Warzenschnecke
—Phyllidia ocellata

Sehr variables Farbmuster. Meist gelb bis orange mit schwarzen und weißen Markierungen.

GRÖSSE 7 cm

BIOLOGIE Relativ häufig, kriecht meist auffällig im Freien umher. Ernährt sich von Schwämmen.

VORKOMMEN Rotes Meer und Ostafrika bis Japan, Marshall I. Vanuatu und Fidschi.

Blauer Drache
—Pteraeolidia ianthina

Färbung sehr variabel, z. B. blau, grün, beige, prupur.

GRÖSSE 10 cm

BIOLOGIE In flachen Korallenriffen, meist auf Hartsubstrat. Frisst von verschiedenen Nesselfarnen und Lederkorallen. Übernimmt deren Nesselzellen und speichert sie in ihren Rückennanhängen.

VORKOMMEN Indopazifik, inkl. Rotes Meer.

Purpurring-Fadenschnecke
—Flabellina exoptata

Orange Rhinophoren. Cerata mit langer weißer Spitze und darunter ein purpurroter Ring.

GRÖSSE 3 cm

BIOLOGIE Schon ab dem Flachwasser, meist auf Hydrozoen der Gattung Eudendrium, von denen sie sich ernährt.

VORKOMMEN Ostafrika bis Philippinen, Japan, Guam, Hawaii und PNG.

KOPFFÜSSER — CEPHALOPODA

Ordnung Kalmare

Großflossen-Riffkalmar
— Sepioteuthis lessoniana

Färbung sehr variabel, oft mehrere Farbtöne und irisierend. Arme kürzer als der Körper.

GRÖSSE 36 cm

BIOLOGIE Im mittleren Freiwasser von Lagunen, Buchten und geschützten Außenriffen, 0,5–100 m. Tagsüber meist in kleinen, teils auch größeren Schulen (Bild oben) in Oberflächennähe. Paarung findet tagsüber statt. Besonders auch nachtaktiv (unteres Bild), jagt dann Fische und Krebstiere. Gelegentlich sind die am Substrat abgelegten weißen fingerförmigen Stränge mit den Eikapseln zu sehen.

VORKOMMEN Rotes Meer und Ostafrika bis Japan, Hawaii und Polynesien.

Ordnung Sepien

Breitkeulen-Sepia
— Sepia latimanus

Kann sehr unterschiedliche Farbmuster zeigen (zum Beispiel die beiden Varianten auf den Bildern, von denen die obere häufiger zu sehen ist).

GRÖSSE 50 cm

BIOLOGIE Große und häufigste Art in den Korallenriffen ihres Verbreitungsgebiets, 2 bis mind. 30 m. Kann sich aufgrund des reichen Repertoirs an Farbmuster und veränderlicher Hauttextur (von glatt bis hin zu vielen Auswüchsen) sehr gut an die jeweilige Umgebung anpassen. Tagaktiv, ernährt sich von Fischen und Krebstieren. Lässt Taucher bei langsamer, vorsichtiger Annäherung meist nah heran.

VORKOMMEN Andamanensee und Indonesien bis Japan, Fidschi und Nordaustralien.

Pracht-Sepia
—Metasepia pfefferi

Mantel mit großen, zipfelförmigen Auswüchsen. Kann blitzschnell leuchtend gelbe, rote und weiße, oft pulsierende Muster produzieren.
GRÖSSE 8 cm
BIOLOGIE Auf sandig-schlammigen Böden von Küsten und Buchten. »Stelzt« oft mit den unteren Armen und einem Paar Mantellappen über den Grund, Tagaktiv, frisst kleine Fische und Krebstiere. Ihr Biss ist äußerst giftig.
VORKOMMEN Malaysia und Indonesien bis Philippinen, Nordaustralien und PNG.

Berrys Zwergsepia
—Euprymna berryi

Kleiner abgerundeter Körper, vollständig bedeckt mit dunklen Flecken. Färbung oft irisierend blau-grün.
GRÖSSE 5 cm
BIOLOGIE Bewohnt Sand- und Schlammgrund, auch auf totem Korallengestein. Kann sich im Sand eingraben. Sandkörner können wie eine »Panade« auf dem Körper haften bleiben, wohl mithilfe von Klebedrüsen und als Tarnung. Nachtaktiv, überwiegend stark bodenorientiert.
VORKOMMEN Indonesien und Philippinen bis Südjapan.

Roter Krake
—Octopus cyanea

Verschiedene, stimmungsabhängige Farbmuster, in einigen als sicheres Bestimmungsmerkmal beidseitig mit großem ovalen Fleck an der Mantelbasis. Oft rotbraune, zur Spitze hin dunklere Arme mit Reihen weißer Punkte (oberes Bild). Nicht selten auch sehr dunkel mit einem bereiten weißen Streifen (unteres Bild).
GRÖSSE Armlänge bis 80 cm
BIOLOGIE In indopazifischen Riffen der häufigste von Tauchern gesichtete Oktopus. Auch tagaktiv. Nutzt als Unterschlupf kleine Höhlen und Felsspalten, deren Eingang er oft mit Muscheln und Steinen verkleinert. Frisst vorwiegend Krebstiere, gelegentlich auch Weichtiere und Fische.
VORKOMMEN Rotes Meer und Ostafrika bis Hawaii und Polynesien.

Kokosnuss-Krake
—Amphioctopus marginatus

Körper mit dunklem, netzartigem Muster (daher auch Netz- oder Geäderter Krake). Oft dunkel-rotbraun, kann Färbung jedoch bis hellbeige aufhellen. Auffallend weiße bis weißbläuliche Saugnäpfe.
GRÖSSE Armlänge bis 15 cm
BIOLOGIE Bewohnt flache grobsandige bis schlammige Buchten, Lagunen und geschützte Küsten. Gräbt sich im Sand ein. Nutzt jedoch als schützendes Versteck auch häufig leere Muschen (s. unteres Bild) oder Schalenstücke von Kokosnüssen.
VORKOMMEN Küstengewässer des Indiks und Westpazifiks.

Sternen-Krake
—Callistoctopus luteus

Typischerweise durchgehend rot mit zahlreichen weißen Punkten.
GRÖSSE Armlänge bis 80 cm
BIOLOGIE Große Art, jedoch ist über die Biologie wenig bekannt. Bewohnt Sand- und Geröllböden und ist nachtaktiv. Zeigt kaum Scheu, lässt Taucher nah an sich heran.
VORKOMMEN Indonesien bis Philippinen, Taiwan und PNG.

Wunderpus-Krake
—Wunderpus photogenicus

Lange dünne Arme, mehr oder weniger kontrastreich gebändert. Im Gegensatz zum ähnlichen *T. mimicus* ohne weiße Linie entlang der Saugnapfansätze.
GRÖSSE Armlänge bis 20 cm
BIOLOGIE Auf ufernahen Sand- und Geröllböden, etwa 3–20 m. Scheu, zieht sich bei Annäherung von Tauchern in den Boden zurück. Kann schnell hintereinander verschiedene markante Haltungen einnehmen.
VORKOMMEN Indonesien, Philippinen bis Salomonen und Vanuatu.

Mimikry-Krake
—Thaumoctopus mimicus

Lange, schlanke Arme. Gesamter Körper mit weißer und braunschwarzer Bändermarkierung. Am Rand zu den Saugnäpfen eine durchgehende weiße Linie. Diese fehlt dem sehr ähnlichen Wunderpus-Kraken.
GRÖSSE Armlänge bis 30 cm
BIOLOGIE Auf Sand und Schlammböden geschützter Küsten und Buchten. Gewöhnlich scheu. Oft eingegraben, so dass nur der Kopf senkrecht hochragend hervorschaut. Diese Art ist berühmt wegen seiner Fähigkeit, verschiedene Tiere in Form und Bewegung nachzuahmen (z. B. Flunder oder Seeschlange).
VORKOMMEN Indonesien und Philippinen bis PNG und Neukaledonien.

Großer Blauring-Krake
—Hapalochlaena lunulata

Blaue Ringe überwiegend größer als das Aug.
GRÖSSE Armlänge bis 7 cm
BIOLOGIE Bewohnt geschützte und exponierte Korallenriffe, vom Flachbereich bis über 10 m. Während der Paarung klettert das Männchen auf den Rücken des Weibchens, wobei es dessen Augen vollständig bedecken kann. Fühlt er sich bedroht, lässt er seine im Normalzustand kaum sichtbaren Ringe intensiv blau aufleuchten. Jagt auf Geröllgrund und im Riff kleine Krebse und Fische. Tötet seine Beute mit hochgiftigem Speichel, der durch einen Biss injiziert wird. Das Gift ist auch für Menschen tödlich.
VORKOMMEN Hat von den verschiedenen Blauring-Kraken das größte Verbreitungsgebiet Sri Lanka und Indonesien bis Philippinen, NO-Australien und Vanuatu.

KREBSE—CRUSTACEA

Rund 50.000 Arten von Krebstieren sind heute bekannt. Sie haben ein Außenskelett aus Chitin, das fest und leicht zugleich ist und sie vollständig umhüllt. Er wächst nicht mit und wird daher in Abständen ersetzt: Vor einer Häutung bildet sich ein neuer, zunächst noch weicher Panzer unter dem alten. Hat sich der Krebs aus dem alten herausgewunden, macht er einen Wachstumsschub, bevor der neue Panzer ausgehärtet ist. Pro Häutung können verschiedene Arten bis 30 Prozent Längenzuwachs erreichen.

Weißband Putzergarnele —*Lysmata amboiensis*

Roter Rücken mit weißem Streifen.
GRÖSSE 6 cm
BIOLOGIE In Riffspalten, 1-30 m. Paarweise oder in kleinen Gruppen. Unterhält Putzerstationen. Macht mit typischen Bewegungen der Antennen auf sich aufmerksam, um Putzkunden anzulocken.
VORKOMMEN Indopazifik.

Hohlkreuz-Garnele —*Thor amboiensis*

Hält Hinterleib steil nach oben.
GRÖSSE 2 cm
BIOLOGIE Meist in Paaren oder Kleingruppen. Oft in Seeanemonen,. Weibchen fast doppelt so groß wie Männchen. Häufige Art.
VORKOMMEN zirkumtropisch.

Marmorganele —*Saron mamoratus*

Die *Saron mamoratus*-Gruppe umfasst über 12 bekannte Farbvarianten. Artbestimmungen stehen noch aus.
GRÖSSE 6 cm
BIOLOGIE Scheu und nachtaktiv. Auf Hartgrund mit Unterschlüpfen und Spalten und Höhlungen.
VORKOMMEN Rotes Meer, Ostafrika bis Westpazifik einschl. Polynesien.

Gebänderte Tozeuma
—Tozeuma armatum

Sehr schlank mit extrem langem, zugespitztem Rostrum. Stets mit Querstreifung.
GRÖSSE 5 cm
BIOLOGIE Auf Gorgonien und Schwarzen Korallen. Färbung an dem Wirt angepasst, z. B. gelb, graublau, rot, orange. Dadurch sehr gut getarnt.
VORKOMMEN Indo-Westpazifik, z. B. Indonesien (Bali) bis Philippinen, Japan und Neukaledonien.

Gebänderte Scherengarnele
—Stenopus hispidus

Kopf rot-weiß. Hinterkörper und die großen Scherenarme rot-weiß gebändert.
GRÖSSE 5 cm
BIOLOGIE In Riffen von der Gezeitenzone bis über 35 m. In Höhlungen und Spalten, gewöhnlich paarweise, Männchen sind kleiner als Weibchen. Häufige Art. Betätigt sich als Putzer, lockt Fischkunden durch Schwenken der langen Antennen an.
VORKOMMEN zirkumtropisch.

Durban Tanzgarnele
—Rhynchocinetes durbanensis

ROT MIT WEISSEN LINIEN UND PUNKTEN.
GRÖSSE 4 cm
BIOLOGIE In Fels- und Korallenriffen, auf Hartsubstrat mit Höhlungen und Spalten als Unterschlupf. Oft in Gruppen, recht häufige Art.
VORKOMMEN Rotes Meer bis Westpazifik.

Harlekingarnele
—Hymenocera picta

Bläulichpurpune Flecken. Plattenartige Scheren. Weibchen größer als Männchen.
GRÖSSE 5 cm
BIOLOGIE Auf Hart- und Geröllböden, ab dem Flachwasser. Lebt paarweise und territorial. Dreht Seesterne um und frisst deren Eingeweide und Ambulakralfüßchen. Paar-Zusammenhalt erfolgt über Pheromon-Duftstoff des Weibchens.
VORKOMMEN Rotes Meer, Ostafrika, Indo-Westpazifik.

Pfauenschwanz-Partnergarnele
—Periclimenes brevicarpalis

Transparent mit großen weißen Flecken. Fünf orange, dunkelrandige Flecken auf dem Schwanzfächer.
GRÖSSE 4 cm
BIOLOGIE Weibchen etwa doppelt so groß wie Männchen. Bewohnt paar- oder gruppenweise Anemonen, besonders auf der Noppenrand-Anemone Cryptodendron adhaesivum.
VORKOMMEN Rotes Meer bis Japan und Frz.-Polynesien.

Imperator-Partnergarnele
—Periclimenes imperator

Rot bis blassorange mit weißen Markierungen, dem jeweiligen Wirt angepasst.
GRÖSSE 2 cm
BIOLOGIE Lebt als Kommensale auf größeren Nacktschnecken, auf Seegurken (besonders Bohadschia-, Stichopus-, Synapta-Arten sowie Seesternen. Ernährt sich von Detritus und Hautschleim.
VORKOMMEN Rotes Meer und Indopazifik bis Japan, Hawaii und Frz.-Polynesien.

Ambon-Haarsternganele
—Laomenes amboiensis

Färbung variabel, abhängig von ihrem Wirtshaarstern.
GRÖSSE 2 cm
BIOLOGIE Lebt auf Haarsternen, passt sich deren Färbung an. Ist daher sehr gut getarnt und meist schwer zu entdecken.
VORKOMMEN Indopazifik

Blasenkorallen-Garnele
—Vir philippinensis

Transparenter Körper mit feinen violettblauen Linien auf Beinen und Scherenarmen.
GRÖSSE 1,5 cm
BIOLOGIE Bewohnt ausschließlich die Blasenkoralle Plerogyra sinuosa.
VORKOMMEN Rotes Meer und Indo-Westpazifik bis Japan und NO-Australien.

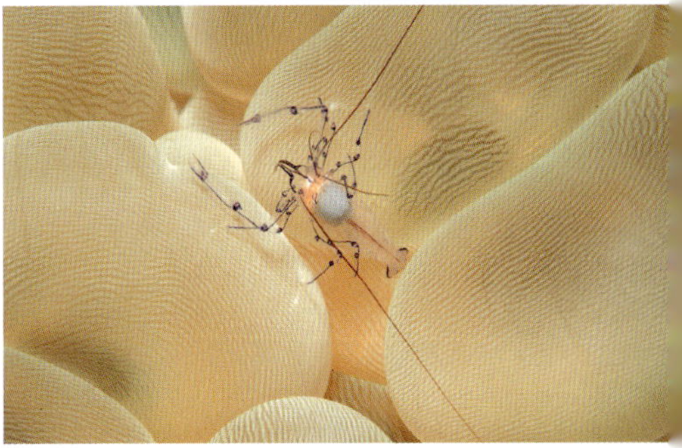

Gestreifte Languste
—Panulirus versicolor

Antennen weißlich, Beine mit weißen Längsstreifen. Schwanz mit schwarzen und weißen Querstreifen.
GRÖSSE 40 cm
BIOLOGIE Tagsüber meist in Spalten, aus denen oft die langen Antennen hervorragen. Gesellig, oft in kleinen Gruppen. Durchstreift nachts das Riff, frisst Wirbellose und tote Fische.
VORKOMMEN Rotes Meer bis Japan und Frz.-Polynesien

Beinstreifen-Languste
—Panulirus femoristrigata

Seitlich am Kopfschild eine eine große, v-förmige weiße Markierung. Schwanz braun mit vielen weißen Punkten.
GRÖSSE 30 cm
BIOLOGIE Tagsüber meist unter Überhängen, bereits ab dem Flachbereich. Geht nachts auf Nahrungssuche (Aas und Wirbellose).
VORKOMMEN Indopazifik.

Bärenkrebs
—Scyllarides squammosus

Zwei bis drei große rotbraune Flecken an dem vordersten Hinterleibsegment. Rost- bis orangeroter Randsaum an den breiten, blattförmigen Antennen.
GRÖSSE 40 cm
BIOLOGIE Bewohnt Korallen- und Felsriffe, meist ab etwa 8 m Tiefe. Nachtaktiv, meist auf Hartsubstraten anzutreffen.
VORKOMMEN Indischer Ozean bis Japan, Hawaii und Neukaledonien.

Konvexe Riffkrabbe
—Carpilius convexus

Glatter Rückenschild. Färbung variabel: einheitlich orangerot bis braun oder marmoriert.
GRÖSSE 9 cm
BIOLOGIE Auf Riffdächern und an Hängen. Frisst nachts Schnecken und Seeigel, öffnet Schalen mit ihren kräftigen Scheren.
VORKOMMEN Rotes Meer bis Japan, Hawaii und Frz.-Polynesien.

Anemonen-Einsiedler
—Dardanus pedunculatus

Augen grün, Augenstiele rot-weiß geringelt. Linke Schere groß.
GRÖSSE 10 cm
BIOLOGIE Nachtaktiver, räuberischer Allesfresser. Fast immer in Symbiose mit Anemonen (Calliactis), die er bei einem Wechsel in ein größeres Schneckengehäuse mitnimmt.
VORKOMMEN Indopazifik

Babas Springkrebs
—Allogalathea babai

Färbung der Wirtshaarstern angepasst. Stets mit hellem, breitem Mittelstreifen entlang des Rückens.
GRÖSSE 2 cm
BIOLOGIE Bewohnt ausschließlich Haarsterne. Pickt von dessen Armen gefangenes Zooplankton auf. Die Art wurde erst 2010 beschrieben, früher oft verwechselt mit *A. elegans* (dieser mit Streifen auf den Armen).
VORKOMMEN Indopazifik

Gefleckter Porzellankrebs
—Neopetrolisthes maculatus

Färbung variabel, mit großen oder vielen sehr kleinen Punkten.
GRÖSSE 3 cm
BIOLOGIE Lebt auf Seeanemonen, fast immer paarweise. Ernährt sich als Filtrierer, indem er das dritte, mit langen, feinen Borsten versehene Kieferfußpaar wie einen Fächer durchs Wasser schwenkt.
VORKOMMEN Indo-Pazifk bis Japan.

Mosaik-Boxerkrabbe
—Lybia tesselata

Weißer Rückenschild mit mosaikartig angeordneten orangebraunen Feldern; diese mit feiner schwarzer Umrandung.
GRÖSSE Rückenschild bis 0,5 cm
BIOLOGIE Auf Hartsubstraten vom Flachbereich bis über 15 m Tiefe. Trägt an den Scheren nesselnde Seeanemonen, die sie zur Verteidigung benutzt.
VORKOMMEN Ostafrika bis Guam, Japan und Samoa.

Zebra-Krabbe
—Zebrida adamsii

Weiß mit braunen Streifen. Zwei zugepitzte »Hörner« zwischen den Augen.

GRÖSSE Rückenschild 2 cm

BIOLOGIE Lebt auf kurzstacheligen Seeigeln, darunter auch auf Feuerseeigeln und ist so sehr gut geschützt. Hat hakenförmiges Fußende zum Festhalten an den Stacheln.

VORKOMMEN Westpazifik, bis Japan und Hawaii

Dekorator-Spinnenkrabbe
—Camposcia retusa

Vogelspinnenartige Gestalt. Körper und Beine völlig bewachsen mit verschiedenen krustigen Aufwuchsorganismen, sehr oft Schwämme,

GRÖSSE Rückenschild 3 cm

BIOLOGIE Auch tagsüber zu sehen, doch vorwiegend nachtaktiv.

VORKOMMEN Indopazifik

Herlekin-Fangschreckenkrebs
—Odontodactylus scyllarus

Meist grün (Männchen dunkler grün als Weibchen), seltener auch rot oder hell bräunlich. Hat wie für Schmetterer typisch rundliche Augen und keulenförmige Fangbeine.

GRÖSSE 18 cm

BIOLOGIE In vielen Riffzonen von flachen Küsten- bis Außenriffhängen, 1–50 m. Läuft auch tagsüber im Freien, verzieht sich jedoch bei Störung schnell in seine U-förmige Wohnröhre.

VORKOMMEN Ostafrika bis Guam und Samoa.

Gefleckter Fangschreckenkrebs
—Lysiosquillina maculata

Körper mit dunklen Querbändern. Hat die für Speerer typischen ovalen bis erdnussförmigen Augen und lange Dornen an den Fangbeinen.

GRÖSSE 40 cm

BIOLOGIE Auf Sandflächen in Küsten- und halbgeschützten Außenriffen, 1–20 m. Bewohnt selbst gegrabene Röhren (bis 12 cm Durchmesser, bis 5 m Länge). Geht nachts auf Beutejagd.

VORKOMMEN Indopazifik, ab Ostafrika.

STACHELHÄUTER — ECHINODERMATA

Zu diesem rein marinen Tierstamm gehören die Federsterne, Schlangensterne, Seesterne Seeigel und Seegurken. Gemeinsam ist ihnen ein im Tierreich einzigartiger, fünfstrahlig- radiärsymmetrischer Körperbau. Diese Radiärsymmetrie ist sofort erkennbar bei See- und Schlangensternen, doch auch bei anderen Mitgliedern vorhanden. Einzigartig ist auch ihr hydraulisches Kanalsystem, mit dessen Hilfe sie sich fortbewegen. Namensgebend sind stachelige Skelettelemente in der Unterhaut, die bei Seeigeln besonders hoch hervorragen.

Augenfleck-Seegurke
— Bohadschia argus

Sehr farbvariabel: z. B. cremefarben, bläulichgrau, braunorange, jeweils mit »Augenflecken«.
GRÖSSE 60 cm
BIOLOGIE Auf riffnahen Sand- und Geröllflächen, ab 1–40 m. Stößt bei Belästigung weiße Cuviersche Schläuche aus.
VORKOMMEN Seychellen bis SW-Japan und Frz.-Polynesien.

Godeffroys Wurm-Seegurke
— Euapta godeffroyi

Sehr farbvariabel, jeweils mit »Augenflecken«.
GRÖSSE 150 cm
BIOLOGIE Kann sich stark zusammenziehen, bei Belästigung, auf ein Drittel ihrer Länge. Tagsüber versteckt, nachts im Freien, meist auf Sandgrund.
VORKOMMEN Rotes Meer, Indopazifik, bis Hawaii.

Strichel-Seegurke
— Pearsonothuria graeffei

Viele dunkle Pünktchen. Schwarze, lappige Mundtentakel.
GRÖSSE 50 cm
BIOLOGIE Auf Hartgrund von Fels- und Korallenriffen, 3–30 m. Tag- und nachtaktiv. Tupft mit den breiten Tentakelenden Detritus und Kleinsttiere vom Untergrund ab.
VORKOMMEN Rotes Meer, Indopazifik bis Frz.-Polynesien.

Blauer Seestern
—Linckia laevigata

Kleine Körperscheibe, lange Arme. Raue Oberfläche. Meist blau, auch pfirsichfarben, braun, purpurrot oder hellaquamarin.

GRÖSSE 30 cm

BIOLOGIE Auf verschiedenen Hartgründen und Seegraswiesen, ab 1 m Tiefe. Oft auch tagsüber schon im lichtdurchfluteten Flachwasser.

VORKOMMEN Ostafrika bis Westpazifik, auch Hawaii.

Walzenstern
—Chroriaster granulatus

Körper hochrückig mit kurzen dicken Armen. Farbvariabel von hellcreme bis orange-braun. Armspitzen meist heller oder dunkler.

GRÖSSE 25 cm

BIOLOGIE Auf Hartgrund und Korallen auf Riffdächern und -hängen, seltener auch auf Korallenschutt, 2–40 m. Tagsüber teils versteckt in Spalten.

VORKOMMEN Rotes Meer, Ostafrika bis Japan und Fidschi.

Westpazifischer Kissenstern
—Culcita novaeguineae

Halbkugelig kissenförmig, sehr farbvariabel.

GRÖSSE 25 cm

BIOLOGIE Im Korallenriff auf Hartsubstrat und Geröll, ab dem Flachwasser. Frisst Muscheln, Schnecken, Würmer, Seeigel und andere Seesterne, besonders auch Polypen von Steinkorallen wie Acropora- und Pocillopora-Arten.

VORKOMMEN Östlicher Indischer Ozean und Westpazifik.

Dornenkrone
—Acanthaster planci

7–23 Arme (meist 15 oder 16). Bis zu 5 cm langen Giftstacheln. Färbung variabel: cremeweiß, hellbraun, oliv bis rot und blauviolett.

GRÖSSE Meist bis 30, max. über 50 cm

BIOLOGIE In Korallenriffen, 0,5 bis über 30 m. Ernährt sich von Korallenpolypen. Normalerweise nachtaktiv und tagsüber versteckt zwischen Korallen.

VORKOMMEN Rotes Meer und Ostafrika bis Japan, Mexiko und Polynesien.

Kugel-Seeigel
—Mespilia globulus

5 oder 10 Bänder mit Stacheln, dazwischen jeweils ein stachelloses blaues Feld.
GRÖSSE 6 cm
BIOLOGIE Auf Hartgrund und Geröll, von dem er Algen abschabt. »Tarnt« sich oft mit kleinen Steinchen.
VORKOMMEN Indonesien bis Philippinen, Australien und Neukaledonien.

Variabler Feuerseeigel
—Asthenosoma varium

Cluster kurzer Stacheln mit teils blauen Giftbläschen. Körper rötlich.
GRÖSSE 25 cm
BIOLOGIE Meist auf Sand-, Schlamm- und Geröllböden, 1–285 m. Tagsüber meist versteckt, eher nachts aktiv und dann im Freien. Verletzungen durch die Stacheln sind sehr schmerzhaft.
VORKOMMEN Oman bis SW-Japan, Australien und Neukaledonien.

Griffel-Seeigel
—Heterocentrotus mammilatus

Große dicke Stacheln, zur stumpfen Spitze hin zwei- oder dreikantig. Leuchtend rot bis rotbraun.
GRÖSSE 30 cm
BIOLOGIE Auf dem Riffdach und oberen Riffhängen, ab dem Seichtwasser. Nachtaktiv, verkeilt sich tagsüber mit den Stacheln in Spalten und Löchern.
VORKOMMEN Rotes Meer und Ostafrika bis Polynesien.

Blaupunkt-Seeigel
—Astropyga radiata

In Gruppen stehende dunkelrote Stacheln. Stachelfreie Radialzonen mit Reihen leuchtend blauer Punkte.
GRÖSSE 25 cm
BIOLOGIE Auf Weichböden, oft in Gruppen auf freien Sandböden, ab 6 m. Stacheln können schmerzhafte Verletzungen verursachen.
VORKOMMEN Ostafrika bis Philippinen, SW-Japan und Neukaledonien.

—Reptilien und Meeressäuger

MEERESSCHILDKRÖTEN — TESTUDINES

Meeresschildkröten schwimmen weite Strecken durch die Ozeane. Von der Echten Karettschildkröte sind Wanderungen über 11 000 Kilometer bekannt. Mit ihrem ausgezeichneten Magnetsinn orientieren sie sich so wie Zugvögel. Die Weibchen finden sogar zu ihren ehemaligen Geburtsplätzen zurück, um dort selbst Eier abzulegen. Die Paarung erfolgt im Meer. Nur die Weibchen kriechen zur Eiablage an Land und danach gleich wieder zurück ins Meer. Der Ablagezyklus findet in vielen Fällen alle zwei Jahre statt. Das Ausbrüten erfolgt durch die Sonnenwärme. Ob aus den Eiern Männchen oder Weibchen schlüpfen, hängt von der Gelegetemperatur ab. Bei der Unechten Karettschildkröte werden es bei über 30 Grad Weibchen, unter 28 Grad Männchen – bei Temperaturen dazwischen entstehen beide Geschlechter. Nach rund zwei Monaten schlüpfen die jungen Schildkröten.

Echte Karettchildkröte — *Eretmochelys imbricata*

Zwei Paar Stirnschilder. Obere Schnabelhälfte überstehend (»Hakenschnabel«). Rückenschilder überlappen, oft mit gezacktem Rand.

GRÖSSE 114 cm, 77 kg

BIOLOGIE Regelmäßig in allen Riffzonen. Die häufigste Schildkröte in den meisten tropischen Riffen. Allesfresser, aber vorwiegend Wirbellose, besonders Schwämme, Weichkorallen, auch Seeanemonen, Quallen sowie hochgiftige Würfelquallen. Ist bedroht durch weltweite Verfolgung Driftnetze, Bejagung, Schildpatthandel.

VORKOMMEN Alle tropischen und subtropischen Meere.

Grüne Schildkröte
—Chelonia mydas

Ein Paar große Stirnschilder.
GRÖSSE 150 cm, 150 kg
BIOLOGIE Bewohnt alle Riffzonen, besonders regelmäßig auch in Seegraswiesen. Adulte fressen überwiegend Pflanzen wie Mangroven und Seegras, Juvenile vorwiegend weiche Wirbellose. Eiablage alle 2–3 Jahre, mit 100–150 Eiern pro Nest in Intervallen von 10–15 Tagen.
VERBREITUNG Alle tropischen und subtropischen Meere.

MITTE Grüne Schildkröte beim Nestbau: Das Weibchen kriecht fast ausschließlich nachts an den Strand – so hoch, so dass ihr Nest selbst bei höchster Tide nicht geflutet werden kann. Sie gräbt eine etwa 40–50 cm tiefe Kuhle, in die sie die Eier ablegt. Anschließend deckt sie diese sorgfältig mit Sand zu, bemüht, möglichst wenige Hinweise auf ein Nest zu hinterlassen und kriecht zurück ins Meer.

UNTEN Schlüpfling: Nach meist etwa 50 bis 80 Tagen schlüpfen die Jungen, graben sich aus dem Sand hervor und überqueren so schnell wie möglich den Strand um ins Meer zu kommen. Denn schon dieser kurze Weg ist durch Seevögel und Krabben gefährlich und kann einem Spießrutenlauf gleichkommen. Auch im Meer drohen Jungtieren noch viele Gefahren, so dass nur etwa ein Tier von 100 Schlüpflingen das Alter der Geschlechtsreife erreicht.

SEESCHLANGEN — ELAPIDAE

Als ehemalige Landtiere, die im Lauf ihrer Evolution wieder ins Wasser zurückgekehrt sind, besitzen Seeschlangen Lungen, müssen also zum Luftholen an die Wasseroberfläche. Dennoch sind Seeschlangen ausgezeichnete Taucher und erreichen Tauchzeiten bis zu zwei Stunden. Meistens bleiben sie jedoch bei einem Tauchgang weniger als dreißig Minuten unter Wasser. Oft suchen sie geschäftig in den Spalten des Riffs nach kleinen Beutetieren, hauptsächlich Fischen. Ihr Biss führt rasch zur Lähmung oder zum Tod der Beute, die anschließend als Ganzes verschlungen wird. Seeschlangen verfügen über ein auch für Menschen tödliches Gift, sind zum Glück jedoch im Wasser Menschen gegenüber erstaunlich friedfertig. Ruderschwanz-Seeschlangen (56 Arten) verbringen ihr ganzes Leben im Wasser und sind lebendgebärend. Plattschwanz-Seeschlangen (acht Arten) legen Eier und kriechen dazu an Land, ebenso wie zum Ruhen.

Gelblippen-Seekobra — *Laticauda colubrina*

Körper mit 20 bis 65 schwarzen Bändern, Schnauze und Oberlippe gelblich.

GRÖSSE 150 cm (größer in Fidschi)

BIOLOGIE Häufigste von Tauchern gesichtete Art in ihrem Verbreitungsgebiet. Gehört zu den Plattschwanz-Seeschlangen. Sehr starkes Gift und in großer Menge vorrätig. Frisst ausschließlich Muränen, bei großen Exemplaren kann es bis etwa 15 Minuten dauern, bis sie dem Gift erliegen. Ist generell äußerst friedfertig gegenüber Menschen – dennoch nicht anfassen, nicht provozieren.

VERBREITUNG Sri Lanka und Ostindien bis SW-Japan und Tonga.

Dugong
—Dugong dugong

Abgeflachter Gabelsschwanz
GRÖSSE meist bis 350 cm
BIOLOGIE Bewohnt flache, weite Buchten mit Seegraswiesen. Erreicht mindestens 400, höchstens 900 kg Gewicht und kann etwa 70 Jahre alt werden. Nach 13 bis 15 Monaten Tragzeit wird im Flachwasser ein einzelnes Kalb geboren. Mutter und Kalb pflegen einen stabilen, sehr innigen Kontakt. Gesäugt wird das Junge bis zu 18 Monate.
VERBREITUNG Rotes Meer bis Vanuatu, jedoch heute nur noch stellenweise vorkommend.

GABELSCHWANZ-SEEKÜHE—DUGONGIDAE

Die Familie besteht aus nur einer Art, dem Dungong, und ist verwandt mit den Manatees (Rundschwanz-Seekühe, drei Arten). Manatees bewohnen Küsten und einmündende Flüsse (zwei Arten Südostens der USA, Karibik und Amazoniens, eine Art Westafrika). Der Dugong dagegen ist eine marine Art und lebt in Küstengewässern des Indopazifiks. Er ist weltweit das einzige pflanzenfressende Säugetier, das ausschließlich im Meer lebt. Seegras hat einen sehr geringen Nährwert, ein erwachsenes Tier benötigt daher rund 60 kg am Tag. Die Paarung kann das ganze Jahr über stattfinden, ist jedoch abhängig von einem reichen Seegras-Angebot. Das Neugeborene misst etwa 100 bis 120 cm Länge. Nur alle drei bis sieben Jahre bringt ein Weibchen ein Junges zur Welt. Wurde früher von Ansammlungen hunderter Tiere berichtet, sind heute eher Kleingruppen von etwa sechs Tieren die Norm. Der Dugong ist stark bedroht vom Menschen durch Jagd und Vernichtung von Seegraswiesen und vielerorts bereits ausgestorben.

DELFINE—DELPHINIDAE

Delfine sind hochentwickelte, intelligente Meeressäuger und leben gesellig in Gruppenverbänden mit einen mehr oder weniger starken Zusammenhalt. Delfine zeigen vielschichtige Verhaltensweisen, Neugier, Spieltrieb und komplexe Sozialstrukturen. Ihr stromlinienförmiger Körper macht sie kräftigen, geschickten Schwimmern und guten Tauchern. Sie besitzen ein Repertoire von Klicks und Pfeiftönen zur Verständigung untereinander. In der Stirn haben sie ein rundes Organ, die Melone, mit der sie Sonarlaute erzeugen, fokussieren und gerichtet aussenden. Treffen die Sonarlaute auf ein Objekt, werden sie reflektiert und als Echo von den Tieren wieder empfangen. Mit dieser Echoortung erhalten sie Bilder ihrer Umgebung, beispielsweise auch bei Dunkelheit oder im trüben Wasser.

Kleiner Tümmler —*Tursiops aduncus*

GRÖSSE 260 cm

BIOLOGIE Der kleine Tümmler bewohnt vorwiegend Küstengewässer. In Revieren bis zu 300 qkm ist er relativ ortstreu und daher an verschiedenen Riffen, Lagunen und Buchten regelmäßig zu beobachten. Gewöhnlich bildet er Schulen von 5 bis 15 Tieren (Bild rechts, in diesem unten rechts Mutter mit einem Jungen), selten auch große Verbände bis zu tausend Tieren. Der Kleine Tümmler macht Tauchgänge von meist nur 3 bis 4 Minuten Dauer und ernährt sich von Fischen (meist unter 30 cm Länge) und Kopffüßern. Lange galt er als Unterart der Großen Tümmlers (T. truncatus), bekam jedoch in letzter Zeit den Staus einer eigenständigen Art.

VORKOMMEN Rotes Meer bis Japan, Australien und Melanesien.

China
Japan
Arabischer Golf
Rotes Meer
Golf v. Oman
Arabisches Meer
Indien
Golf v. Aden
Afrika
Lakadiven
Malediven
Sri Lanka
Andamanen
Thailand
Philippinen
Guam
Yap
Mikronesien
Palau
Malaysia
Raja Ampat
Äquator
Sulawesi
Sumatra
Indonesien
Papua Neu Guinea
Seychellen
Chagos
Java
Bali
INDISCHER OZEAN
Christmas I.
Cocos Keeling
Great Barrier Reef (GBR)
Mauritius
Madagaskar
Réunion
Australien

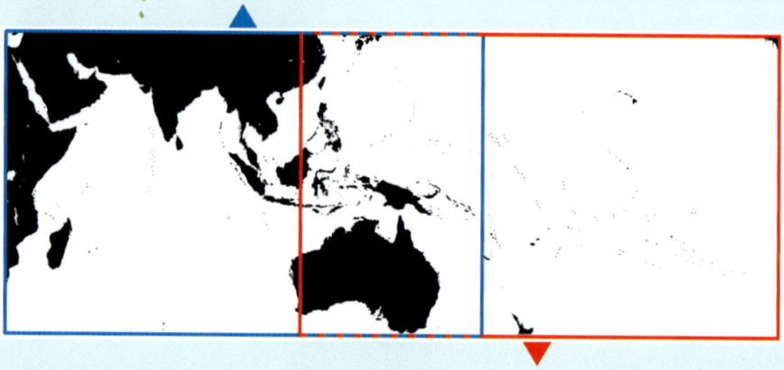

Japan
0 1000 2000 3000
KILOMETER
Hawaii
Philippinen
Guam
Yap
Mikronesien
Palau
PAZIFIK
Marshall I.
Raja Ampat
Line I.
Äquator
Indonesien
Papua Neu Guinea
Salomonen
Samoa
Great Barrier Reef (GBR)
Vanuatu
Frz. Polynesien
Tuamotu I.
Tahiti
Fidschi
Tonga
Cook I.
Neukaledonien
Ducie
Pitcairn I.
Australien
Neuseeland

Register

—G

—H

— I

— J

— K

— L

—T

Abkürzungen in den Bestimmungstexten

Adulte	Erwachsene Tiere
Subadulte	Stadium zwischen Jungtier und Erwachsenem
Juvenile	Jungtiere

BEI LIPP- UND PAPAGEIFISCHEN:

IP	Initialphase (Weibchen und junge Männchen)
JP	Juvenile Phase (Jungtier)
TP	Terminalphase (großes, adultes Männchen)

GEOGRAFISCHE ABKÜRZUNGEN

Frz.-Polynesien	Französisch Polynesien
PNG	Papua Neuguinea
GBR	Großes Barriere Riff (Ost-Australien)
Indik	Indischer Ozean

Impressum

Mit 1016 Fotos von Manuela Kirschner und Matthias Bergbauer
Foto Seite 360 Mitte: Roger Steene

Umschlaggestaltung von Populärgrafik unter Verwendung von 1 Farbfoto von Manuela Kirschner
Die Aufnahme zeigt einen Putzerlippfisch (kleiner Fisch) und eine Orient-Süßlippe (großer Fisch).
Die Zeichnung von Wolfgang Lang zeigt eine Portugiesische Galeere

Wir danken den folgenden Wissenschaftlern und Experten, die uns mit ihren Kenntnissen bei der nicht immer einfachen Aufgabe der Artbestimmung nach Unterwasserfotos geholfen haben:
Theodore W. Pietsch und Rachel J. Arnold (Anglerfische), Robert F. Myers, Ewald Lieske (Papageifische).

Trotz sorgfältiger Prüfung und Recherche sind alle Angaben in diesem Buch ohne Gewähr.
Eine Garantie oder Haftung der Autoren, des KOSMOS-Verlags oder von ihm beauftragter Personen sind ausgeschlossen.

Unser gesamtes Programm finden Sie unter **kosmos.de.**
Über Neuigkeiten informieren Sie regelmäßig unsere Newsletter, einfach anmelden unter **kosmos.de/newsletter.**

Gedruckt auf chlorfrei gebleichtem Papier

© 2018, Franckh-Kosmos Verlags-GmbH & Co. KG,
Pfizerstraße 5–7, 70184 Stuttgart
kosmos.de/servicecenter
Alle Rechte vorbehalten
Wir behalten uns auch die Nutzung von uns veröffentlichter Werke für Text und Data Mining im Sinne von §44b UrhG ausdrücklich vor.
ISBN: 978-3-440-15355-0
Redaktion: Monika Weymann, Ben Boden
Gestaltung und Satz: Populärgrafik Stuttgart
Produktion: Markus Schärtlein
Layout: Populärgrafik Stuttgart
Druck und Bindung: Printer, Trento
Printed in Europe / Imprimé en Europe

FSC
www.fsc.org
MIX
Papier | Fördert gute Waldnutzung
FSC® C015829

Eine salzige
—— Versuchung

320 Seiten

Das Rote Meer gilt als Eldorado für Taucher. Eine farbenprächtigere und artenreichere Unterwasserwelt gibt es auf diesem Planeten nicht. Anemonenfische, Barrakudas, verschiedene Haie, Mantas, Delfine, Dugongs und vieles mehr sorgen dafür, dass das Rote Meer der beliebteste Tauchplatz weltweit ist.

kosmos.de

Unterwasserwelt — Mittelmeer

368 Seiten

Dieser Naturführer stellt die vielseitige Fauna und Flora des Mittelmeers vor: umfassende Darstellung von Tieren und Pflanzen der Unterwasserwelt, viele Details zu ihrer sicheren Bestimmung und ihre unterschiedlichen Lebensräume.

kosmos.de

Schirmquallen
Scyphozoa

Es gibt etwa 250 Arten von Schirmquallen Es sind Nesseltiere, manche haben eine für den Menschen kaum spürbare, andere eine starke Nesselkraft, wie diese heftig nesselnde Leuchtqualle *(Pelagia noctiluca)*. Generell sind vor allen Schwimmer und Badende gefährdet. Schon leichte Kleidung schützt wirkungsvoll.

Würfelquallen
Cubozoa

Diese Gruppe (im Engl. box jellyfish) umfasst knapp 20 Arten, darunter einige mit extrem heftiger Nesselwirkung. Am bekannstesten dafür ist *Chironex fleckeri* aufgrund ihres tödlichen Giftes. In manchen Gebieten Australiens sorgt sie bei „jellyfish alert" regelmäßig für menschenleere Strände.

Netz-Feuerkoralle
Millepora dichotomata

Die verschiedenen Feuerkorallen werden wegen ihres massiven Kalkskeletts häufig für Steinkorallen gehalten. Wie diese tragen sie zum Riffaufbau bei, gehören jedoch wie die Seefarne zu den Hydrozoen. Ein Kontakt verursacht Brennen, Hautrötung und Quaddelbildung ähnlich wie bei Brennesseln.